普通高等教育"十二五"规划教材

矿产资源综合利用

主　编　张　佶
副主编　彭芬兰　廖　佳
主　审　王　资

北　京

冶　金　工　业　出　版　社

2013

内 容 提 要

本书全面地介绍了矿产资源综合利用的基本知识及相关法律法规、资源综合利用的基本原理和方法,详细介绍了金属矿产资源及非金属矿产资源的综合利用方法与途径、工业固体废弃物的综合利用方法和再生资源回收利用途径。本书共分7章,内容包括绪论、矿产资源综合利用管理与评价、有色金属矿产资源的综合利用、非金属矿产资源的综合利用、矿山二次资源的综合利用、其他工业固体废弃物综合利用、再生资源回收利用。

本书内容新颖,涉及范围广,实用性较强,有针对性。每章均有大量实例,章后附有小结和复习思考题。本书既可作为高等院校冶金、选矿及相关专业的教学用书,也可作为冶金行业选矿技师、高级技师及相关企业工人的培训教材,还可供从事矿产资源综合利用工作的管理、生产、科研、设计人员参考。

图书在版编目(CIP)数据

矿产资源综合利用/张佶主编. —北京:冶金工业
出版社,2013.9
普通高等教育"十二五"规划教材
ISBN 978-7-5024-6404-2

Ⅰ.①矿… Ⅱ.①张… Ⅲ.①矿产资源—综合利用
—高等学校—教材 Ⅳ.①TD98

中国版本图书馆 CIP 数据核字(2013)第 232965 号

出 版 人 谭学余
地 址 北京北河沿大街嵩祝院北巷 39 号,邮编 100009
电 话 (010)64027926 电子信箱 yjcbs@ cnmip. com. cn
责任编辑 张耀辉 美术编辑 吕欣童 版式设计 孙跃红
责任校对 禹 蕊 责任印制 张祺鑫
ISBN 978-7-5024-6404-2
冶金工业出版社出版发行;各地新华书店经销;北京百善印刷厂印刷
2013 年 9 月第 1 版,2013 年 9 月第 1 次印刷
787mm×1092mm 1/16;14.5 印张;350 千字;221 页
30.00 元
冶金工业出版社投稿电话:(010)64027932 投稿信箱:tougao@cnmip. com. cn
冶金工业出版社发行部 电话:(010)64044283 传真:(010)64027893
冶金书店 地址:北京东四西大街 46 号(100010) 电话:(010)65289081(兼传真)
(本书如有印装质量问题,本社发行部负责退换)

前　言

改革开放以来，我国经济持续快速增长，各项建设取得了巨大成就。与此同时，也付出了资源和环境代价，经济发展与资源环境的矛盾日益突出。有鉴于此，我国把可持续发展确定为国家战略，开展资源综合利用，推动循环经济发展，是我国转变经济发展方式，走新型工业化道路，建设资源节约型、环境友好型社会的重要措施。

矿产资源是大自然对人类的馈赠，是人类赖以生存和发展的物质基础，怎样利用好地球上有限的矿产资源是当前世界各国共同关心的重大问题。我国十分重视矿产资源的节约与综合利用，党的十八大提出了"美丽中国"和"生态文明"的概念，与此同时，我国还制定了《矿产资源节约与综合利用"十二五"规划》，将矿产资源节约与综合利用摆在了更加突出的位置，致力于全面提高矿产资源开发利用效率和水平，加快转变矿业发展方式，使环境与经济、社会发展相协调，又同时获得经济效益、社会需要、资源效益和环境效益的相对统一。

本书由张佶担任主编，彭芬兰、廖佳担任副主编；全书由张佶负责统稿和整理。各章编写人员如下：张佶、廖佳编写第1章，张佶、黄云平编写第2章，李志章、许志安编写第3章，周小四编写第4章，陈斌编写第5章，彭芬兰编写第6章，彭芬兰、廖佳编写第7章。李芬锐参加了案例选用、校对等工作，全书由王资主审。在编写过程中参考了许多著作及文献资料，在此对各位学者表示衷心的感谢。

目前市场上系统阐述矿产资源综合利用方面的书籍较少，本书试图尽可能详细地介绍矿产资源综合利用方面的知识和技术，对读者有所帮助。但由于矿产资源综合利用技术是一个涉及多学科、多部门的综合性系统工程，内容广、难度大，加之编者水平所限，不妥之处，恳请广大读者对本书提出宝贵意见与建议，以便修订时完善。

编　者

2012 年 5 月 16 日于昆明

目　　录

1 绪 论

1.1 自然资源与可持续发展

1.1.1 自然资源

资源，顾名思义即"资材之源"，是创造人类社会财富的源泉。

狭义的资源，指的是自然资源。广义的资源，指的是一切可被人类开发和利用的物质、能量和信息的总称，它广泛地存在于自然界和人类社会中，是一种自然存在物或能够给人类带来财富的财富。或者说，资源就是指自然界和人类社会中一种可以用以创造物质财富和精神财富的具有一定量的积累的客观存在形态，如土地资源、矿产资源、森林资源、海洋资源、石油资源、人力资源、信息资源等。资源的来源及组成，不仅是自然资源，而且还包括人类劳动的社会、经济、技术等因素，还包括人力、人才、智力（信息、知识）等资源。

1.1.1.1 自然资源的概念

《辞海》对自然资源的定义为：指天然存在的自然物（不包括人类加工制造的原材料），如土地资源、矿产资源、水利资源、生物资源、气候资源等，是生产的原料来源和布局场所。

联合国环境规划署定义为：在一定的时间、地点条件下，能够产生经济价值以提高人类当前和未来福利的自然环境因素的总称。

概括地说，自然资源是指存在于自然界中，在一定的经济技术条件下，可以被用来改善生产和生活状态的一切物质和能量的总称。自然资源具有可用性、整体性、变化性、空间分布不均匀性和区域性等特点，是社会物质财富的来源，是人类社会生存和发展的重要物质基础，也是可持续发展的重要依据之一。随着社会生产力水平的提高与科学技术的进步，部分自然条件可转换为自然资源，如随海水淡化技术的进步，在干旱地区，部分海水和咸湖水有可能成为淡水的来源。

1.1.1.2 自然资源的分类

由于自然资源种类繁多，目前尚无统一的分类。从不同的角度，可对自然资源进行不同的分类，如：

依据利用目的可将自然资源划分为：农业资源、药物资源、能源资源、旅游资源等；

依据圈层特征可将自然资源划分为：土地资源、气候资源、水资源、矿产资源、生物资源、能源资源、旅游资源、海洋资源等。

依据一些共同特征可将自然资源进行分类，如图 1-1 所示。

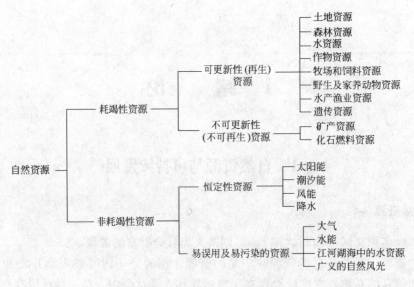

图 1 - 1　自然资源的分类

　　恒定性资源：按人类的时间尺度来看是无穷无尽，也不会因人类利用而耗竭的资源。

　　可更新性资源：在正常情况下可通过自然过程再生的资源，如生物资源。

　　不可更新性（不可再生）资源：地壳中有固定储量的可得资源，由于它们不能在人类历史尺度上由自然过程再生，或由于它们再生的速度远远慢于被开采利用的速度，它们是可能耗竭的，如矿产资源。

1.1.2　可持续发展

1.1.2.1　可持续发展的含义

　　可持续发展的概念最早是 1972 年在斯德哥尔摩举行的联合国人类环境研讨会上正式讨论的。20 世纪 80 年代，一些全球性的环境问题逐步被认识，可持续发展问题被列入世界各级公共组织的议事日程。1987 年，挪威首相布伦特兰夫人出任联合国世界环境与发展委员会主席，出版报告《我们共同的未来》，即著名的布伦特兰报告。报告以大量充分的调查分析，阐述了可持续发展的基本概念、主要问题及行动方略。该报告经 42 届联大通过后，成为世界各国在环境保护和经济发展方面的纲领性文件。报告将可持续发展定义为："既能满足当代人的需要，又不对后代人满足其需要的能力构成危害的发展。"这个定义系统阐述了可持续发展的思想，被广泛接受并引用。

　　中国政府编制了《中国 21 世纪人口、资源、环境与发展白皮书》，首次把可持续发展战略纳入我国经济和社会发展的长远规划。1997 年的中共十五大把可持续发展战略确定为我国"现代化建设中必须实施"的战略。江泽民在中国共产党十五大上的报告中指出："我国是人口众多、资源相对不足的国家，在现代化建设中必须实施可持续发展战略"，"正确处理经济发展同人口、资源、环境的关系。资源开发和节约并举，把节约放在首位，提高资源利用效率"。可见，资源的可持续发展在可持续发展战略中占有极其重要的地位。

可持续发展主要包括社会可持续发展、生态可持续发展、经济可持续发展三个方面。首先，可持续发展以资源的可持续利用和良好的生态环境为基础；其次，可持续发展以经济可持续发展为前提；再次，可持续发展问题的中心是人，以谋求社会的全面进步为目标。可持续发展的核心思想是：经济发展、保护资源和保护生态环境协调一致，让子孙后代能够享受充分的资源和良好的资源环境。

可持续发展是发展与可持续的统一，发展是前提，是基础，持续性是关键，没有发展，也就没有必要讨论是否可持续了；没有持续性，发展就行将终止。两者相辅相成，互为因果。可持续发展战略追求的是近期目标与长远目标、近期利益与长远利益的最佳兼顾，经济、社会、人口、资源、环境的全面协调发展。

1.1.2.2　可持续发展的意义

（1）实施可持续发展战略，有利于促进生态效益、经济效益和社会效益的统一。

（2）有利于促进经济增长方式由粗放型向集约型转变，使经济发展与人口、资源、环境相协调。

（3）有利于国民经济持续、稳定、健康发展，提高人民的生活水平和质量。

（4）从注重眼前利益、局部利益的发展转向长期利益、整体利益的发展，从物质资源推动型的发展转向非物质资源或信息资源（科技与知识）推动型的发展。

（5）我国人口多、自然资源短缺、经济基础和科技水平落后，只有控制人口、节约资源、保护环境，才能实现社会和经济的良性循环，使各方面的发展能够持续有后劲。

1.1.3　自然资源的可持续利用

1.1.3.1　自然资源可持续利用的含义

自然资源的可持续利用是实现人类可持续发展的基本前提。不同类型的自然资源，可持续利用具有不同的含义。不可再生资源因为其不可再生，其可持续利用实际上是最优耗竭问题。它包括两个方面的内容：（1）在不同时期合理配置有限的资源；（2）使用可更新资源代替可耗竭资源。对于可更新资源来说，主要是合理利用资源，以实现资源的永续利用。

人类利用自然资源进行生产的目的是为了发展经济，并最终实现人类生活福利水平的提高。可持续发展的最终目标是人和社会的发展，而社会发展必须以经济发展为基础和前提。既要保障经济可持续发展，又必须使自然资源和环境能够可持续地为人类所利用，二者相辅相成。由此，可将自然资源的可持续利用定义为：在人类现有认识水平可预知的时期内，在保证经济发展对自然资源需求满足的基础上，能够保持或延长自然资源生产使用性和自然资源基础完整性的利用方式。

根据定义，自然资源可持续利用的基本内涵可以包括以下几个方面：

（1）自然资源的可持续利用必须以满足经济发展对自然资源的需求为前提。

（2）自然资源可持续利用的"利用"是指自然资源的开发、利用、保护、治理全过程，而不单指自然资源的利用。

（3）自然资源生态质量的保持和提高，是自然资源可持续利用的重要体现。

（4）在一定的社会、经济、技术条件下，自然资源的可持续利用对自然资源数量有一定的要求。自然资源的可持续利用必须在可预期的经济、社会和技术水平上保证一定自然资源数量以满足后代人生产和生活的需要。

（5）自然资源的可持续利用是一个综合的和动态的概念。

1.1.3.2　自然资源可持续利用的实现途径

实现自然资源可持续利用的途径主要有：

（1）建立和完善保障自然资源可持续利用的信息系统。自然资源信息是指反映自然资源利用过程中自然资源的数量、质量、分布、权属、利用程度、形式及其发展变化的消息、情报、资料等的统称。它是自然资源可持续利用综合管理的重要依据，是各级部门制定可持续资源利用决策的重要参考。

（2）建立和完善自然资源可持续利用的政策体系。自然资源可持续利用的政策体系包括两个方面：一方面是鼓励那些采取自然资源可持续利用的经济行为和发展方式的企业和个人；另一方面是处罚那些违背可持续利用原则，对自然资源采取破坏性开采和利用方式的企业和个人。自然资源可持续利用政策体系一般包括：促进自然资源可持续利用的产业政策、投资政策、技术开发政策、财政税收政策、资金信贷政策、价格政策等等。

（3）建立和完善自然资源可持续利用的法律法规体系。

（4）研究开发能够节约利用资源、提高资源利用效率的技术体系。

（5）实施循环经济发展模式，缓解资源（特别是不可再生资源）的耗竭速度，为人类寻找新的替代资源赢得时间，促进人类可持续发展目标的实现。

（6）倡导可持续消费模式，节约和回收利用资源，促进资源的可持续利用。

（7）适度的人口规模和人口增长率。

因此，实现资源的可持续利用，需要经济、社会、技术、制度、法律等各方面的保障，是一个综合系统。

1.1.4　循环经济与二次资源

1.1.4.1　循环经济的定义

循环经济是一种以资源的高效利用和循环利用为核心，以"减量化、再利用、资源化"为原则，以低消耗、低排放、高效率为基本特征，符合可持续发展理念的经济增长模式，是对"大量生产、大量消费、大量废弃"的传统增长模式的根本变革。其目的是通过资源高效和循环利用，实现污染的低排放甚至零排放，保护环境，实现社会、经济与环境的可持续发展。

《中华人民共和国循环经济促进法》规定：循环经济，是指在生产、流通和消费等过程中进行的减量化、再利用、资源化活动的总称。减量化，是指在生产、流通和消费等过程中减少资源消耗和废物产生。再利用，是指将废物直接作为产品或者经修复、翻新、再制造后继续作为产品使用，或者将废弃物的全部或者部分作为其他产品的部件予以使用。资源化，是指将废弃物直接作为原料进行利用或者对废物进行再生利用。循环经济发展模式见图1-2。

1.1.4.2　循环经济的基本特征

传统经济是"资源—产品—废弃物"的单向直线过程，创造的财富越多，消耗的资源和产生的废弃物就越多，对环境资源的负面影响也就越大。循环经济则以尽可能小的资源消耗和环境成本，获得尽可能大的经济和社会效益，从而使经济系统与自然生态系统的

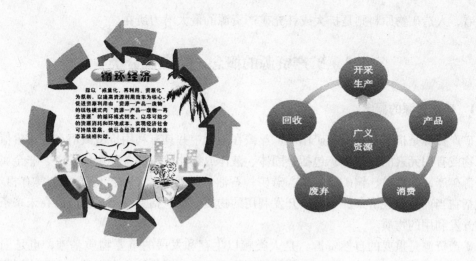

图 1-2　循环经济发展模式

物质循环过程相互和谐，促进资源永续利用。因此，循环经济是对"大量生产、大量消费、大量废弃"的传统经济模式的根本变革。其基本特征是：

（1）在资源开采环节，要大力提高资源综合开发和回收利用率。

（2）在资源消耗环节，要大力提高资源利用效率。

（3）在废弃物产生环节，要大力开展资源综合利用。

（4）在再生资源产生环节，要大力回收和循环利用各种废旧资源。

（5）在社会消费环节，要大力提倡绿色消费。

从资源利用的技术层面来看，循环经济的发展主要是从资源的高效利用、循环利用和无害化生产三条技术路径来实现。

1.1.4.3　二次资源

我们可将矿产资源分为一次开发利用的资源和二次（含多次）开发利用的资源两大类。

二次资源（或再生资源），系指能代替一次资源作为工业原料、燃料的废旧物资和工业"三废"（废渣、废气、废液）、矿山"三废"（废石、尾矿、矿坑水）以及人造矿物原料等资源。开发利用二次资源是工业化发展的必然，是资源的有效合理利用和永续供给的必由之路，它对经济建设、环境保护和资源利用协调发展有重要意义。

二次开发利用的资源的补充途径如下：

（1）废旧资源的回收利用。再生钢铁；再生有色金属。

（2）工业"三废"的利用。

（3）人造矿物原料。

人造矿物原料，包括人工合成矿物和工业生产中的副产物。人工合成矿物如人造金刚石、水晶、刚玉及红宝石，合成硅灰石、云母、明矾等，均已投入商业性生产。工业副产物如黄磷生产的尾渣，即为硅灰石资源。

人造矿物，物质来源广，可综合利用废料，利于环境保护，增加收益，具再生性，又可弥补天然矿产资源的不足。因此，补充资源的最大潜力是人工合成矿物原料。从长远战略上看，人造矿物原料则是扩大或补充矿产资源的最大潜力所在。

1.2 矿产资源的概念、特点及分类

1.2.1 矿产资源的概念

矿产资源是指经过地质成矿作用，蕴藏在地壳中并具有利用价值或潜在利用价值的各种矿物或有用元素的集合体，包括呈固体、液体或气体状态的各种金属矿产、非金属矿产和能源矿产，如铁矿、铜矿、铝矿、磷矿、石油、天然气等。矿产资源概念具有相对性，既包括在当前技术经济条件下可以开发利用的物质，也包括具有潜在价值的在未来条件下可以开发利用的物质。

矿产资源是重要的自然资源，是人类赖以生存和发展的重要物质基础，也是国际政治、经济、贸易乃至科技、文化交往的重要物质手段。现代社会人们的生产和生活都离不开矿产资源。据统计，目前社会生产所需的 80% 左右的原材料、95% 左右的能源、70% 左右的农业生产资料来自矿产资源。因此，矿产在很大程度上决定着社会生产力的发展水平和社会变迁。从石器时代到青铜器时代、铁器时代，乃至现代的原子和电子时代，人类社会生产力的每一次巨大进步，都伴随着一次矿产资源利用水平的巨大飞跃。矿产资源的丰富及其开发利用程度是社会发展水平的一个标志，是衡量一个国家经济发达和科学技术水平的重要尺度。

矿产资源是大自然对人类的馈赠，但并不是无代价的，也不是无限的。对矿产资源的开发、利用是人类社会发展的前提和动力。怎样利用好地球上有限的矿产资源是当前世界各国共同关心的重大问题。

1.2.2 矿产资源的特点

与其他自然资源相比，矿产资源具有如下特点：

（1）自然性。矿产资源是一种自然资源，是自然生成的。

（2）不可再生性。它不像农、林、牧等资源，它是在地球几十亿年的漫长历史过程中，经过各种地质作用形成的，一旦被开采利用，在人类历史进程中则难以再生出来。也就是说，在一定的技术经济条件下，有经济价值的矿产是有限的。

（3）地理分布的不均匀性。因为地壳运动、地质作用的不均匀性和千差万别，致使矿产资源在地理分布上的不平衡性、不均匀性十分突出。例如，在 29 种主要金属矿产中，有 19 种矿产储量的 3/4 集中在 5 个国家，如南非金、铬铁矿等 5 种矿产储量占世界总储量的 1/2 以上；中国的钨、锑占世界总储量的 1/2 多，中国的稀土资源占世界总储量的 90% 以上；煤主要集中在中国、美国和前苏联，约占世界总储量的 70% 以上；石油则主要集中在海湾国家；智利国土面积相当于我国青海省，但铜矿资源量列世界之首。

资料：元素在地壳中的分布和克拉克值

地壳是由物质组成的，其最小单位就是化学元素。组成地壳的元素从种类上讲，几乎包括了元素周期表上的所有元素。为了研究元素在地壳中的分布规律，不少学者采集了世

界各地的各种岩石样品和矿物标本，进行了大量的化学分析。在大量资料的基础上，1889年美国学者克拉克统计了全球地壳中的化学分析资料，计算出了每一种化学元素的质量分数，并把它公之于世。当时他是依据全世界大约 5159 个样品的结果来统计的。尽管后来随着样品数量的增加和采样方法的精确及采样地点的增加，有些学者对克拉克的统计不断进行补充和修正，给出一些新的资料和数据，但为了纪念克拉克的功绩，后人把元素在地壳中的质量分数称为克拉克值。当然也因为研究和生产工作的需要，在一些较小的区域或一定的地壳构造单元内取得的元素的质量分数，称为元素的丰度，以此和全地壳的元素含量（克拉克值）相区别。

有了克拉克值就容易讨论元素在地壳中的分布规律了。把它绘制成图就更加清晰明了（图1-3）。其主要特征为：（1）元素的含量很不均一，十分悬殊；（2）氧和硅是最主要的组成元素，占总量的 75% ~ 76%；（3）组成地壳的主要元素包括：氧、硅、铝、铁、钙、钠、镁、钾 8 种，共占总量的98% 以上。其他数十种元素总含量都很小，约为 2%。

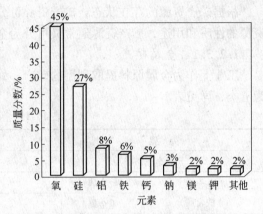

图 1-3　地壳中主要元素的质量分数图

由上可见，元素的含量和分布在地壳中都是不均一的，但它们常常又可以因为某些原因而发生迁移，如水的溶解可以把某些元素带走，化学反应也可使某些元素迁移；相反，也可以在特定条件下使某元素聚集起来。所以总体说来，元素在地壳中的分布是不断变化的。就全地壳来说，克拉克值是基本不变或很少变化的，而具体到每一个地点、地区或局部范围内，在一定的时间内元素的含量则是可以变化的，就是因为元素在地球上可以迁移和富集所致。正是这种迁移和富集的活动过程，才可能导致某些元素的集中而形成一定的矿产资源，或者由于迁移而使某些资源受到破坏。地壳中某些元素的含量是很少的，其克拉克值很低，似乎很难形成矿产，但在一些特定的地质条件下，它们仍然可以富集成矿产，如果平均分布则不可能形成矿产。正如我们所知的许多被称为稀有分散的元素的确形成了某些重要矿产，形成了许多有重要利用价值的稀有元素矿产和贵金属矿产，构成了国民经济的重要自然矿产资源和物质财富。

（4）受一定技术经济条件的制约性。以各种形式存在的矿产资源，只有在技术经济条件适合的情况下，才能被开发利用，否则得不偿失。随着科学技术的不断进步和社会经济的不断向前发展，很多原来被认为没有价值的物质，正逐渐成为可供人类开发利用的资源。如铝土矿在 1888 年以前为无用的岩石，自从这一年诞生了用铝土矿生产氧化铝的拜耳法之后，铝土矿就成为了至今唯一重要的铝矿资源。又如斑岩铜矿，因为品位很低在1937 年以前未被利用，但随着选矿技术的发展和经济条件的改善，已成为重要的铜矿资源。

至今，已发现矿物 3400 多种，但被工业利用者占很小一部分。就矿产资源而言已发现矿产 168 种，已探明储量的有 156 种，不少矿产为近年才认识。可以预料，随着固体物理学、工艺矿物学和矿产综合利用技术的发展，人类将发现和开发利用更多的矿产资源。

（5）矿产资源具有多组分共（伴）生的特点。由于不少成矿元素地球化学性质的近似性和地壳构造运动、成矿活动的复杂多期性，自然界单一组分的矿床很少，绝大多数矿床具有多种可利用组分共生和伴生的特点。此外，同一地质体或同一地质建造内，也可能蕴藏着两种或更多的矿体。因此，在矿产勘查过程中，必须注意综合找矿、综合评价；在开发利用中，必须强调综合开发、综合利用。

1.2.3　矿产资源的分类

根据矿产资源的存在状态，矿产资源可分为固态、液态和气态矿产三大类。根据矿产资源的性质和用途，矿产资源通常又可分为金属、非金属和燃料（能源）矿产三类。

1.2.3.1　金属矿产

工业上作为金属原料提取利用的矿产，称为金属矿产。按其物质成分、性质和用途分为五类，详见表1-1。

表1-1　金属矿产分类

类　型		主　要　矿　种
黑色金属		Fe、Mn、Cr
有色金属 （非铁金属）	轻金属	Al、Mg、Ti、Sr 等
	重金属	Cu、Pb、Zn、Sn、Bi、Sb、Hg、Ni、Co 等
贵金属		Au、Ag、Pt族
稀有分散元素矿产	稀有金属	Li、Be、Nb、Ta、Zr、Rb、Cs、Sr、Mo、W、稀土
	分散元素	Ge、Ga、In、Tl、Hf、Re、Cd、Sc、Se、Te 等
半金属矿产		As、Si、Se、Te、B 等

1.2.3.2　非金属矿产

除金属矿石、矿物燃料以外的具有经济价值的任何种类的岩石、矿物或其他自然产出的物质，称为非金属矿产。

世界各国多按用途划分非金属矿产。但是，多数非金属矿产具"一矿多用"的特点，如石灰岩，可根据其不同性能用作水泥、化工、熔剂、建材、电石等原料，所以，按用途分类并不确切，往往造成一种非金属矿产同时隶属几个分类。本书采用一种以工业用途与矿石加工技术相结合的分类，详见表1-2。

1.2.3.3　燃料（能源）矿产

燃料矿产如石油、煤炭、油页岩、铀、钍。此外，还有气态和液态矿产。气态矿产如天然气、沼气、煤成气（瓦斯）。液态矿产系指含有高浓度盐分或含有对国民经济有价值的微量组分的矿化水。液态矿产按产出部位分为地表卤水、地下卤水、热卤水、油田水等。如红海热卤水，含 Cu、Pb、Zn、Co 等金属，形成数量巨大的金属沉积物，仅在上部十米厚的沉积物中就有 8500 万吨硫化物矿石。据估计热卤水和金属沉积物中所含微量组分的价值就达几十亿美元。意大利是世界上第一个利用地热田的热卤水发电和提取化学元素的国家。利用矿床开采排放水中所含的有用组分，如酸性矿坑水中 Cu、Zn、V、Rb 的含量很高；煤矿井水中 I、Ge 含量较高；硫黄—地蜡矿山的水中含一系列稀有元素。我国有的铜矿山，从含硫酸铜的矿坑水或地表水中用铁屑置换其中的铜，能获得品位很高的海绵铜，既充分利用了液态矿产资源提高矿山经济效益，又可防止环境污染和周围农田受害。

表1-2 非金属矿产工业分类

大类	分类	原料类别	矿产种类
矿物	自然元素	化学原料	自然硫
	晶体	宝石原料	金刚石（宝石级）、祖母绿、红宝石、电气石、黄玉、绿柱石、贵蛋白石、紫水晶等
		工业技术晶体原料	金刚石（工业级）、压电石英、冰洲石、白云母、金云母、石榴石等
	独立矿物	半宝石、彩石和玉石原料	玛瑙、蛋白石、玉髓、孔雀石、绿松石、绿玉髓、赤铁矿（血滴石）等
	矿物集合体（非金属矿石）	化学原料	磷灰石、磷块岩、天青石、含硼硅酸盐、钾盐、镁盐等
		磨料	刚玉、金刚砂（柘榴石）、铝土矿
		耐火、耐酸原料	菱镁矿、石棉、蓝晶石、红柱石、矽线石、水铝石
		隔音及绝热材料	蛭石
		综合性原料	萤石、重晶石、石墨、滑石、石盐、硅灰石等
岩石	尾矿直接利用或经机械加工后利用	彩石、玉石和装饰砌面石料	碧玉、角页岩、天河石、花岗岩、蛇纹石大理岩、蛇纹石、寿山石、蔷薇辉石等
		建筑和饰面石料	花岗岩、拉长石岩、闪长岩及其他火成岩、灰岩、白云岩、大理岩、凝灰岩等
		混凝土填料、建筑及道路建筑材料	砾石、碎石、细砾、建筑砂
	经热加工或化学处理后利用	陶瓷及玻璃原料	玻璃砂、长石和伟晶岩、易熔及耐熔黏土、高岭土
		制取黏结剂的原料	泥灰岩、石膏、易熔黏土、板状硅藻土、硅藻土
		耐火材料	耐火黏土、石英岩、杆栏岩、纯杆栏岩
		铸石材料	玄武岩、辉绿岩等
		颜料原料	赭石、土红、铅丹等
		综合性原料	石灰岩、白云岩、白垩、砂、黏土、石膏等

1.2.4 我国的矿产资源概况

我国地大物博，从成矿角度看，世界三大成矿域都进入中国境内，所以矿产资源丰富，矿产种类较为齐全。我国已发现矿产171种，其中已探明储量的有156种，其潜在价值居世界第3位；有些矿产的储量相当丰富，如稀土金属、钨、锡、钼、锑、铋、硫、菱镁矿、硼、煤等均居世界前列，尤其是我国钨资源量占世界总量的43%（主要集中在华南地区），锑资源量占世界探明总量的44%，内蒙古白云鄂博一个矿床的稀土金属储量即相当于全球其他地区总储量的3倍。

然而，由于我国人口众多，经济技术目前还不够发达，而大规模的经济建设对矿产的需求量则日益增加，已发现并能为之利用的矿产资源有相当部分目前还不能满足经济建设的需求。因此，我国目前矿产资源形势仍不容乐观，有些矛盾日益突出。当前，我国矿产资源的总体形势是：

（1）矿产资源比较齐全，但人均占有量偏低。我国矿产潜在储量总值居世界第3位（仅次于美国和原苏联），是世界上少数矿产资源比较齐全的国家之一。一些矿产品可以自给，部分有余并可出口。但是，若以国土面积平均，则居世界第6位；而人均资源产值低于世界人均产值的1/3，居世界第53位。

（2）在具有一些优势矿种的同时，尚有一些急需短缺矿种，制约着国民经济发展。我国约有20种矿产资源名列世界前列，如钨、锡、锑、锌、钛、钒、稀土、硫矿石、菱镁矿、萤石、重晶石、石膏、石墨、铌、钼、汞、锂、煤等，但有的矿产资源不足，甚至严重短缺，如富铁、铜、钾盐、铬铁矿、金刚石、硼、钴、石油、天然气等，石油和不少金属矿产依赖进口。

（3）多数矿种以中、小型矿床为主，缺少大型、超大型矿床，如金、磷、铀、锰矿等。

（4）多数矿种的贫矿多，富矿少。如我国探明铁矿储量仅次于原苏联、巴西，但富矿只占6%，需要进口；又如铝土矿探明储量居世界第5位，但质量低，冶炼难。

（5）伴生矿多，单一矿种少，综合利用程度低，浪费严重。我国许多矿石都不是单一矿种，常伴有多种元素。据统计（翟裕生，2002），我国25%的铁矿、40%的金矿、80%的有色金属矿和大多数地区的煤矿都有其他矿产与之共生或伴生。这有利于资源的综合利用，但也给选矿和冶炼带来不少难题。例如：91%的钒产于磁铁矿中；锡也是如此，虽然储量大，但有相当部分分散于硅酸盐或氧化矿物中，难于选矿和冶炼。

（6）矿产的地域分布极不均衡，如北方富煤，南方富磷，需"南磷北运，北煤南调"；许多重要矿产资源位于边远地区，如西藏的铬铁矿、铜，新疆的石油和镍，广西和云南、贵州的锰、锡、铝土矿等，由于交通条件、自然地理条件等影响，开采较为困难。

此外，随着现有矿产资源的开发利用，隐伏矿多、露天矿少，找矿和开采难度越来越大，以及大型矿山资源接替明显不足等矛盾也日益突出。

需要说明的是，一个国家的矿产资源情况不是固定不变的，它是随着社会经济发展和科学技术水平的提高而呈现动态变化。从世界矿产资源发展的趋势来看，在今后很长时间内，矿产的储量和产量虽然不断增长，但是增长的速度却逐步降低，投资效益逐步下降；找矿难度越来越大，找矿方向从地表、浅部向地壳深部，从陆地向海洋发展；找矿重点从着眼于找含有用组分高的矿产，不得不转向找含有益组分较低的矿产。尽管再生性矿产品和代用品会减轻人类面临的资源不足的压力，但是这种压力并不会从根本上改变。

1.2.5 补充矿产资源的途径

（1）提高矿产勘查工作的地质与经济效果，扩大矿产储量。

（2）开发大陆架、大陆坡和大洋底的矿产资源。

世界大洋海底沉积着万亿吨富含 Cu、Ni、Co、Mn 等元素的多金属结核（即锰结核）。据预测 50 ~ 60 年后，上述四种金属的陆地资源将濒临枯竭，人类转向开发大洋底的矿产资源是大势所趋。继印度、前苏联、法国、日本之后，中国成为第 5 个由联合国海底筹委会批准的大洋采矿先驱投资者，并在太平洋锰结核富集区获得 15km² 开辟区。21 世纪是海洋的世纪，人类三分之二的资源将来自海洋，谁拥有海洋就拥有未来的希望（大陆坡介于大陆架和大洋底之间，大陆架是大陆的一部分，大洋底是真正的海底，因而大陆坡是联系海陆的桥梁，它一头连接着陆地的边缘，一头连接着海洋）。

（3）增加矿产勘探和开采的深度。

（4）表外矿、贫矿或超贫矿石的开发利用。

（5）多组分矿石的综合开发利用并发展少废料或无废料工艺流程。

（6）各种金属、非金属矿产伴生宝（玉）石、观赏石及颜料、药物矿物的综合开发利用。

如大冶铜绿山铜矿氧化带中产出一块重达 150kg 的孔雀石，价值 100 多万元。

作国画的矿物颜料有孔雀石、蓝铜矿、辰砂、雄黄、雌黄、铅黄、赭石等。我国数以千计的古画珍品能流传下来，可以说有矿物的一份功劳。

（7）呆矿或难选（冶）矿石的开发利用。

（8）残矿、损失矿石的开发利用。

（9）不断开发利用新的矿产种类、新的矿石类型和新的用途。发现或开发矿物的一种新用途，其意义并不亚于找到一个新的矿床。

1.3 矿产资源综合利用的重要性

1.3.1 矿产资源综合利用的含义

矿产资源综合利用有狭义和广义之分。

狭义的矿产资源综合利用主要是指在矿产开发过程中对共生、伴生矿产进行综合勘探、开采和合理利用；对以矿产资源为原料、燃料的工业企业排放的废渣、废液、废气及生产过程中的废水、废气、余热的综合回收利用。它包括：（1）通过科学的采矿方法和先进的选矿工艺，将共生、伴生的矿产资源与开采利用的主要矿种同时采出，分别提取加以利用；（2）通过选矿和其他手段，将综合开采出的主、副矿产中的有用组分，尽可能地分离出来，产出多种价值的商品矿；（3）通过一物多用，变废为宝，化害为利，消除"三废"污染等途径，科学地使用矿产资源。

广义的矿产资源综合利用是指对矿产资源全面、充分和合理地利用的过程。除了上述狭义的矿产资源综合利用内容外，还涉及边际经济意义上的低品位矿、难选（冶）矿的合理开发利用；废石（渣）、尾矿的再选利用；非常规矿产资源的开发利用；矿山开采后期残矿资源的合理回收利用；以及对社会生产和消费过程中产生的各种废物进行回收和再生利用。

1.3.2 矿产资源综合利用的必要性

（1）矿产资源是不能再生的，这与农、林等生物资源不同。

（2）我国是世界矿业大国又是人均资源小国。

（3）我国矿产资源具有复合共（伴）生矿多的显著特点。

我国矿产资源中，复合共（伴）生矿多或综合矿多，单一矿少的特点十分明显，这就为矿产资源的综合利用提供了客观物质基础，因此，必须适应我国矿产资源的特点来充分合理地开发和利用资源。此外，我国矿产还具有"三多"和分布不平衡的弱点：1）贫矿多，富矿少；2）中小型规模矿床多，大型、特大型矿床少；3）难选（冶）矿产多，易选（冶）矿产少；4）矿产地理分布不平衡。

综上所述，随着矿产资源综合利用的领域不断扩大，各种矿产从黑色金属到有色金属，从金属到非金属，从气体到液体，从陆地到海洋，从矿物原料到围岩、尾矿、工业"三废"以及再生资源，无不包含综合利用的内容。根据矿产资源所具有的特点，以及我国矿产资源的概况，要求对矿产资源能够做到充分合理的利用，它对解决资源、能源和环境三大危机具有重要意义。此外，矿产资源综合利用是依法有效保护、防止矿产资源浪费、破坏的重要措施。因此，我们应当充分认识矿产资源综合利用的必要性。

1.3.3　矿产资源综合利用的紧迫性

（1）矿产资源综合利用是我国有色金属矿山资源开发特点的需要。矿产资源的开发特点是富、近、易、浅的矿产日益减少，贫、远、难、深的矿产越来越多，致使矿石的开采品位逐年下降。我国不少矿山进入中晚期开采，品位降低，资源紧张，随着开采深度增加使成本升高，矿山经济效益变差，必须寻找出路。所以，加强矿产资源综合利用是开创矿山新局面的紧迫任务和有力措施之一。这就要求我们认识和利用我国矿产伴（共）生组分多这一特点，去揭示这些主副组分矿产的伴（共）生规律，研究其含量和赋存状态以及矿石的选冶工艺特征，进而做好矿产资源的综合开发和合理利用。这样就可改变矿山资源危机，以副补主使副产品变为主产品，使一矿变多矿，这不仅可延长矿山生产年限，充分利用矿产资源，同时也提高了企业的经济效益。

（2）矿产资源综合利用是增加企业经济效益的需要。如大冶铁矿综合回收了 Cu、Au、Ag、S、Co、Ni，仅回收伴生 Cu、Au 的年利润就达一千多万元，大大超过了铁资源的利润。通过矿产综合利用，可使矿产资源发生具有经济意义的转化；使一矿变多矿、贫矿变富矿、死矿变活矿、小矿变大矿。

（3）矿产资源综合利用是满足对稀散元素和短缺矿种的需要。自然界中绝大多数稀有和分散元素，几乎全依靠综合回收来获得。综合利用是获得稀有分散元素的根本途径。因为稀散元素含量少，且主要呈细小矿物包体或呈类质同象存在于某些矿物之中，未能构成较大的独立矿床或尚无独立矿床，有的甚至基本上不能构成独立矿物。所以，解决这些元素的来源主要依靠综合利用，而有色金属矿产是蕴藏与回收提取它们的宝库。

资料：据统计，现在利用的 74 种元素中，有 35 种都是在开采其主金属矿产时通过矿石的综合利用获得的，如 Co、Bi、Be、Cd、Se、Te、Ga、Ge、In、Tl、V、Hf 及 Pt 族元素等，几乎全靠综合利用获得。世界上 95% 的 Re 为斑岩 Cu – Mo 矿床中的辉钼矿的副产品；90% 的 Se 来源于 Cu 的副产品；80% 的 Bi 来自 W、Sn、Cu、Pb、Zn 等的副产品；美国 100% 的 As、Re、Te、Se、Ga、Ge、In、Cd、Tl、Hf、Bi、Co、Rb、Ra 等，都由 Cu、Pb、Zn 多金属矿石冶炼回收的。

（4）矿产资源综合利用是贯彻精料方针的需要。冶炼采取精料方针，对选矿及其精矿产品提出了更高的要求。随着冶炼技术的发展，更进一步要求选矿彻底分离不同的矿物成为单一的精矿。选矿产品精矿中的杂质如分离不够或未分离，一则影响精矿质量及品级价格进而影响冶炼，二则浪费资源，三则污染环境。

（5）矿产资源综合利用是找矿难度增大及贯彻《矿产资源法》的需要。我国《矿产资源法》中规定，"……对具有工业价值的共生和伴生矿产应当统一规划，综合开采、综合利用。"我们应该从执行法律的高度，充分认识矿产综合利用的紧迫性。

（6）矿产资源综合利用是防治环境污染保护人体健康的需要。矿山的废石、废水及选厂的尾矿，冶炼的废渣、废气、废液等工业"三废"，都是污染源，是造成环境污染最重要的原因。然而，工业"三废"这些常见的污染源又是宝贵的资源，是综合利用的重要对象。因此，加强矿产品和工业"三废"的综合利用，不仅可以充分合理地利用矿产资源，而且可防治公害，保护人类生态环境，造福子孙后代。

1.4 我国矿产资源综合利用的现状与形势

1.4.1 矿产资源节约与综合利用取得明显进展

改革开放以来，我国矿产资源节约与综合利用成绩显著，已成为有效缓解资源短缺、减少环境污染、促进节能减排的重要途径，对保障经济社会可持续发展作出了重大贡献。

（1）矿产资源节约与综合利用水平显著提高。我国矿产资源总量大，贫矿多，难采、难选矿多，资源节约与综合利用难度大。经过多年努力探索，我国矿产资源综合利用水平不断提高，许多大中型矿山开展了综合勘查、综合评价和综合利用。其中，一些重点大中型煤炭矿区采区回采率达到 80% 以上，金属矿山露天开采回采率达到 85% 以上，地下开采回采率达到 80% 以上；不少矿山铁矿选矿回收率达到 85% 左右，有色金属选矿回收率达到 80%，磷、硫等达到 60%；50% 以上的钒、22% 以上的黄金、50% 以上的铂、钯、碲、镓、铟、锗等稀有金属来自于综合利用。近年来，随着矿产品价格持续攀升和开发利用技术不断进步，矿产资源综合利用日益受到矿山企业的重视，一大批低品位、共伴生、复杂难选冶等矿产得到开发利用，尾矿、煤矸石及粉煤灰等固体废弃物得到积极利用，资源节约和综合利用工作已成为调整产业结构、提高经济效益、改善环境、创造就业机会的重要途径。

（2）矿产资源节约与综合利用技术取得较大进步。矿产资源开采新技术不断突破，部分重要矿产资源采选技术达到或接近世界先进水平。利用 CO_2 驱油技术、多分支井采油技术、一次采全高的综合机械化开采技术、矸石转换采煤技术等已实现工业化应用；陡帮式开采技术、无底柱分段崩落采矿技术、充填采矿技术等一大批新技术得以推广；细磨－细筛－磁选、粗粒抛尾、细筛－磁选－反浮选等工艺技术的应用，使铁矿的精矿品位和回收率达到了较高水平；采用高效浮选新药剂、分支串流浮选、电化学控制浮选技术以及闪速浮选工艺等，提高了有色金属矿分选效率；选矿－拜耳法的工业应用，使我国大量铝硅比小于 5 的铝土矿资源获得充分利用；黄金堆浸技术的采用，大大降低了金矿工业品位和生产成本；晶质石墨的多段磨矿、多段精选工艺的改进，提高了石墨回收率和精矿品位。

（3）矿产开发利用装备水平不断提高。开采加工智能化，采选设备大型化加快发展。自主研发了 1200 万吨煤炭综采成套装备，全国已建成 30 余个千万吨级矿井，大幅提高作业效率，显著降低能耗；自主研发了超大型浮选机等一批高效分选设备，显著提高了金属矿产的选矿效率和资源回收利用水平；非金属矿超细粉碎和精细分级设备基本实现国产化；燃用煤矸石、煤泥等低热值燃料得到有效利用，提高了废物利用效率，降低了污染物排放。

（4）矿产资源节约与综合利用管理逐步得到加强。逐步建立起对稀土、钨、锑、高铝黏土和萤石等优势矿种的年度开采总量控制制度，推动了资源节约和保护。加大矿产资源开发整合力度，完成 5000 多个重点矿区的整合任务，煤、铁、锰、铜、铝、铅、锌、钼、金、钨、锡、锑、稀土、钾盐、磷 15 个重要矿种开发利用规模化、集约化程度和资源利用水平明显提高。积极推进并逐步完善矿产资源有偿使用制度，形成了矿产资源规划分区管理、开发准入等制度。将矿山企业的"三率"考核明确列为矿山年检的重要内容，强化矿产资源开发效率的过程监管。启动矿产资源节约与综合利用专项，实施"以奖代补"和综合利用示范工程，有力促进了资源开发利用效率和水平的提高。

1.4.2 我国矿产资源节约与综合利用潜力巨大

（1）矿产资源综合利用潜力巨大。近年来，随着我国矿产资源调查评价与勘查工作的不断加强，新发现矿产地和资源储量不断增加，但由于一些矿产综合利用技术工艺尚未完全过关，相当一部分矿产仍然难以开发利用。据测算，在全国已探明矿产储量中，至少有 60 亿吨铁矿、20 亿吨锰矿、200 万吨钼矿、500 万吨铜矿处于呆滞状态。致密砂岩气、页岩气等非常规能源资源潜力大，开发利用前景好。通过加强综合利用、科技攻关和工程示范等，盘活一批难利用矿产资源，促使资源利用达到"从无矿到有矿、从小矿到大矿、从一矿到多矿、从贫矿到富矿"的效果，对于提高国内资源保障能力，加快转变资源利用方式具有重要现实意义。

（2）矿山企业开展综合利用的前景广阔。初步调查显示，虽然不少矿山企业开展了矿产资源综合回收，但总体水平不高，进一步开展资源综合利用的潜力很大。据测算，通过综合利用和提高利用效率，现有矿山在动用相同资源储量的情况下，每年可为国家多提供煤炭 2.5 亿吨、煤层气 32.5 亿立方米、石油 1000 万吨以上，引导和促进矿山企业开展矿产资源综合利用，资源效益、经济效益和社会效益十分可观。

1.4.3 矿产资源节约与综合利用面临新的挑战

（1）立足国内提高保障能力，要求进一步加强资源节约与综合利用。近 20 年来，矿产资源供应总量大幅增长，但仍难以满足经济社会快速发展的需求，矿产资源对外依存度不断提高，石油、铁矿、铝土矿、铜、钾盐等大宗矿产对外依存度均已超过 50%。随着世界政治经济格局深刻变化和全球资源竞争日趋激烈，导致利用国外资源的风险和难度加大，立足国内提高保障能力需要不断加强资源节约与综合利用，释放和盘活一批资源储量，增强矿产资源供应能力。

（2）加快经济发展方式转变对资源节约与综合利用提出了更高要求。我国以相对不足的矿产资源，支撑了改革开放以来国民经济 30 多年的快速增长，但我国资源利用方式总体上还相对粗放，开发利用效率不高，造成资源浪费和环境污染。为适应建设资源节约型、环境友好型社会的总体要求，必须加快转变资源利用方式，以科技进步为手段，以管理创新为基础，以矿产资源节约与综合利用为重要着力点，发展绿色矿业和循环经济，全面提高矿产资源开发利用效率和水平。

（3）资源节约和综合利用水平与新形势、新要求有较大差距。我国矿产资源节约与综合利用规模和水平总体上与经济社会发展的迫切需求还不适应。资源节约与综合利用的基础工作相对薄弱，对矿产资源综合利用现状水平和潜力掌握不够。先进适用技术推广和应用不够，资金投入相对不足，影响了资源节约与综合利用规模的扩大。激励政策有待加强，监督管理机制有待健全，对资源开发利用效率的准入、监管和考核还不到位。矿产资源节约与综合利用的区域水平存在差异较大，一些地区矿产资源规模开发与集约利用水平还较低。

1.5 矿产资源综合利用的发展方向

1.5.1 提高矿产资源综合利用水平的基本途径

（1）制定规章法令，加强管理。

（2）加强科学研究，组织综合利用攻关。

（3）抓住各个环节，落实矿产综合利用的具体措施：

1）矿产勘查阶段：矿产勘查为矿产资源开发和矿山企业建设提供必需的矿产地质资料和矿产储量，其正确的选定是矿产资源综合开发利用的前提和首要环节。

2）矿产开采阶段：

①要求：综合开发矿产资源，提高回采率，降低损失率和贫化率。

②措施：（i）尽可能推广露天采矿法；（ii）应用化学采矿法，如溶解、熔融、浸出、气化等新工艺进行开采，充分回收有用组分；（iii）推广先进的采矿方法，减少矿量损失，提高回采率。

3）选冶加工阶段：矿石的选冶技术加工是衡量矿产综合利用水平的标志。

①要求：选冶产品多，回收率高，产率高，成本低，污染低。

②措施：（i）兼顾矿石中主要与伴生有用组分的综合回收，保证提高有用组分的回收率和精矿品位；（ii）研究高效冶炼方法，经济有效地处理难选低品位复杂矿石，广泛应用浸出方法，将留在坑下的、废石及尾矿中的有用组分提取出来；（iii）开展选冶联合新流程、新方法、新设备的研制，提高复杂综合矿石中有用组分的回收率；（iv）加强矿石及其选冶产品的工艺矿相学或工艺矿物学研究，有效地指导或服务选冶技术加工，提高矿产选冶的回收率和攻克选冶技术或工艺难关。

4）工业"三废"的利用。

5）再生资源的回收利用。

1.5.2 矿产资源综合利用的发展方向

1.5.2.1 发展无废生产工艺

在世界范围内，已对无废生产工艺给予极大重视。1984 年联合国欧洲经济委员会在塔什干召开了无废生产工艺国际会议，专门研究了有关无废工艺方面的一系列问题。在此次会议上，讨论通过了关于无废工艺的定义："无废工艺是一种生产产品的方法（流程、企业、区域生产联合体）。用这种方法，在原料资源—生产—消费—二次原料资源的循环中，原料和能源能得到最合理的综合利用，从而对环境的任何作用都不致破坏环境的正常功能"。

上述对无废工艺的定义，一是阐明了物质流的闭合性，即无废生产工艺体系中，生产过程所排出的废物，以及产品消费后所形成的废物，可以而且一定要返回工业生产中作为二次原料资源加以利用，就像生态系统中食物链的结构一样；二是强调了原料中的所有组分；三是认证了无废生产工艺对环境的无害性，即生产过程中不产生任何污染环境的废物。

综合利用原料资源是无废生产的首要目标，也是组织生产最重要的途径之一，又是当前全世界解决资源短缺和环境污染问题的基本对策。因此，通过综合利用矿产资源中的所有组分，即实现无废生产工艺，是当今以矿产资源为原料、燃料的工业的发展方向。

1.5.2.2 采用再资源化新技术

在现阶段，以矿产资源为原料、燃料的工业生产中还不能避免废弃物的产生，过去生产积聚的废弃物和产品销售后变成的废弃物也大量存在，因而，如何使这些废弃物再资源化，并采用新技术提高其利用率就显得更为重要。推广和应用现代交叉综合科技成果，使地、采、选、冶、化工和材料学科紧密结合渗透发展，是解决矿产资源综合开发利用的关键和发展方向。如日本采用焙烧法从废弃物中回收汞，干式法回收镍和镉，立式炉法回收铅，合金还原法回收铬，蒸发干固热解法回收氧化物等技术，极大地提高了废弃物的利用率。而选矿应进一步从尾矿中回收有用组分以及利用尾矿作生产建筑材料的原料等。

由于应用了再资源化新技术，世界工业发达国家再生金属产量所占比例有所提高。如在有色金属生产中，法国再生金属总量占总产量的 30% 以上，美国占 25% ~ 30%，前苏联占 20%。

1.5.2.3 优化产品应用途径

作为综合利用对象——矿产资源中的伴生有用组分和二次矿产资源中的有用组分，不能将它们仅仅当作低档次产品回收，而应尽可能使之成为具有更高价值的产品给予利用。事实上，如果能在矿产综合利用中合理选择产品应用途径，往往会使副产品不"副"，甚至有时会使所谓副产品的价值高于主产品的价值。

矿产综合利用实践证明，在综合回收和利用伴生资源和二次资源中，首先应是提取最有价值的各种金属或利用能源，之后再选择用于建材或其他用途。也就是说，综合利用的产品须由低级应用途径转向高级利用途径。例如，美国、日本等国家从粉煤灰中提取钼、钒、钛、锌、钴、铁等金属，获得了比粉煤灰用作水泥等建筑材料要高的经济效益。所以，优化产品应用途径是从矿产综合利用中获取更大经济效益的一个重要发展方向。

本 章 小 结

自然资源是社会物质财富的来源，是人类社会生存和发展的重要物质基础，也是可持续发展的重要依据之一。自然资源的可持续利用是实现人类可持续发展的基本前提。实现资源的可持续利用，需要经济、社会、技术、制度、法律等各方面的保障，是一个综合系统。

从资源利用的技术层面来看，循环经济的发展主要是从资源的高效利用、循环利用和无害化生产三条技术路径来实现。开发利用二次资源是工业化发展的必然，是资源的有效合理利用和永续供给的必由之路，它使经济建设、环境保护和资源利用协调发展有重要意义。

矿产资源是重要的自然资源，现代社会人们的生产和生活都离不开矿产资源。根据矿产资源的性质和用途，通常又可分为金属、非金属和燃料（能源）矿产三类。

我国矿产资源丰富，矿产种类较为齐全。然而，我国目前矿产资源形势仍不容乐观，有些矛盾日益突出。因此，对矿产资源全面、充分和合理地利用，对解决资源、能源和环境三大危机具有重要意义。经过多年的发展，我国矿产资源综合利用取得明显进展，综合利用潜力巨大，同时面临新的挑战。

矿产资源综合利用的发展方向是：发展无废生产工艺；采用再资源化新技术；优化产品应用途径。

****

复习思考题

1. 什么是资源，什么是自然资源，什么是不可再生资源？
2. 简述自然资源的分类。
3. 简述可持续发展的含义及意义。
4. 简述自然资源可持续利用的定义及其基本内涵。
5. 实现自然资源的可持续利用的主要途径是哪些？
6. 什么是循环经济，循环经济的基本特征是什么？
7. 什么是二次资源，二次开发利用资源的补充途径有哪些？
8. 什么是矿产资源？
9. 试述矿产资源的特点。怎样理解矿产资源的不可再生性？
10. 什么是金属矿产？简述其分类。
11. 简述矿产资源的分类。
12. 简述我国矿产资源的总体形势。
13. 简述补充矿产资源的途径。
14. 试述矿产资源综合利用的含义。
15. 简述矿产资源综合利用的必要性、紧迫性。
16. 简述我国矿产资源综合利用的现状与形势。
17. 浅谈我国矿产资源节约与综合利用取得的进展。
18. 试述我国矿产资源节约与综合利用的潜力。
19. 我国矿产资源节约与综合利用面临哪些挑战？
20. 试述提高矿产资源综合利用水平的基本途径。
21. 什么是无废生产工艺？
22. 浅谈矿产资源综合利用的发展方向。

参 考 文 献

［1］胡应藻．矿产综合利用工程．［M］．长沙：中南工业大学出版社，1995.

［2］过建春．自然资源与环境经济学［M］．北京：中国林业出版社，2007.

［3］陶晓风，吴德超．普通地质学［M］．北京：科学出版社，2007.

［4］姚凤良，孙丰月．矿床学教程［M］．北京：地质出版社，2006.

［5］《矿产资源综合利用手册》编辑委员会．矿产资源综合利用手册［M］．北京：科学出版社，2000.

［6］《矿产资源节约与综合利用"十二五"规划》，国土资发［2011］184号文．

2 矿产资源综合利用管理与评价

2.1 方针政策

2.1.1 指导方针

我国《矿产资源法》规定："国家对矿产资源的勘查、开发实行统一规划，合理布局，综合勘查，合理开采和综合利用的方针。"

我国开展资源综合利用的方针是：充分调动地区、部门和企业的积极性，把资源开发、资源消费与资源综合利用结合起来，把资源综合利用与企业技术改造和治理污染结合起来，变废为宝，化害为利，走出一条自我积累，自我发展，国家予以扶持的资源综合利用的新路子。

贯彻上述方针的主要原则是：

（1）在生产建设上，要坚持综合开发、综合利用资源的原则，逐步改变粗放排泄的做法；新建和扩建项目，必须坚持资源综合利用项目与主体工程同时设计、同时施工、同时投产。

（2）在资金筹措上，要逐步实现"以废养废"的原则。坚持自力更生为主，同时国家予以适当扶持，企业可利用银行贷款、外资、集资、补偿贸易等多种形式筹集资金，建设资源综合利用项目。

（3）在利益分配上，要实行"谁投资、谁受益"的原则，要适当兼顾国家、企业、个人的利益。处理废弃物排放和利用单位关系时，应使综合利用单位的利益大于排放单位，废弃物的价格和收费必须严格执行国家的政策规定及双方的合同，不允许随意抬高价格或滥收费用。

（4）在管理体制上，要鼓励企业在自愿、互利原则下打破企业、行业、地区界限，发展资源综合利用的横向协作和联合，建立各种形式的资源综合利用联合体。企业内部的综合利用项目，能单独核算的，一定要实行独立核算，自主经营。

（5）在科技开发上，要坚持科研和生产相结合的原则，产生和排放废弃物的单位，首先有责任研究开发废弃物的综合利用，要积极支持科研单位开展有关的科研工作。

2.1.2 总体要求

《矿产资源节约与综合利用"十二五"规划》中明确提出，我国矿产资源节约与综合利用的总体要求是：

全面贯彻落实节约优先战略，按照加快转变经济发展方式和建设资源节约型、环境友好型社会的要求，以矿产资源合理利用与保护为主线，以转变资源开发利用方式为核心，以技术创新和制度创新为动力，以矿山企业为主体，以市场需求为导向，强化政策引导和制度约束，严格资源开发利用效率准入，加强资源开发利用过程监管，扩大资源节约与综合利用规模，确保资源的高效开发和有效保护，全面提高矿产资源开发利用水平，推动矿业走节约、绿色、高效的可持续发展之路。

具体包括以下几方面的内容：

（1）坚持把提高开发效率作为节约资源和增强保障能力的重要途径。加快推进管理创新和技术创新，推动资源开发技术、工艺和装备的升级换代，大力推进矿产资源的合理开发利用，着力提高开采回采率和选矿回收率，确保在动用相同资源储量的情况下，大幅增加重要矿产资源的供应能力，实现高效开发和节约资源。

（2）坚持把提升综合利用水平作为转变矿业发展方式的重要方向。大力推进低品位、共伴生、难选冶资源以及尾矿和固体废弃物的综合利用，大力发展矿产资源领域循环经济，落实节能减排、保护矿山环境等有关要求，促进矿地和谐，推动绿色矿业发展。

（3）坚持把解决具有全局性意义的综合利用问题作为推动工作的主要着力点。突出重点矿种、重点地区和关键问题，组织技术攻关和推广，加快建设一批"关系全局，意义深远，带动性强"的资源综合利用示范基地和示范工程，带动矿产资源节约与综合利用整体水平的提高。

（4）坚持把构建长效机制作为推进节约与综合利用工作的重要保障。综合采用法律、技术、经济和行政等多种手段，完善激励引导机制，充分调动政府、企业、事业单位、行业协会、科研院所等各方面的力量，落实矿山企业主体责任，强化监督管理，全面推进资源节约和综合利用工作。

2.1.3　政策法律

《中华人民共和国宪法》规定：国家保障自然资源的合理利用、保护珍贵的动物和植物，禁止任何组织和个人用任何手段侵占或者破坏自然资源。

根据我国宪法确定的原则，经过几十年的发展，我国矿产资源管理已形成比较完备的法律体系，包括：矿产资源法；行政法规，地方性法规；部门规章，地方政府规章；国家规范性文件和地方规范性文件。如《中华人民共和国矿产资源法》、《中华人民共和国循环经济促进法》、《关于开展资源综合利用若干问题的暂行规定》、《关于资源综合利用项目与新建和扩建工程实行"三同时"的若干规定的通知》、《全国矿产资源规划（2008～2015年）》、《矿产资源节约与综合利用"十二五"规划》等多个政策法规文件。这些政策法规，有效地调动了生产、建设、科研部门开展资源综合利用的积极性，推动了资源综合利用工作的健康发展。

资料：国家在资源综合利用方面的优惠政策（2004/06/03）

1. 国务院批转国家经贸委等部门关于进一步开展资源综合利用意见的通知（国发〔1996〕36号）

2. 《资源综合利用目录》（国经贸资〔1996〕809号）

3. 国家经济贸易委员会　国家税务总局关于印发《资源综合利用认定管理办法》的通知（国经贸资源〔1998〕716号）

4. 关于资源综合利用企业所得税优惠政策（财税字(94)001号）

5. 关于部分资源综合利用产品增值税的优惠政策

关于部分资源综合利用及其他产品增值税政策问题的通知（国经贸厅资源［2001］624号和财税［2001］198号）

关于以三剩物和次小薪材为原料生产加工的综合利用产品增值税优惠政策的通知（财税［2001］72号）

关于对部分资源综合利用产品免征增值税的通知（财税字［1995］44号）

关于继续对部分资源综合利用产品等实行增值税优惠政策的通知（财税字［1996］20号）

6. 关于废旧物资回收经营业务有关增值税政策（财税［2001］78号）

7. 有关翻新轮胎消费税政策（财税［2000］145号）

2.1.4 长效机制的构建

我国《矿产资源节约与综合利用"十二五"规划》中要求加快健全完善标准体系、准入管理、过程监管、评估考核等资源节约与综合利用监督管理制度体系和激励引导机制。具体内容包括：

（1）健全完善标准规范体系。加快矿产资源综合利用领域基础性、通用性标准以及强制性国家标准研制，为强化监督管理、推动矿产资源节约与综合利用技术进步，引导和规范矿产资源节约与综合利用提供技术依据。"十二五"期间重点完成矿产资源综合利用评价规范、矿产资源节约与综合利用指标体系、尾矿处理技术要求、复合共生矿选矿综合回收标准、铁矿综合利用技术要求、多金属共生矿综合利用评价矿床分类导则、矿山综合开采技术标准、尾矿利用技术要求、共伴生矿选矿回收标准、矿山生产技术规范及矿山选矿回收技术标准等规范标准研制工作。

（2）严格矿产资源勘查开发准入管理。严格矿产资源综合勘查和综合评价的地质勘查报告和勘查方案评审制度，探矿权人在勘查主要矿种的同时，必须对共生、伴生矿产资源进行综合勘查和综合评价。对没有进行综合勘查和综合评价的地质勘探报告不予审批。

将矿产资源开发利用效率作为勘查开发的重要准入条件，严格管理。认真执行《矿产资源节约与综合利用鼓励、限制和淘汰技术目录》，新建或改扩建矿山不得采用国家限制和淘汰的采选技术、工艺和设备，达不到要求的不得颁发采矿许可证；已采用限制类技术的，应督促企业加大改造力度，逐步淘汰落后产能。严格审查矿产资源开发利用方案，凡不符合矿产资源规划，没有综合开发利用方案或开发利用方案未实现资源综合利用的，不予批准颁发采矿许可证。严格控制高耗能、高污染、严重浪费资源和缺乏资源综合利用设计的矿山建设立项。

严格执行规划分区管理制度。对于规划确定的具有资源保护功能的限制勘查开采区域，要加强矿产资源开发利用技术经济评价，对暂不能综合开采和综合利用的矿产及尾矿资源，要明确规模、技术、资金投入、资源利用效率的准入门槛，予以有效保护。坚决杜绝禁止勘查规划区和禁止开采规划区内的矿业活动。对于重点开采规划区，要严格按照规划和矿业权设置方案，推进规划区内的矿产资源开发整合，提高规模开采和集约利用水平。

（3）加强资源节约与综合利用监管和考核。加强矿产资源开采总量控制和管理，促进资源节约。对钨、锑、稀土、萤石和高铝黏土等优势矿产继续实行年度开采总量控制制度，加大开采总量控制指标执行情况的监督检查力度，确保执行到位。适当控制煤炭等大宗矿产资源采矿权投放的数量和规模，维持资源供需平衡，避免资源浪费。严格限制供过于求，以及下游产业发展过快、产能过剩、耗能大、污染重的矿产开发。

认真执行矿山企业年检制度，强化对"三率"的监管与考核，确保节约与综合利用方案有效实施。充分发挥执法监察队伍和矿产督察员队伍的作用，与国土资源综合监管平台相衔接，开展矿产资源勘查开发动态巡查和遥感监测，实施立体监管，加大对矿产资源节约与综合利用状况的现场督察。加强储量动态监测、开发利用统计年报与开发利用方案核查，对未按批准的开发利用方案或矿山设计进行开采，或开采回采率达不到设计要求的，责令其停止生产、限期整改，对整改后仍达不到要求的，要坚决予以关闭。完善矿产资源开发监管责任体系，建立多级联动的责任机制，加大基层监管组织资金、人员和技术投入，实行监管任务责任到人、监控到矿。

（4）建立资源节约与综合利用激励引导机制。综合采用经济、技术、行政、法律等手段，建立促进资源节约与综合利用的激励引导机制，鼓励和引导矿山企业通过加强管理和技术创新来提高资源节约与综合利用水平。

落实奖励措施和税费减免政策。采取"以奖代补"方式，对节约与综合利用取得显著成绩的矿山企业给予奖励，激励矿山企业推进科技进步，严格规范管理，不断提高综合利用水平。对从尾矿中回收矿产品、开采未达到工业品位或者未计算储量的低品位矿产资源，减缴矿产资源补偿费。积极配合有关部门，落实国家关于资源综合利用减免所得税、部分产品减免增值税、资源补偿费征收与回采率挂钩等政策法规，发挥引导和推进作用，充分调动矿山企业节约降耗、综合利用的积极性。

实行国土资源优惠政策。对于资源利用效率高、技术先进的矿山企业在资源配置、开采总量指标分配上实行倾斜政策，依法优先提供矿业用地。

积极协调相关部门，加大财政资金支持力度，争取信贷金融支持。鼓励、带动矿山企业和社会资金加大投入，进行自主研发资源节约与综合利用新技术、新设备，加快产业升级换代，促进资源合理利用和节能技术进步，全面提高资源综合利用效率和水平。

资料：《矿产资源节约与综合利用"十二五"规划》实施保障措施

（一）强化规划实施责任机制

各级国土资源管理部门要采取措施，认真履行职责，严格执行规划，加强对矿产资源节约与综合利用工作的领导、组织与协调，将规划提出的各项目标任务逐级分解，落实到重点地区和企业，明确责任，抓好落实。建立规划实施年度考核机制，把矿产资源节约与综合利用现状调查及潜力评价、技术研发与推广、示范工程和示范基地建设、政策制度制定等各项任务目标完成情况，纳入管理目标体系进行考核，作为主要领导业绩考核的重要依据。

（二）健全资源节约与综合利用配套支持政策

进一步完善资源有偿使用制度，健全资源开发成本合理分摊机制，完善反映市场供求关系、资源稀缺程度、环境损害成本的矿产资源价格形成机制，利用价格杠杆促进资源节约，促使矿山企业形成珍惜利用矿产资源的内在约束力，促进资源综合开采和节约利用。加强与财政等部门的沟通协调，推进矿产资源税费征收与综合利用水平相挂钩，推进资源补偿费征收与储量消耗挂钩，减少资源浪费。

（三）加强人才培养和国际交流合作

推动先进开发技术、管理经验、信息化技术等方面的合作与交流，建立矿产资源节约与综合利用技术交流与合作平台，加强在资源节约和综合利用的行政管理、财政税收政策，技术标准和规范建设等方面的国际合作交流，加强在综合勘查、综合开采和综合利用技术领域的合作。

加强矿产资源节约与综合利用支撑单位的能力建设，提高服务水平。培育一批德才兼备、素质优良的矿产资源节约与综合利用科技队伍，加强基层矿产资源管理人员的教育和培训，提高基层矿产资源节约与综合利用管理队伍业务素质。

（四）提高全民资源节约与综合利用意识

广泛开展国情和节约资源国策的教育，切实增强全民资源忧患和保护意识，树立节约观念，提高全民执行节约资源国策的自觉性。大力宣传矿产资源节约与综合利用的相关法律、法规及激励约束政策，引导企业自觉做好资源节约与综合利用工作。

2.2　矿产资源综合开发利用程度评价

2.2.1　我国现行的矿产综合利用程度评价指标

矿产综合利用程度，既是衡量矿山开采技术水平的一个重要标志，又是衡量选、冶技术工艺水平的重要标志之一。目前我国衡量矿业企业矿产资源开发利用水平的主要是"三率"。"三率"指的是采矿回采率、采矿贫化率和选矿回收率。

2.2.1.1　"三率"的概念及其相互关系

采矿回采率指露天和地下开采的矿山在一定开采范围内，实际采出的矿量与该范围内地质储量的百分比。

采矿贫化率是指采矿区域内采出矿石品位降低的百分比。贫化的程度即是采矿贫化率，反映采出矿石量和矿产资源利用程度。采矿贫化率高使选矿回收率降低，相应选矿厂的生产能力也降低，影响矿业企业的经济效益。

选矿回收率是指选矿厂回收的金属量与进入选矿厂的金属量的比率。选矿回收率高，表明选别作业的效率高，回收的有用矿物多，从而提高了矿产资源的利用效率和矿床的经济价值。

"三率"中开采回采率是基础，没有开采率就谈不上其他两率。贫化率是品质指标，直接影响到企业的经济效益。贫化率指标定得太低，矿石损失率增大，回采率就要降低。选矿回收率是一种资源利用程度的重要指标，直接影响选矿成本、企业经济效益和资源效益。

"三率"是目前综合反映我国矿业企业资源效益和经济效益的重要技术经济指标。

2.2.1.2　"三率"指标的制定

"三率"指标制定程序如下：

首先由矿山企业论证提出"三率"指标方案，经矿山企业上一级业务主管部门或行业主管部门审批后，报省（区、市）地矿主管部门。

省（区、市）地矿主管部门可根据实际情况，对上报的"三率"指标进行复核，并可提出修改意见，由矿山企业上一级业务主管机关或行业主管部门组织修改后，再报省（区、市）地矿主管部门确认、备案，即作为各级矿管机构监督检查的依据。

"三率"指标是一个要符合每个矿山企业开采实际的阶段性指标。每个矿山企业在一定开采阶段中（时间、空间），都要有自己的"三率"标准。不可能提出一个适合某矿种各类矿山的统一的、一劳永逸的考核标准。即使是同一个矿山企业，在不同时期、不同地点、不同开采方法、不同的开采技术条件下，"三率"指标都不一样。特别是随着开采技术的进步，采选装备水平的提高以及采选人员素质的提高，"三率"标准都要相应地变化。所以，当矿床开采技术条件发生变化或采矿方法改变时，矿山企业应按照规定程序重新制定"三率"指标，再报地矿主管部门复核、确认、备案。

制定"三率"指标中的开采回采率、选矿回收率不一定都是最高值，采矿贫化率也不一定都是最低值，而应是符合生产实际、矿产资源利用效益和经济效益好的最佳值，也就是采选工艺—回收率曲线与采选回收率—经济效益曲线的交叉点数值。贫化率的最佳值是采选工艺—贫化率曲线与贫化率—经济效益曲线的交叉点数值。

2.2.1.3　存在的问题

"三率"基本上能反映矿业企业矿产资源综合利用的水平，但是还存在着较大的局限性，主要表现为"三率"只有对简单的单种矿产资源才能做出较科学的评价。

随着社会和科学技术的进步，对矿产资源的认识不断提高，对矿产资源的综合利用提出了越来越高的要求；再加上我国的矿产资源又有许多独特的特点（如伴生共生现象普遍，矿石组分复杂，贫矿多，富矿少）和越来越多的非金属矿产资源、越来越多矿物组成复杂的矿产资源的开发利用，用"三率"来衡量矿业企业矿产资源开发利用水平就显得很不科学了。例如：单一的金属矿产资源，无论是黑色金属、有色金属还是贵金属，用"三率"都能较科学地反映其开发利用水平。而对许多其他比较复杂的复合矿产资源和绝大多数的非金属矿产资源，就不能简单地还用"三率"来衡量其综合利用水平。例如：我国重要的耐火材料矿物原料之一的蓝晶石（包括硅线石和红柱石），衡量其开发利用水平的是通过 Al_2O_3 含量的分析检测，进而通过"三率"来表述的。而众所周知构成地球壳体的主要化合物之一就是 Al_2O_3，在广泛的矿物组成中都存在着 Al_2O_3。在蓝晶石（包括硅线石和红柱石）矿床的矿物组成中，含有 Al_2O_3 的矿物有绢云母、白云母、黑云母等数种，从而简单地用 Al_2O_3 的"三率"来衡量蓝晶石（包括硅线石和红柱石）的开发利用水平，就失去了意义，也非常的不科学。

2.2.2　建立矿产资源节约与综合利用评价指标体系

如何规范矿产资源综合勘查、综合开发和综合利用，如何评价我国整体矿产资源的节约与综合利用程度，如何评价一个企业和一个地区（部门）矿产资源节约与综合利用的发展状况已引起社会各界的关注。制定矿产资源节约与综合利用评价指标体系有利于推进节能减排工作，有利于科学、准确地衡量矿产资源领域节约与综合利用的发展水平，同时也是强化政府部门对矿产资源节约与综合利用的宏观调控，有效促进矿产资源领域的可持续发展，落实科学发展观的一项重要工作。

　　目前，国内学者结合循环经济的发展，对矿产资源领域循环经济发展提出了建立指标体系的构想，国土资源部也委托相关单位开展矿产资源领域循环的指标体系研究、示范试点调研、尾矿及废弃物资源化利用等工作，这些工作的开展，均为矿产资源节约与综合利用提供了基础。

2.2.2.1　建立矿产资源节约与综合利用评价指标体系的原则

　　（1）科学性原则。科学性是矿产资源指标体系建立的重要原则，也是指标体系的首要特征，指标的确定、数据的选取、计算与合成必须以公认的科学理论为依据。指标必须概念清晰、明确、具有具体的科学内涵，测算方法标准，统计方法规范，能全面、客观、准确地反映资源和物质的利用和循环利用情况，符合可持续发展的内涵，避免指标间的重叠，使评价目标和评价指标有机地联系起来，组成一个层次分明的整体，能较好地度量一个地区或一个企业循环经济发展水平。

　　（2）完备性与代表性原则。完备性要求指标体系覆盖面广，能全面反映矿产资源节约与综合利用发展水平和资源利用效率的状态及发展趋势。代表性要求指标体系要涉及经济、社会、资源、环境等各个方面，指标体系的内容要简单、明了、准确，具有一定的代表性。

　　（3）指导性原则。在同一类别中入选的各指标因素之间至少要在分析性质上相对独立，说明不同问题或问题的不同方面，彼此间不存在明显的重复，具有一定的指导价值。

　　（4）可操作性原则。应考虑目前统计工作的现状，选择一些易于计算、容易获取、概念准确、内容清晰、能实际测算的指标，以便定量分析。过于抽象的分析概念不纳入指标体系中。

　　（5）可比性原则。选择指标应借鉴国际通行的统计标准和规范，并与之衔接，能够进行国际比较分析；同时，不同地区、不同企业的对比和同一地区、同一企业在不同时期也可进行对比。

2.2.2.2　矿产资源节约与综合利用评价指标体系涵盖的范围及重点

　　矿产资源节约与综合利用评价指标体系的建立要与矿产资源领域循环经济发展评价指标体系相联系。指标体系涵盖的范围主要包括：矿产资源综合勘查、综合开发、节约和综合利用、矿山环境恢复治理中的资源开采率、资源回收率、资源消耗降低率、资源循环利用率、废弃物处置降低率等。

　　以国际上发展循环经济通用的"3R"原则为重点，从矿产资源勘查、开发、利用到闭坑分别按照制定的原则进行评价指标的确定。

　　矿产资源节约与综合利用评价指标体系由两个层面构成，宏观层面是指衡量和考核一个地区或一个部门的矿产资源节约与综合利用状况和水平的指标；微观层面是指衡量和考核一个矿山企业矿产资源节约与综合利用状况和水平的指标。

2.2.2.3　矿产资源节约与综合利用评价指标体系

　　A　宏观层面

　　综合勘查指标：包括矿山储量监测覆盖率、矿山地质环境评价覆盖率、地质勘查项目成功率。

　　采选冶指标：开采回采率、采区回采率、冶炼回收率等。

　　消耗指标：万元产值能耗、万元产值水耗、万元产值能耗降低率。

　　节约与综合利用指标：矿山企业综合利用比率、某种金属再生率、万元产值土地占用量。

　　矿山环境治理指标：矿山生态环境恢复治理率、固体废弃物排放降低率、矿山土地复垦率等。

　　B　微观层面

　　综合勘查指标：包括共伴生矿产综合评价率、边际和次边际矿产资源量综合评价率。

　　采选冶指标：开采回采率、采区回采率、冶炼回收率等。

　　节约与综合利用指标：某种选矿伴生资源利用率、某种金属再生率、固体废弃物综合利用率、工业用水重复利用率、矿井水重复利用率、瓦斯利用率等。

　　矿山环境治理指标：矿山废水处理率、矿山生态环境恢复治理率、固体废弃物排放降低率、矿山土地复垦率等。

　　矿产资源节约与综合利用评价指标体系涉及范围广，覆盖面大，从管理部门到企业，从地区到整个国家，具体详细的指标体系需结合各地、各企业实际情况进行制定。国家和各地国土资源管理部门应将矿产资源节约与综合利用评价指标体系建设纳入到相应的矿产资源规划体系建设中去，建立完善矿产资源综合利用的科学指标体系和评价指标体系，包括矿产资源共伴生资源综合利用率，废石围岩利用率和尾矿利用率，煤矸石利用率，主要矿种的开采回采率、选矿回收率，矿产资源综合勘查、综合评价的指标。建立和完善矿产资源综合开发利用标准体系、矿产资源综合开发利用的经济指标体系和评估验证体系。采用科学的方法综合评价矿山企业综合利用的水平。按技术可行，经济合理的要求，评价、监督矿山企业综合开发和利用工作。

2.3　贯彻"四个"综合，提高矿产资源综合利用的水平

　　我国矿产资源复合共（伴）生矿多的特点，决定了我们对矿产的寻找、开发和利用必须综合考虑，即在矿产勘查过程中，要实行综合勘查（含综合找矿和综合勘探）、综合评价；在开发利用中，要实行综合开发、综合利用。

2.3.1　"四个"综合的含义与要求

2.3.1.1　综合勘查

　　（1）综合找矿：是指在普查找矿中，根据国内外已发现的矿床或元素的共生组合特征或规律指导综合找矿。如沉积菱铁矿与沉积多金属矿床共生；斑岩铜矿与矽卡岩铁矿共生。

　　在可供工业利用的元素上，以某种元素为主的矿床，又因矿床类型不同而形成一系列有工业价值的元素组合。例如铁矿的 Fe - 稀土组合，稀土比铁具有更重要经济价值，如白云鄂博稀土铁矿。

　　（2）综合勘探：是指对矿床中共（伴）生的主要矿产和矿区内及附近的其他矿产所进行的地质勘探和工业评价工作。可分为 5 种情况：

　　1）对矿床中共（伴）生的主要矿产进行综合勘探。一个金属矿床中，其主要组分（或元素组合）往往有几种，如铜硫矿、铜钼矿、铜铅锌多金属矿、铜金矿以及钨锡铋钼矿、钨锡（铋）矿、钨铜矿等。它们共（伴）生一起，含量较高、分布较均匀，有的只

单独开采其中一种矿产就具有工业价值。

2）对矿区内距主矿体较近的其他矿种进行综合勘探（如大红山，铜矿、铁矿）。

3）对主矿体顶底板围岩中共（伴）生矿产进行综合勘探。

4）对矿区周边附近与主矿产共（伴）生的其他矿产进行综合勘探。

5）对矿区附近的石灰岩、硅石、耐火黏土和能源矿产等，也应进行综合勘探。既可实现资源配套，又可增加经济效益和社会效益。

2.3.1.2 综合评价

综合评价是指主要有用组分以外的伴生组分是否有工业价值而进行的地质研究工作，以便作为矿产综合开发和综合利用的依据。要求：

（1）对赋存在主矿体内的伴生有益组分：一般采用混采混选，最终获得单独精矿产品。综合评价的重点是研究伴生组分的种类、含量、赋存状态和分布规律，研究不同矿石类型、矿体围岩的矿化特征并进行系统采样化验。利用主要组分的可选性试验，分析选矿各产品精矿、中矿、尾矿中伴生组分的含量和富集程度，了解综合利用的可能性。

（2）对赋存在主矿体外围岩中的伴生有益组分，也应进行综合评价。

（3）对有害组分也应了解其种类、含量、赋存状态及分布，研究其分离和降低的处理方法，力争变害为利。

2.3.1.3 综合开发

综合开发指在矿山开发过程中，要对其所含的各种矿体及上下盘的共（伴）生矿，在开采技术条件允许的范围内，都要尽可能地开采出来。要避免采大弃小、采富弃贫、采易弃难。

2.3.1.4 综合利用

综合利用指在矿石的选冶过程中，对其所含各种有益组分，要在技术经济条件允许的范围内最大程度地予以回收。

2.3.2 "四个"综合的相互关系

综合勘查、综合评价是综合开发和综合利用的基础和前提；综合开发和综合利用是综合勘查和综合评价的发展和必然；综合利用在"四个"综合中起主导和核心的作用，而实现矿产综合利用的关键是矿石的选冶技术，而且要做到技术上可行、经济上合理，两者同时兼备。

2.3.3 矿产资源综合勘探和综合评价的任务

（1）查明矿床中主要组分，伴生有益、有害组分和共（伴）生矿产的分布范围；

（2）搞清矿体的形态、产状、规模；

（3）查明矿石物质成分、嵌布特性、嵌镶关系以及矿石技术加工特性等。

上述资料，对矿山开采方案、设计规模、总平面布置、选矿工艺流程和产品方案确定等都有很大影响。

2.3.4 对矿床中伴生有益元素和组分进行综合勘探和综合评价的确定依据

（1）矿石中伴生有用元素或组分的含量应达到一定的要求：伴生元素的含量达到多

少时，才能综合回收利用？这个取决于伴生元素的赋存状态，而且需经选（冶）试验及经济核算。

（2）查清矿石中伴生有用元素或组分的赋存状态（Au、Bi矿）。

呈独立矿物——可以选为单一的精矿。

呈类质同象、固溶体、显微包体——富集于主元素或主组分的精矿中——冶炼、化工处理综合回收。

（3）伴生有用元素或组分的综合利用要在技术上可行、经济上合理，两者必须同时兼备。

本 章 小 结

根据我国宪法确定的原则，经过几十年的发展，我国矿产资源管理已形成比较完备的法律体系，包括：矿产资源法；行政法规，地方性法规；部门规章，地方政府规章；国家规范性文件和地方规范性文件。这些政策法规，有效地调动了生产、建设、科研部门开展资源综合利用的积极性，推动了资源综合利用工作的健康发展。

我国现阶段矿产资源节约与综合利用的总体要求是：全面贯彻落实节约优先战略，按照加快转变经济发展方式和建设资源节约型、环境友好型社会的要求，以矿产资源合理利用与保护为主线，以转变资源开发利用方式为核心，以技术创新和制度创新为动力，以矿山企业为主体，以市场需求为导向，强化政策引导和制度约束，严格资源开发利用效率准入，加强资源开发利用过程监管，扩大资源节约与综合利用规模，确保资源的高效开发和有效保护，全面提高矿产资源开发利用水平，推动矿业走节约、绿色、高效的可持续发展之路。

我国将建立资源节约与综合利用长效机制。目标是形成完善的资源节约与综合利用标准规范，总量控制、开发准入、监督管理和评估考核机制初步形成，资源节约与综合利用激励约束政策不断完善，矿产资源节约与综合利用技术研发和服务体系基本建立。

目前我国衡量矿业企业矿产资源开发利用水平的主要是"采矿回采率、采矿贫化率和选矿回收率"三率指标。国内学者结合循环经济的发展，对矿产资源领域循环经济发展提出了建立矿产资源节约与综合利用评价指标体系的构想，采用科学的方法综合评价矿山企业综合利用的水平，按技术可行，经济合理的要求，评价、监督矿山企业综合开发和利用工作。

我国矿产资源复合共（伴）生矿多的特点，决定了我们对矿产的寻找、开发和利用必须综合考虑，即在矿产勘查过程中，要实行综合勘查（含综合找矿和综合勘探）、综合评价；在开发利用中，要实行综合开发、综合利用。

复习思考题

1. 我国开展资源综合利用的方针是什么？

2. 简述贯彻资源综合利用方针的原则。

3. 我国矿产资源节约与综合利用的总体要求是什么，具体包括哪些内容？

4. 试述我国的矿产资源管理、保护法规。

5. 试述构建我国资源节约与综合利用长效机制的内容。

6. 试述我国的资源节约与综合利用激励引导机制。

7. 目前我国衡量矿业企业矿产资源开发利用水平的主要指标是什么？简述其概念及相互关系。

8. 简述"三率"指标的制定。

9. 简述我国建立矿产资源节约与综合利用评价指标体系的原则。

10. 浅谈我国矿产资源节约与综合利用评价指标体系应包括的内容。

11. 浅谈提高我国矿产资源综合利用的水平的"四个"综合及其相互关系。

12. 简述"四个"综合的含义与要求。

❖❖

参 考 文 献

[1] 胡应藻. 矿产综合利用工程 [M]. 长沙：中南工业大学出版社，1995.

[2]《矿产资源综合利用手册》编辑委员会. 矿产资源综合利用手册. [M]. 北京：科学出版社，2000.

[3]《矿产资源节约与综合利用"十二五"规划》，国土资发 [2011] 184 号文.

[4] 孟旭光. 国土资源规划理论与实践 [M]. 北京：地质出版社，2009.

3 有色金属矿产资源的综合利用

3.1 概　　述

3.1.1 我国主要有色金属矿床的伴（共）生组分

几乎所有的有色金属矿床都含有多种有用组分，我国主要有色金属矿床伴（共）生组分见表 3-1。

表 3-1　我国主要有色金属矿床伴（共）生组分

矿床	铜	铅锌	钨	锡	钼	稀有
伴（共）生组分	硫、钴、金、银、铂族、铅、锌、硒、碲、铁、钼、铼、钨、铋、镉、铟、铊、金红石、孔雀石、铜蓝	铜、银、铋、金、锑、汞、硫、镉、铊、镓、锗、硒、碲、铟、萤石、重晶石	钼、铋、铜、铅、锌、金、银、锡、铁、铌、钽、铍、硫、砷、长石、石英、绿柱石、黄玉	铁、铜、铅、锌、钨、钼、锑、铋、银、铍、锂、铌、钪、锆、铟、钛、硫、砷、锆英石、独居石、稀土、黄玉	铜、钨、铋、硒、碲、锡、金、银、铼、锗、钪、铊、镍、钒、铀、铂族、钒、稀土、铁	铌、钽、锡、稀土、铯、锂、云母、绿柱石、锆英石、铪、黄玉、金红石、石英、长石

矿床	铝	钴	镍	锑	汞	金	稀土
伴（共）生组分	钙、钛、钒、锗、镓、锂、黄铁矿、钾、黏土	镍、铜、锰、银、硫	铜、钴、铂族、硫、金	砷、金、银、钨、铅、锌、萤石	锑、铜、铅、锌、碲、砷、铋、雄黄、雌黄	银、铜、铅、锌、硫、锑、砷、锆石、独居石、金红石、刚玉	铁、铌、萤石、重晶石、蒙脱石、高岭石

从表 3-1 可知：

（1）有色金属矿床中含伴（共）生组分和有用矿物有很多种，多达 23 种。

（2）其伴（共）生有益组分的特点是，有色金属、贵金属和稀散金属常在一起产出，甚至有色金属、非金属以及稀土元素赋存在一起。

（3）综合利用的发展已经打破了金属与非金属矿产的严格界限，即可以从金属矿产中综合开发利用非金属矿产，亦可从非金属矿产中综合回收金属。

（4）据统计，在 60 多种有色金属中一半以上是通过矿石综合利用开发的。

3.1.2 综合利用的伴生元素分类

按照在自然界中的分布特点，伴生元素基本上可分为四大类：

（1）呈独立矿物并能形成矿床或综合性矿床的元素：有 Au、Ag、Ni、Co、Ti、V、Be、Li、Cs、Nb、Ta、Zr、Sr 和稀土元素；

（2）可以构成独立矿物，但通常呈分散状态出现的元素，基本上不形成独立矿床：有 Se、Te、Tl、Sc、Cd、Pt 族元素；

（3）基本上不构成独立矿物（或很少呈独立矿物），仅呈分散状态出现的元素：有 Hf、In、Ga、Re、Rb 等；

（4）放射性元素：有 U、Th 等。

3.1.3 我国有色金属综合利用现状

（1）我国有色金属的产出，一是靠现有企业的挖潜改造和矿产综合利用；二是靠在建（新建）工程的投产和达产；三是靠再生有色金属。

（2）有色金属矿产综合利用现状：取得明显成绩但差距比较大。

综合利用已取得一定的经验和具有我国矿产特点的综合利用技术，如金川镍矿的综合利用已获得大量经验、独特技术和显著的经济效益。现在金川除镍外，已能综合回收铜、钴、铂、钯、锇、铱、铑、钌、金以及铁、铬、硫、硒、碲 14 种伴生有益组分，并且成为我国的镍都和钴、铂族金属生产的主要基地。

但是，我国有色金属矿产综合利用水平的差距还较大。据统计，我国有色金属矿山一般采选金属量损失达 40% 左右。1986 年我国有色金属冶炼厂回收的伴生组分只有 11 ~ 18 种，苏联在 1980 年就已达 74 种，我国伴生组分的综合利用率仅为 20.62% ~ 68.24%，而日本已达到 85% ~ 95%。

3.2 铜矿石的综合开发利用

3.2.1 概述

3.2.1.1 铜的用途

铜是常用十种有色金属中的第二用量大户。铜不仅在电器工业上用以制作电力传输线、通信和照明装置、无线电设备、电器仪表和电机设备，还广泛用于国防、机械制造，以及有机化学工业等各个工业部门。例如黄铜（铜锌合金）用来制造枪弹和炮弹；白铜（铜镍合金）用于制造舰艇和发电设备的冷凝器和热交换器；铍青铜（铜铍合金）用于制造航空仪表的弹性元件；锡青铜（铜锡合金）用于制造轴承、轴套；铝青铜（铝铜合金）用于制造物理仪器、精密仪器、齿轮及医疗器械；康铜（铜镍锰合金）和锰钢（铜锰合金）用作高电阻材料等。此外，铜的化合物在农业上用作杀虫剂和除草剂。铜还是制造防腐油漆的主要成分之一。

3.2.1.2 铜的工业矿物及矿石类型

A 铜的主要工业矿物

工业上有利用价值的含铜矿物有 10 种，即黄铜矿、斑铜矿、辉铜矿、铜蓝、孔雀石、蓝铜矿、硅孔雀石、赤铜矿、黑铜矿、自然铜，其中最常见主要铜的工业矿物是黄铜矿、斑铜矿和辉铜矿。所以，全世界铜的年产量中有 80% 以上来自硫化矿，其余部分来自碳酸盐、氧化矿、硅酸盐和自然铜。

B　铜矿石类型

按铜矿石的工业类型可分为：

（1）按所含具有工业意义的伴生组分的多少、有无，可分为单一铜矿石和综合铜矿石，后者又分为铜－钼矿石、铜－锌矿石、铜－多金属矿石、铜－黄铁矿矿石、铜－金矿石、铜－铀矿石、铜－镍矿石、铜－钨矿石、铜－锡矿石等。

（2）按氧化率将铜矿石分为硫化矿石（氧化率小于10%）、混合矿石（氧化率10%～30%）和氧化矿石（氧化率大于30%）三类。矿石中某金属的氧化率指该金属氧化矿物的金属量与它的总金属量之比，它表示硫化物矿石受氧化的程度。因为硫化矿石（或称原生矿石）比氧化矿石容易分选。

（3）按矿石的构造，可分为块状矿石和浸染状矿石。

（4）按矿石的含铜品位，可分为富矿石（Cu品位大于1%）和贫矿石（Cu品位不大于0.4%）和中等品位矿石（Cu品位为0.4%～1%）。品位大于5%以上的铜矿石可不经选矿，与铜精矿（Cu品位不小于8%）混合直接入炉冶炼。

上述铜矿石类型的划分，都与选矿工艺及回收有较密切的关系。

3.2.2　我国的铜矿产资源

3.2.2.1　我国铜矿床工业类型

具有工业意义的铜矿床类型及其在铜矿总储量中的地位，顺序为斑岩型铜矿床、矽卡岩型铜矿床、层状型铜矿床、岩浆岩型铜镍矿床、黄铁矿型铜矿床、热液脉状型铜矿床、含铜砂岩型铜矿床和自然铜型铜矿床。

3.2.2.2　我国的铜矿产资源及特点

我国铜矿资源的现状，可以用一句话来概括：储量居世界第四，产量供应紧张，需要大量进口。

我国的铜矿资源已探明的储量居世界第四位，可利用储量占保有储量的比例为63%，铜的保有储量很多。但是，铜矿近期可开发利用的资源不足，供应紧张，需要进口。我国每年需用铜60万吨左右，其中1/3以上靠进口铜精矿来解决，估计今后进口量还会增大。产生这种现状的原因主要是"三低一远"：

（1）铜矿石品位低。我国现在占开采量大的是斑岩铜矿石，其开采品位低，为0.4%左右，进而影响到选矿的精矿产率很低，这是最主要的原因。

（2）现有铜矿山的生产能力低。我国铜矿山的选矿厂日处理矿石量一般在3000t左右，少者1000多吨，个别厂达几万吨，总的矿山选厂生产能力低。这与我国铜矿床规模（储量）以中小型为主有关，单个矿床储量大于100万吨的不足铜储量的1%。

（3）伴生铜矿的综合回收低。我国铜矿资源中伴生铜矿的储量占四分之一，但对其综合回收不够。例如湖南的镍矿，综合利用其中的伴生铜的回收率仅有25%～35%。

（4）有些铜矿资源分布在边远地区，其交通和能源等问题难以解决，近期暂难开发利用。例如西藏江达县的玉龙铜矿和察雅县的马拉松多铜矿，其铜金属储量达753万吨，近期难以利用。此外，还有云南边境的富铜矿。

3.2.3　铜矿石的综合开发利用

3.2.3.1　铜矿石的工艺性质与选矿回收

铜矿石的选矿指标是选矿加工过程中衡量矿石综合利用程度的重要标志，它们与矿石的工艺性质有着密切的关系，下面主要介绍四个方面：

（1）铜矿石的主要矿物。上述含铜的工业矿物，按可选性的难易程度可细分为三类：

1）易浮选的硫化铜矿物，如黄铜矿、斑铜矿、辉铜矿等。如这三种矿物共（伴）生在一起，不论其含量与结构如何，对选矿回收率均不会产生影响，均可作为单一硫化铜矿石来看待，以复矿物颗粒粒度作为粒度单元决定矿石的磨矿细度，采用浮选回收效果好，流程也简单。

2）浮选效果较差的矿物。其矿物组成除上述三种硫化铜矿物外还伴生有黄铁矿、方铅矿和闪锌矿等硫化矿物。此时需研究硫化物的粒度及嵌布特征，以确定各种硫化矿物的最佳（或合理）磨矿细度，获得最大单体解离，再选用不同浮选药剂进行分离。例如某铜铅锌综合矿石，破碎磨矿至铜铅锌硫化矿物大部分单体解离时，先混合浮选，再分离，分别得到铜精矿、铅精矿和锌精矿三种产品，铜的回收率可达88%，铅回收率达81.1%，锌回收率达84.4%。

3）难浮选的矿物，主要是铜的氧化物（孔雀石、蓝铜矿）和铜的硅酸盐（硅孔雀石）。由这些矿物组成的氧化矿石属难选矿石，多产出在原生硫化矿床的氧化带比较发育，如湖北和云南某铜矿。为了浮选含铜氧化物，过去采用"硫化浮选"处理，即在矿浆中加入硫化钠溶液，使氧化矿物表面形成一层硫化薄膜，但是采用这种常规的单一硫化浮选不能获得满意的选矿指标，如铜绿山铜矿的氧化矿石，用常规硫化浮选效果不好，精矿品位8%～10%，回收率50%～70%；若精矿品位14%～16%，则回收率仅20%～25%，原因是矿泥严重影响分选，难选铜矿物（结合氧化铜）难解离，矿石性质复杂多变。据国内外文献报道，以单一的常规硫化浮选处理氧化铜矿石，唯一具生产规模的是对于原矿石含铜品位高，以孔雀石为主的氧化铜矿石。

根据上述三种情况，在评价铜矿石的选矿技术条件时，应该划分出原生硫化物矿石、混合矿石、氧化矿石三类，然后再进一步划分矿石亚类，如原生硫化物矿石再细分出单一含铜硫化物、复合多金属硫化物、以黄铁矿为主的含铜硫化物组合等。因为它们的选矿工艺流程和选矿效果不相同。

（2）脉石矿物特征。各种铜矿石类型中的脉石矿物，若按它们的晶体构造与浮选药剂的关系以及在浮选过程中的走向分类，可分为两大类：

1）一般呈岛状、链状、架状构造的硅酸盐脉石矿物，如长石、角闪石、辉石族、石英等矿物，由于其亲水性，可全部或大部残留在尾矿中，对选矿效果无甚影响。

2）具层状构造的硅酸盐矿物，如绢云母、绿泥石、滑石、金云母、蛇纹石等，它们可与浮选药剂发生作用，由于这些呈片状、鳞片状的矿物具有良好的疏水性，从而产生很高的可浮性，若进入铜精矿则会使精矿品位降低影响铜精矿的品级。例如河北某铜矿，脉石矿物中滑石、绿泥石、蛇纹石、金云母等层状构造硅酸盐矿物的最大特点是硬度小、密度小、极易泥化，破裂后呈鳞片状，层面上不饱和键力弱，天然疏水性强，极易进入泡沫产品，这就是该铜矿选厂较长时期以来精矿品位低（10%左右）的基本原因。当采用羧基甲基纤维素（CMC）作抑制剂（在精选作业时），阻止了这一类脉石矿物进入泡沫产品，从而使铜精矿品位和回收率明显提高。

（3）矿石的结构构造。铜矿石的构造，可分为块状和浸染状或细脉浸染状，而后者较常见。但相比之下铜矿石的结构则相当复杂，有各种形态特征的交代结构和固溶体分离结构以及细脉穿插结构等。但是，不同矿物组合形成的铜矿石的结构构造对选矿的影响不同，可分为两类：

1）对于矿物成分简单的铜矿石的结构构造，如黄铜矿、斑铜矿、辉铜矿矿石或含铜石英脉矿石，斑铜矿常与黄铜矿呈犬牙交错的毗连状交代结构，黄铜矿与斑铜矿呈文象结构、格状结构，斑铜矿被辉铜矿交代呈网状或脉状结构等等，不管它们之间如何紧密嵌镶，对矿石选矿效果均无多大妨碍。因为这三种铜矿物的可选性和冶炼性质相近，冶炼处理方法相同，不需要把它们单体解离和分选开来，可当作复矿物颗粒粒度来确定其磨矿细度。

2）对多金属铜矿石的结构构造则影响大。如果闪锌矿在黄铜矿中呈分散细粒的乳浊状结构，黄铁矿、闪锌矿与黄铜矿之间形成交代结构（似文象结构），黄铜矿中黝铜矿呈星散浸染状等，则对选矿粉碎作业中的矿物单体解离会产生很大的影响。磨矿粗了则不能解离，磨矿细了则产生泥化，也不能较好解离，因为呈上述结构的矿物粒度极细而且嵌镶紧密。特别是层状型铜矿、矽卡岩型铜矿和斑岩型铜矿等硫化矿床氧化带常常形成细网格状、粗网格状的褐铁矿（针铁矿、水针铁矿）、孔雀石、蓝铜矿、硅孔雀石、水胆矾等，这些矿物粒细分散、结构复杂、易于泥化，给解离和分选造成极大的困难。

（4）伴生组分的赋存状态及含量分布。铜矿石中的伴生组分有：Au、Ag、Mo、S、Fe、Pb、Zn、Re、Co、Ni、Se、Te、Cd、In、Ga、Tl、Pt 等。但是，不同类型铜矿石中的伴生组分及赋存状态各不相同。例如斑岩铜矿中的钼主要以辉钼矿单矿物独立存在，而铼则呈类质同象存在辉钼矿中，金、银主要呈自然金、银金矿、金银矿和合金自然银等独立矿物存在，常在硫化物、其次在氧化物以及脉石矿物中以粒间金、裂隙金和包裹金嵌连。一些铜矿床中的钴主要含于黄铁矿、磁黄铁矿中，也有含于黄铜矿和磁铁矿中，如大冶某矽卡岩铜（铁）矿床中，原生铜矿石含钴 0.02%～0.05%（当矿石中含黄铁矿高时钴含量可达 0.1%）、黄铁矿精矿中含钴 0.19%～0.39%，铁精矿中含钴 0.01%，氧化矿石中含钴 0.02%，含软锰矿较高的"黑泥"中含钴最高可达 0.76%。原生矿石中钴主要呈类质同象形式存在，在氧化矿石中则呈吸附状态。

在一般情况下，铜矿石的伴生元素在加工处理过程中均可提取和利用，有的可分选成为独立的精矿，有的富集于主金属矿物的精矿中，留待冶炼过程中再分离回收。

由上可见，铜矿石的矿物成分（包括含铜矿物的种类和含量以及其他共生金属矿物、脉石矿物的组合、伴生组分的含量及赋存状态）、矿石结构构造的研究与查定，对制定选矿流程及选矿方法，提高主金属的回收率和伴生组分的综合利用，都具有重要的意义。

在目前技术条件下，铜矿石中综合回收伴生组分的最低含量要求如表 3-2 所示。

应该指出，由于各种铜矿石类型的形成条件不同，因此反映在其矿石工艺性质上都会存在差别，这就需要通过系统研究查定，有针对性地制定出合理的选矿方案，才能获得较好的回收效果和综合利用指标。

表3-2 铜矿石中综合回收伴生组分的最低含量要求

元素	含量/%	元素	含量/%	元素	含量/%	元素	含量/$g \cdot t^{-1}$
Mo	0.01 ~ 0.015	WO_3	0.01 ~ 0.1	Pb	>0.5	Au	<1
Co	0.01 ~ 0.02	Mg	10 ~ 15	Zn	>0.8	Ag	>3
Ni	0.1 ~ 0.25	S	>4	Bi	0.001		

3.2.3.2 几种类型铜矿石的综合利用

（1）黄铁矿型含铜黄铁矿矿石的综合利用。该矿石黄铁矿含量大于95%，次为黄铜矿、闪锌矿、方铅矿、磁铁矿，伴生组分有 Au、Ag、Cd、Co、Se、Te、Tl、In 等，有时 Pb、Zn、Fe 也可综合利用。由于组分多、粒度细、结构复杂为难选矿石。

前苏联的胡杰斯克矿山用浮选－水冶联合流程，从含铜黄铁矿矿石中综合回收8种成分，它们的回收率分别为：铜97%、锌92%、钴66%、镉64%、铁90%、硫82%、碲77%、硒77%。

我国白银有色金属公司，对白银厂多金属矿在原地质勘探铜、硫、金、银的基础上，又评价了铅、锌、铋、镓、锗、砷等有益伴生组分并计算了储量，截至1984年，副产的硫酸、黄铁矿、金、银、钯、硒、镉、铟、铊、铅、锌产品的产值达上亿元，约占全部矿产品产值的40%。通过综合利用已回收十二种伴生组分，总产值累计达12亿多元。

（2）斑岩型铜钼矿石的综合利用。澳大利亚的布干维尔浸染型斑岩铜矿，矿石储量达10亿吨，平均含 Cu 0.48%（边界品位0.2%），含 Au 0.56g/t、Ag 2.14g/t、Mo 0.012%、S 1%左右。主要矿石矿物为黄铜矿，斑铜矿次之，磁铁矿和黄铁矿少量。脉石矿物主要为石英和黑云母、绢云母。金和银富集在黄铜矿中。选矿厂处理矿石9万吨，1977年处理矿石3411万吨，生产铜18029t、金22333kg、银47043kg。

我国德兴斑岩铜矿，具"大、浅、易、多"等特点，即矿石储量大，达16亿吨，埋藏浅，易选，含综合利用元素多。除主元素 Cu（0.2%～0.6%）外，伴生有用元素 Mo（0.01%）、S（1.9%）、Au（0.14～2g/t）、Ag（1.2～1.7g/t）。主要金属矿物为黄铁矿（最多）、黄铜矿、辉钼矿，次为斑铜矿、黝铜矿，少量孔雀石、铜蓝。非金属矿物以石英、绢云母为主，次为绿泥石、方解石、长石。

主要矿物嵌布特征，黄铁矿呈他形、半自形晶，以细脉浸染状分布脉石中，常被黄铜矿交代残留，两者常呈港湾状交错毗连嵌镶，粒度一般为0.03～0.4mm，最大1～5mm，以粗粒居多呈不等粒较均匀嵌布。黄铜矿呈细粒他形不均匀嵌布于脉石中，粒度一般在0.005～0.5mm，以0.01～0.05mm为主。辉钼矿呈鳞片状、薄膜状附于脉石片理或裂隙面上，粒度一般为0.025～0.2mm。伴生自然金、自然银、银金矿、碲金矿，自然金约占85%以上，呈裂隙金；包裹金主要嵌布黄铜矿，次为黄铁矿。

根据上述研究成果，主要金属矿物的粒度特征差别较大，故需分段磨矿浮选，经选矿生产证实取得了较好的效果。一段磨矿粒度－0.074mm（－200目）占60%～63%后采用铜钼硫混合浮选，获得粗精矿再磨（－0.074mm（－200目）占90%～95%）再选得到 Mo 精矿和最终 Cu 精矿，Cu、Mo 分选的尾矿再选 S 得到 S 精矿。铜精矿品位为24%以上回收率为85%～87%，Au、Ag 富集于 Cu 精矿中，其回收率均约为50%。

（3）矽卡岩型铜铁矿石的综合利用。日本的八茎选矿厂日处理铜铁矿石1500t，采用浮选－磁选－重选流程以及化学处理方法，从原矿中生产出黄铜矿精矿、磁铁矿精矿、白钨矿精矿、石灰石精矿和碳酸钙精矿五种精矿产品。此外，还利用了尾矿中微量的白钨矿（含 WO_3 0.03% ~ 0.04%），每年可获得1.7亿日元的额外收入。

我国大冶铜绿山铜矿系大型的矽卡岩型铜铁共生矿床，铜铁品位高，储量大，并伴生金、银。矿石分氧化铜铁矿和硫化铜铁矿，两种类型的矿石进入选矿厂，分两大系统进行选别，选矿厂采用浮选－弱磁选－强磁选的工艺流程生产出铜精矿和铁精矿，产出的强磁尾矿总量约300余万吨，其中铜金属量2.5万吨，铁132万吨。强磁尾矿中铜矿物有孔雀石、假孔雀石、黄铜矿、少量自然铜、辉铜矿、斑铜矿，极少量蓝铜矿和铜蓝；铁矿物主要有磁铁矿、赤铁矿、褐铁矿和菱铁矿；非金属矿物主要有方解石、玉髓、石英、云母和绢云母，其次有少量石榴子石、绿帘石、透辉石、磷灰石和黄玉。尾矿的多项分析及物相分析见表3－3～表3－6。

表3－3　强磁尾矿多项分析结果

成分	Cu	Au	Ag	Fe	CaO	MgO	SiO_2	Al_2O_3	Mn
含量	0.83%	0.97g/t	11g/t	22.59%	13.73%	2.32%	33.99%	3.74%	0.24%

表3－4　铜物相分析结果

相　态	游离氧化铜	原生硫化铜	次生硫生铜	结合氧化铜	总铜
质量分数/%	0.25	0.10	0.18	0.26	0.79
占有率/%	31.65	12.66	22.78	32.91	100.00

表3－5　铁物相分析结果

相　态	磁性铁	菱铁矿	赤褐铁矿	黄铁矿	难溶硅酸铁	总铁
质量分数/%	7.38	2.39	11.95	0.10	0.51	22.53
占有率/%	32.76	11.50	53.04	0.44	2.26	100.00

表3－6　金、银物相分析结果

相　态	单体金	包裹金	总金	单体硫化银	与黄铁矿结合银	脉石矿中银	总银
含量/g·t^{-1}	0.26	0.62	0.88	3.0	7.0	1.0	11.0
占有率/%	29.56	70.43	约100.00	27.27	63.64	9.09	100.0

在试验的基础上，选矿厂设计建立了日处理1000t的强磁尾矿综合利用厂，采用常规的浮－重－磁联合工艺流程综合回收铜、金、银和铁。强磁尾矿经磨矿后，添加硫化钠作硫化剂，丁黄药和羟肟酸作捕收剂，2号油作起泡剂进行硫化浮选回收铜、金、银，浮选尾矿采用螺旋溜槽选铁（粗选），铁粗精矿用磁选精选得铁精矿，见图3－1，其中工艺条件为：磨矿细度－0.074mm 60%，Na_2S 2000g/t，丁黄药175g/t，羟肟酸36g/t，2号油20g/t。最终获得含铜15.4%、金18.5%、银109g/t的铜精矿，含铁55.24%的铁精矿，铜、金、银、铁的回收率分别为70.56%、79.33%、69.34%、56.68%。按日处理900t强磁尾矿，年生产300天计算，每年可综合回收铜1435.75t、金 171.26kg、银

1055. 92kg、铁 33757t。经初步经济效益估算，年产值可达 1082 万元，年利润约 1000 万
元，具有显著的经济和社会效益。

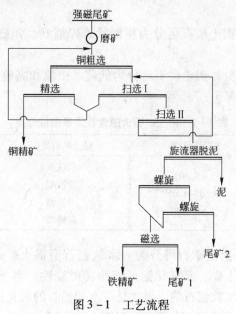

图 3 - 1   工艺流程

3.3   铝矿石的综合开发利用

3.3.1   概述

3.3.1.1   铝的用途

铝导电虽仅为铜的 30%，但密度小、价格比铜低，故现代国防工业和电器工业大量
以铝代铜，用纯铝作电线、电缆和无线电器等；约 70% 的铝用于制成各种铝合金，铝与
铜、镁、锰、镍、钴、硅、碳等制成不同力学性能的合金，质量轻、强度大、不易氧化，
而被广泛应用于航空、机器制造、建筑、食品和日用工业。如铝镍合金大量用于飞机制
造；铝与钛、铈、镁的合金是人造卫星的重要材料；铝硅合金收缩率小、抗张率大，广泛
用于铸造各种铝制的用具或机器零件等；铝和铝合金制成的板、片、条、管等压延制品，
在各个工业部门应用很广；铝由于抗蚀性强，可制造化学工业用的反应器。在冶炼某些高
熔点金属时，用铝粉末提高熔炼温度；铝制的罐、匣、铝箔在食品工业上广为利用以及用
铝制造的家庭用具等。

此外，铝土矿的应用也很广泛，除用于炼铝外，还是高级磨料（人造刚玉）、高铝水
泥、耐火砖的原料，也用作冶炼钢铁的熔剂。含氧化铁高的铝土矿可研磨细粉作红色颜料
和涂料。铝土矿在石油精炼过程中是清除石油制品中的硫和其他色素杂质的良好吸附剂。

总之，铝用途广泛，在有色金属中居首位，是第一大用户，在国民经济中的用量占有
色金属总用量的近一半。由于每 4t 铝矿石就能炼 1t 铝，所以要优先发展铝。

3.3.1.2   铝的工业矿物及矿石类型

A   铝的工业矿物

作为炼铝原料，唯一大量在工业上利用的是铝土矿，只有少数工业发达国家将含铝的

矿物如霞石、明矾石在工业上用作炼铝原料。铝土矿是细分散多矿物集合体的总称，主要包括一水硬铝石、一水软铝石和三水铝石三种铝的工业矿物。

B　铝土矿石类型

(1) 按矿石构造分，铝土矿石可分为粗糙状、碎屑状、角砾状、豆鲕状、土状、致密状和气孔状。

(2) 按矿石中含杂质分，铝土矿石可分为低硫、中硫和高硫铝土矿石；低铁、含铁、中铁和高铁铝土矿石。见表3-7。

表3-7　铝土矿石含硫含铁质量指标分类

铝土矿石类型	S指标值/%	铝土矿石类型	Fe_2O_3指标值/%
低硫型	<0.30	低铁型	<3
中硫型	0.30~0.80	含铁型	3~6
高硫型	>0.80	中铁型	6~15
		高铁型	>15

(3) 按工业类型分，铝土矿石可分为一水软铝石型铝土矿、一水硬铝石型铝土矿、三水型铝土矿和混合型铝土矿，其氧化铝可溶性（可浸性）各不相同，三水型铝土矿的氧化铝最易溶，其次是一水软铝石的，再次是一水硬铝石的氧化铝，混合型铝土矿的氧化铝的可溶性介于三水型铝土矿和一水硬铝石型铝土矿之间。

3.3.1.3　铝土矿矿石的质量评价

衡量铝土矿矿石质量的指标有如下三方面：

(1) 矿石的铝硅比（$\frac{A}{S}$）或铝硅系数。铝土矿是最重要的铝矿石，冶金工业对铝土矿的要求是矿石中 Al_2O_3 与 SiO_2 含量的质量比（即 $w(Al_2O_3)/w(SiO_2)$ 简称铝硅比，简写为 $\frac{A}{S}$）不小于3，比值愈高，铝土矿质量愈好。

(2) 矿石中所含杂质。铝土矿石常含有二氧化硅（高岭土等黏土类矿物和石英）、氧化铁（赤铁矿、针铁矿）、硫化铁（黄铁矿、白铁矿）、碳酸钙（方解石），有时含二氧化钛（金红石、钛铁矿）、碳酸铁（菱铁矿）等；此外，红土矿型的铝土矿石还含有锆石、钴矿物、镍矿物、锰矿物和磷矿物等；铝土矿石中常含有镓、钒、铈等有益伴生组分。

铝土矿中硅酸和碳酸盐类是对熔铝有害的两种杂质，尤其是二氧化硅（SiO_2）危害最大，它造成"结疤"，所以衡量铝土矿石质量的主要依据是矿石的铝硅比。此外，硫也为有害杂质。对伴生有益组分应重视综合评价和综合利用研究。

(3) 铝土矿石中工业铝矿物的种类及含量。铝土矿石中铝的工业矿物主要有一水软铝石、一水硬铝石和三水铝石三种，其中以一水硬铝石（$\alpha-Al_2O_3 \cdot H_2O$ 或 AlO[OH]）为最常见，含 Al_2O_3 最高可达85%，其溶出温度较高，为250~280℃，属链状构造；一水软铝石（$\gamma-Al_2O_3 \cdot H_2O$ 或 AlO[OH]）含 Al_2O_3 达85%，其溶出温度为160℃，属层状构造，和一水硬铝石属同质二象；三水铝石（$Al_2O_3 \cdot 3H_2O$）含 Al_2O_3 65.4%，属层状构造，溶出温度较低，为125~140℃，故提取氧化铝时能耗较低，属冶炼工艺条件好的工业铝矿物，且三水铝石的可浮性比一水铝石要好。

3.3.2 我国的铝土矿矿产资源

3.3.2.1 我国铝土矿床工业类型

铝土矿的矿床类型虽然不同的作者有不同的划分方案，但一般分为现代红土型铝土矿和古风化壳型铝土矿。国外主要是产于新生代的红土型铝土矿，矿石主要由三水铝石组成，具有高铝低硅高铁的特点，可露采，易冶炼。我国则主要是古风化壳型铝土矿，多形成于石炭纪，矿石主要由一水硬铝石组成，铝硅比值低，难冶炼，能耗高。

廖士范等人按下伏基岩的性质及铝土矿就位机制，将中国的古风化壳型铝土矿划分为修文式、新安式、平果式和遵义式四种类型，见表3-8。

表3-8　中国铝土矿类型及特点

类型	亚型	主要矿物	特征	典型矿床
古风化壳型(98.33%)	修文式	一水硬铝石	石炭系铝土矿超覆在寒武系、奥陶系碳酸盐岩岩溶侵蚀面上，铝土矿之下华北有山西式铁矿，贵州有清镇式铁矿	贵州水山坝
	新安式	一水硬铝石	铝土矿分布同上，但铝土矿之下无湖沉积铁矿	河南张窑院
	平果式	一水硬铝石	上二叠统层状铝土覆在下二叠统碳酸盐岩之上，并有近代岩溶风化堆积铝土矿	广西平果那豆
	遵义式	一水硬铝石	铝土矿与下伏地层连续过渡，与上覆地层之间有侵蚀间断	贵州苟江
红土型(1.17%)	漳浦式	三水铝石	第三系列第四系玄武岩经近代风化作用形成的残、坡积红工型铝土矿	福建漳浦

黄绍云（1991，内部资料）将我国铝土矿分为沉积型、堆积型和红土型三种，并将占我国铝土矿储量92%以上的沉积型铝土矿按铁和硫成分的不同又划分为低铁低硫铝土矿、高铁铝土矿和高硫铝土矿。我国目前开采利用的主要是低硫铝土矿。

另外，与国外红土型铝土矿不同的是，我国古风化壳型铝土矿常共生和伴生有多种矿产。在铝土矿分布区，上覆岩层常产有工业煤层和优质石灰岩。在含矿岩系中共生有半软质黏土、硬质黏土、铁硫和硫铁矿。铝土矿矿石中伴生有镓、钒、锂、稀土金属、铌、钽、钛、钪等多种有用元素。在有些地区，上述共生矿产往往和铝土矿在一起构成具工业价值的矿床。铝土矿中的镓、钒、钪等也都具有回收价值。

3.3.2.2 我国的铝土矿产资源及特点

我国铝土矿探明储量约占世界第五位，可利用储量静态保证年限可达300年左右，可利用储量占保有储量的比例为51%，属前景较好的矿产资源之一。但是，我国的铝土矿多为铝硅比值低、耗能高的一水型铝土矿，占储量的93%，而三水型铝土矿少。我国重要的铝土矿矿床工业类型，按所占储量比例大小依次为海相沉积型、陆相沉积型、风化壳型铝土矿，主要分布于山西、河南、贵州和广西四省，它们的储量之和占全国铝土矿总储量的80%以上，其中山西省铝土矿探明储量就占了全国铝土矿探明储量的40%。我国铝土矿的成矿地质时代，为泥盆纪至三叠纪，但最有经济价值的铝土矿则形成于中、上石炭统底部奥陶纪或寒武纪石灰岩的风化侵蚀面上。

近十年来，河南陕县、渑池一带新发现了4个大型和6个中型铝土矿，探明储量达1.2亿吨，另发现的1个大型铝土矿正在勘查中。据测算，这些矿床潜在经济价值近3000

亿元。由于这些矿产储量大、埋藏浅、品位高、易开采、交通方便，因而必将对我国的铝工业发展产生积极影响。20 世纪 90 年代初，在广西贵县一带发现了大型的三水型铝铁复活矿床，初步查明储量达 1.6 亿吨以上。

3.3.3 铝土矿的选冶加工及其综合利用

3.3.3.1 铝土矿的选矿

一般开采不需选的高品位（Al_2O_3）铝土矿，对于贫矿则要进行选矿。

铝土矿的选矿方法：首先洗矿，将块状原矿碎到 -30cm，洗掉附着的黏土和不纯物；当水洗不能除去不纯物时，则使用各种重选机械和磁选机脱除铁、钛、钴、镍等杂质矿物；然后进行浮选除掉脉石提高铝土矿品位。同时还要采用浮选分离铝矿与高岭土以及与铁矿物等的分选，以获得可供冶炼处理的铝精矿产品。

3.3.3.2 铝的冶炼

铝的生产主要包括氧化铝的生产和由氧化铝熔融电解制取金属铝两大阶段。

氧化铝的生产方法有两大类：

（1）酸法。将原矿石以适当的无机酸浸出，使矿石中的三氧化铝转变成相应的铝盐溶液，矿石中的二氧化硅基本上是不进入溶液的残渣，三氧化铁少量进入溶液。浸出后将残渣除去，而将铝盐溶液进行中和处理，使铝呈氢氧化铝沉淀析出，再煅烧脱水便得氧化铝。此法先酸浸后碱中和，易腐蚀设备、药剂费用大、铝和铁很难分开，酸用后难以再生利用，故目前工业上尚未使用酸法，但它可以处理低品位矿石，故有发展前途。

（2）碱法。碱法是用碱处理铝矿石，使矿石中的铝成为铝酸钠进入溶液中，然后除去残渣，再使铝酸钠溶液发生水解析出氢氧化铝，经焙烧脱水即得氧化铝。碱法一直是生产氧化铝的主要方法。碱法可分为拜耳法、苏打石灰烧结法和拜耳 - 烧结联合法三类。

1）拜耳法。拜耳法是奥地利拜耳（K. J. Bayer）于 1888 年发明的。此法将被视为无用岩石的铝土矿变成了至今生产氧化铝进而制取金属铝的最重要的矿物原料。用拜耳法生产氧化铝是目前世界上所采用的主要方法之一。此法多用于处理高品位的铝土矿，当二氧化硅含量为 2% ~5% 时，采用拜耳法是最经济的。因为在铝矿石溶出过程中 SiO_2 转变成方钠石型的水合铝硅酸钠（$Na_2O \cdot Al_2O_3 \cdot 1.7SiO_2 \cdot nH_2O$），随同不溶渣（赤泥）排出。矿石中每千克 SiO_2 大约要造成 1kg Al_2O_3 和 0.8kg NaOH 的损失。铝土矿的铝硅比越低，拜耳法的经济效果越差。所以，直到 20 世纪 70 年代后期，拜耳法所处理的铝土矿的铝硅比均大于 7 ~8。世界上生产的 95% 的氧化铝是运用该法，但拜耳法不适合我国铝土矿资源情况。

2）苏打石灰烧结法。此法的适用性广，可用于各种工业类型的铝土矿矿石，且常用于中、低品位的铝土矿，其铝硅比可低至 3.5，原料的综合利用比较好。

3）拜耳 - 烧结联合法。此法为上述两种方法的联合，取长补短，可充分发挥以上两法的优点，利用铝硅比较低的铝土矿，获得更好的经济效益。

从氧化铝生产金属铝，主要是通过电解的方法。先是铝的熔融电解，使直流电通过以氧化铝为原料、冰晶石（Na_3AlF_6）为熔剂组成的电解质，在 950 ~970℃下使电解质熔液中的氧化铝分解为铝和氧。在阴极析出铝液汇集于电解槽底，在阳极（炭素制品）析出二氧化碳和一氧化碳气体。铝液从电解槽吸出，经净化除杂质并澄清后，铸成各种铝锭。

然后，采用电解精炼法将电解得到的铝进行精炼以提高金属铝的纯度。

3.3.3.3 含铝矿石的综合利用

铝土矿有时与耐火黏土、高铝黏土、黄铁矿（硫铁矿）、煤矿、铁矿资源产出在同一地层或邻近层位中，所以应注意综合勘查和综合评价，以利于进行综合开发和综合利用各种矿产资源；此外，铝土矿中常伴生有 Ga、V、Sc、Cr、Fe 等有益元素，可以综合回收利用。目前 90% 的镓主要来源于铝土矿的综合回收，矿石中含 Ga0.002% 就能回收。

例如，前苏联、匈牙利等国在利用铝土矿生产氧化铝时，综合回收了钒、铁、镓、苏打、钾碱、水泥和单晶硅。所用流程可分四步：（1）用拜耳法浸提铝土矿；（2）用克虏伯法还原赤泥，然后用磁选法回收铁；（3）用苏打和石灰烧结除去铁的赤泥渣并溶浸烧结物，得到的铝酸盐溶液再返回拜耳法作业；（4）用溶浸过的二次赤泥渣制造水泥。

前苏联在勘探铝土矿时，重视矿床的综合评价和综合利用研究。如在勘探提曼红土型铝土矿时，肯定了它不仅可作为优质炼铝原料，并且含少量钙、镁和硫，也可作磨料或生产刚玉和铁合金。后来研究该矿床中的 V、Zr、Nb、Ga 和 Sc 的含量，已如 V、Ga 和 Sc 具有工业意义。覆盖层也可以利用，如玄武岩可用于建筑和生产岩棉，高岭土和劣质铝土矿可用于陶瓷原料等，同时还研究了高铁铝土矿的综合利用。例如用焙烧磁选法处理索柯波里斯克矿石（含 Al_2O_3 41.7%、Fe 22.3%、SiO_2 7.5%）可以获得铝精矿（含 Al_2O_3 60.4%）和铁精矿（含 Fe 57.3%）以及其他矿产品。据技术经济计算该矿床可以盈利开采。

又如，在广西贵县一带的三水型铝土矿，初步查明其储量在 1.6 亿吨以上，属大型三水型铝铁复合矿床。矿石主要化学组成（%）：Al_2O_3 27.50、Fe_2O_3 40.93、SiO_2 8.21、TiO_2 2.05、CaO 0.03、MgO 0.26、MnO 0.78；矿石主要物相组成（%）：三水铝石 30.87、含铝针铁矿 42.38、赤铁矿 8.11、高岭石 4.15、伊利石 2.67、胶质 SiO_2 3.90、金红石 1.81、一水硬铝石 0.44、石英 0.82。试样中铝、硅、铁、钛化学物相分析结果，见表 3−9。

表 3−9 试样中铝、硅、铁、钛化学物相分析结果

组分	Al_2O_3		SiO_2		TFe		TiO_2	
	矿物相	含量	矿物相	含量	矿物相	含量	矿物相	含量
各相中 含量/%	三水铝石	20.19	游离硅	0.82	针铁矿	22.98	金红石	1.81
	一水铝石	0.37			赤铁矿	5.68	钛铁矿	0.19
	针铁矿	4.98			硅酸铁	0.47	三水铝石	0.11
	赤铁矿	0.41	硅酸盐	7.37	碳酸铁	0.06		
	硅酸盐	1.83			磁性铁	0.02		
					硫化铁	0.01		
合计/%	TAl_2O_3	27.78	$TSiO_2$	8.19	TFe	29.22	$TTiO_2$	2.11

由此看出：（1）矿石类型主要为三水铝石针铁矿型，其特点是高铁、低铝硅比（A/S=3.35）；（2）针铁矿中含的 Al_2O_3（4.98%），赤铁矿中含的 Al_2O_3（0.41%），以及硅酸盐中的 Al_2O_3（1.83%）采用常规的选矿方法不可能将其从矿物中分离出来。另外，矿石的结构亦十分复杂，计有自形晶，半自形晶，它形晶，粗、中、细、微晶、微晶−隐晶

质，凝胶和溶蚀交代等结构。

曾对该矿选矿（浮选、磁选、选择性絮凝浮选）进行了详细试验研究，但由于矿石中的三水铝石和铁矿物互相胶结，矿物的单体解离性极差，无法达到分选目的。

综上所述，先采用拜耳法从矿石中提取氧化铝，再采用配入 A 型催化剂赤泥煤基直接还原焙烧－磁选分离－冷固成型新工艺（图 3－2 新工艺原则流程），直接由溶出残渣（或赤泥）产出海绵铁，这是一种可替代废钢的产品。新工艺的特点如下：

（1）充分利用了矿石中三水铝石在常压下易溶出的特点；

（2）利用 Al_2O_3 溶出，使原矿中 Al、Fe 镶嵌、胶凝和相互包裹不易分离的结构受到破坏，以利于铁矿物的回收；

（3）在赤泥煤基直接还原过程中，利用了赤泥中残钠的触煤催化效应及矿石中针铁矿易还原的特点。

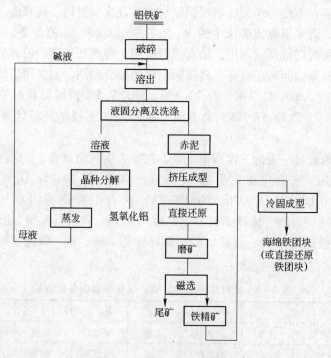

图 3－2 新工艺原则流程

采用该工艺，可直接从矿石提取氢氧化铝和海绵铁两种产品，达到了合理综合开发利用该矿的目的。直接还原焙烧－磁选分离新工艺，取得了令人满意的结果：Fe 精矿（海绵铁）品位 90.07%，Fe 回收率 91.79%，金属化率达 91.78%。据贵阳铝镁设计研究院经济核算预测（1991 年 12 月对上述新工艺流程所做经济效益初步测算报告），若建一个氧化铝年生产能力为 12 万吨和 23.4 万吨/年海绵铁联合工厂，年销售利润可达 9195.4 万元；投资回收期 7.4 年，基建贷款偿还期 10.4 年。此外矿石中还可以综合回收镓、钒以及用赤泥渣制造水泥。

我国山东铝厂早在 20 世纪 50 年代，就对铝土矿中的镓进行研究，从生产氧化铝的循环母液中回收了氧化镓，然后用石灰乳脱铝电解法制取了金属镓，无污染且经济效益大，从而结束了我国不能生产金属镓的历史。1983 年该厂综合回收的镓占当年世界总产量的

1/4 以上。山东铝厂还利用赤泥生产合格水泥。每生产 1t 氧化铝就有 3.5t 赤泥排出，建成了一座大型水泥厂，生产 500 号普通水泥，后又生产抗硫酸盐水泥。

70 年代以来，综合利用非铝土矿作炼铝原料，其中霞石、明矾石在工业上已用作炼铝原料，美国、前苏联、墨西哥等都已用明矾石生产氧化铝，还副产硫酸钾等。此外，前苏联用霞石生产氧化铝时，每产 1t 氧化铝副产 0.62~0.76t 苏打，0.18~0.28t 钾碱和 9~11t 水泥。

3.4 铅锌多金属矿石的综合开发利用

3.4.1 概述

3.4.1.1 铅锌的用途

铅能与锑、锡、铋等金属组成各种合金，其中 Pb – Sb 合金用于制造蓄电池，它占世界全部铅用量的 40% 以上；大量的铅以四乙铅形态加入汽油，作为内燃机燃料的抗爆剂，成为铅的第二大用途；此外还用于印刷合金、易熔合金等；锑是铅最常用的合金元素，可组成一系列用途广泛的硬铅。用铅室、铅板等作原子能放射性和 X 射线的防护用具。铅广泛地用来制成化合物如铅白 $2PbCO_3 \cdot Pb(OH)_2$、密陀僧 PbO、硅酸铅、醋酸铅、铬酸铅、铝酸铅等，用在颜料、玻璃、陶瓷、橡胶、油漆、医药、石油精炼以及纺织工业上，硅酸铅是电子光学玻璃生产中的重要原料。在聚氯乙烯中加入少量的三盐基硫酸铅，可增加塑料的强度和稳定性，防止老化，延长使用寿命。铅的防腐性特别好，用在化工设备及冶炼厂的浸出槽、电解槽、吸尘器等湿法冶金设备中，以及在电积金属时作阳极材料。在军事工业上，铅和少量砷配制成炮弹和子弹，因在铅中加入 0.1%~0.2% 砷后，硬度增加并易成球形，有利于制造炮弹、子弹。

锌大量用作镀锌在其他金属表面用以防腐蚀。锌的合金，最重要的如铜锌合金被广泛用于机械、汽车制造和国防工业。锌具有浇铸时充填满模内细微弯曲地方的性能（锌熔点低，熔体的流动性好），因此常用作精密铸件的原料。高纯锌与银制成银－锌电池，体积小，能量大，可作为飞机、宇宙飞船的仪表电源，锌片用于制造干电池。锌的化合物如氧化锌用于橡胶及医药工业上，硫酸锌用在制革、陶器、棉织、人造纤维、农用杀虫剂和医药等工业上，氯化锌用于纺织工业和用作木材的防腐剂等等。冶金工业中，用锌粉、锌片净化除去溶液中的杂质和置换沉淀溶液中的贵金属，铅火法精炼中，利用锌提取粗铅中的金、银（因锌对金、银有很大亲和力）。锌还用以制造微晶锌板，用于传真制板和压铸合金等。

3.4.1.2 铅锌的工业矿物及矿石类型

（1）铅的主要工业矿物：有方铅矿（PbS，含 Pb 86.6%）、硫锑铅矿（$Pb_5Sb_4S_{11}$，含 Pb 55.4%）、脆硫锑铅矿（$Pb_4FeSb_2S_8$，含 Pb 50.8%）、车轮矿（$PbCuSbS_3$，含 Pb 43.6%）、白铅矿（$PbCO_3$，含 Pb 77.6%）、铅矾（$PbSO_4$，含 Pb 68.3%）。

（2）锌的主要工业矿物：有闪锌矿（ZnS，含 Zn 67.1%）、纤维锌矿（ZnS，含 Zn 67.1%）、硅锌矿（$Zn_2[SiO_4]$，含 Zn 58.6%）、菱锌矿（$ZnCO_3$，含 Zn 52.1%）、水锌矿（$Zn_5[CO_3]_2(OH)_6$，含 Zn 59.6%）、异极矿（$Zn[Si_2O_7](OH)_2 \cdot H_2O$，含 Zn 54.3%）。

应该指出：上述铅和锌的主要工业矿物中，最常见、最重要的是方铅矿和闪锌矿，而且它们在一起产出，其矿石的工业类型亦相同。

（3）铅、锌矿石的类型。

1）按矿石氧化程度不同，铅、锌矿石可分为：

硫化矿石：铅或锌氧化率小于 10%，由方铅矿、闪锌矿等硫化物组成，是最主要的一类矿石；

混合矿石：铅或锌氧化率 10%~30%；

氧化矿石：铅或锌氧化率大于 30%，由铅或锌的碳酸盐、硫酸盐和硅酸盐等矿物组成。

2）按矿石中主要有用组分不同，铅、锌矿石可分为：铅矿石、锌矿石、铅锌矿石、铜铅锌矿石、硫铅锌矿石、铜硫铅矿石、锡铅矿石、锑铅矿石、铜锌矿石。

3）按矿石结构构造不同，铅、锌矿石可分为：浸染状、致密块状、角砾状、条带状、斑杂状、细脉浸染状等矿石。

4）按脉石矿物不同，铅、锌矿石可分为：重晶石型、石英型、萤石型、方解石型以及天青石型矿石等。

3.4.2　我国的铅锌矿产资源

3.4.2.1　我国铅锌矿床工业类型

具有工业意义的铅锌矿床有层状型铅锌矿床、矽卡岩型铅锌矿床、黄铁矿型铅锌矿床、脉状型铅锌矿床和浸染型铅锌矿床。

3.4.2.2　我国的铅锌矿产资源及特点

我国的铅储量居世界第五位，锌储量居世界第一位，我国的铅锌矿产资源具有明显的优势。我国铅锌矿产资源的特点之一，是铅锌共生，以锌为主，大多数矿石中 $w(Pb):w(Zn)=1:(1.5\sim2)$，物质成分复杂，素有"多金属之称"。铅锌矿床含有伴生组分 Cu、As、Sb、Bi、Sn、S 和 Au、Ag、Pt，有些还含有稀散元素、稀有金属、铀和硫铁矿，以及非金属有用矿物萤石、重晶石、天青石等，均可综合利用，所以铅锌矿石不存在"有害杂质"的概念。因为它与铜矿石一样选冶加工技术方法的伸缩性很大，基本上可以利用矿石中任何伴生组分。所谓有害杂质主要对精矿而言，工业对精矿有着严格的要求。

我国铅锌矿山有 110 多个，开发利用程度最高的是分布在中南地区的铅锌生产矿山。西北甘肃的厂坝铅锌矿和青海锡铁山铅锌矿金属储量达 300 万吨、品位 11%、年采选矿石 100 万吨、年产铅锌金属 6.5 万吨、工业总产值 1 亿多元，它是我国目前第二大铅锌矿床，仅次于云南兰坪金顶铅锌矿床。

3.4.3　铅锌矿石的综合开发利用

3.4.3.1　铅锌矿石的工艺性质与选矿回收

铅锌矿石综合利用的程度，受以下五个方面矿石工艺性质的影响：

（1）矿石有用矿物成分。铅锌多金属矿石，其主要有用矿物是方铅矿和闪锌矿，但同时伴有黄铜矿、黄铁矿，还常见少量硫盐矿物（如脆硫锑铅矿、硫砷铜矿等）。相当多的铅锌矿石中含辉银矿、自然银以及银的硫盐矿物（如深红银矿、砷铜硫锑银矿、脆硫锑铜银矿、螺状硫银矿、硫锑铅银矿、银黝铜矿、砷硫锑铜银矿）。总之，绝大多数矿石矿物成分较复杂。

铅锌多金属硫化物矿石的选矿采用浮选法，其选矿流程常用混合浮选—再分离，即先选出铅、锌、铜的混合精矿，然后再分离成铅精矿、锌精矿和铜精矿。故矿石中有用矿物成分越多，则选矿流程也越复杂，而且矿物之间的影响（干扰）也越大。例如含铜的铅锌矿石和不合铜的铅锌矿石，经选矿实践对比，其 Pb 精矿、Zn 精矿的品位与回收率则前者小于后者。原因是铜矿物在磨矿、浮选过程中与矿浆中的水、氧发生化学反应生成可溶性含铜盐类（如硫酸铜），影响了铅、锌矿物的分选和回收指标。

当矿石含铅在 15% 以上时，可不经选矿而直接火法熔炼。氧化铅矿石需硫化浮选，氧化锌矿用六聚偏磷酸钠和乳化液浮选。

（2）矿石结构与有用矿物嵌布特性。铅锌多金属矿石常结构复杂，各种硫化矿物嵌布紧密、颗粒很细。常见黄铜矿在闪锌矿晶粒中呈乳浊状固溶体分解结构、溶蚀交代结构、交代残余结构等；铅锌硫化物与黄铁矿之间也有各种复杂交代结构和细脉穿插，造成磨矿解离上的困难，使方铅矿损失于闪锌矿精矿、黄铁矿精矿或尾矿之中。因为方铅矿解理发育、性脆，对细粒方铅矿连生体采取中矿再磨后，方铅矿单体产生过磨泥化，使方铅矿进入尾矿而损失，影响了铅的回收以及锌精矿、硫精矿的质量。

（3）矿石氧化程度。许多铅锌多金属矿区氧化带发育，生成一些铅锌氧化矿物（如白铅矿、铅矾、钒氯铅矿（$3V_2O_8Pb_3PbCl_2$）、菱锌矿、水锌矿等）和氧化铁矿物（如针铁矿、水针铁矿、黄钾铁矾等）。它们密切嵌生，即使细磨也难除掉氢氧化铁的影响，还会造成铅锌氧化矿物可浮性降低，而损失于尾矿中，所以多金属氧化矿石一般均属难选矿石。

（4）脉石中片状矿物掺入。铅锌多金属矿石常见脉石矿物有绿泥石、绢云母、滑石、石膏、炭质页岩等，它们具有良好的可浮性，对浮选的捕收剂和抑制剂都有明显的不利影响，从而影响选矿指标。

（5）矿石伴生有用组分和分散元素的赋存状态。铅锌矿石中含 50 多种有益组分，其赋存状态常以两种形式存在：

1）呈独立矿物或包体矿物形式存在。如黄铜矿、黄铁矿、磁黄铁矿、硫镉矿、萤石等常与方铅矿、闪锌矿共（伴）生，呈独立单矿物形式存在，因此可单独分选出不同的精矿；若呈包体矿物形式且颗粒较大时，也可单体解离后选为专门的精矿，但是被包裹的有用矿物一般颗粒细小不易解离，常随主矿物（载体矿物）富集而为混合精矿；铅锌矿石中常见含金、银矿物，尤其是银矿物，而且多呈包体主要在方铅矿中，或呈单矿物嵌镶在方铅矿晶粒间或方铅矿与闪锌矿的粒间，所以查明银的赋存状态、含银矿物、载体矿物、粒度及含量分布等工艺特征，提高银的选矿回收率是十分重要的。

2）呈类质同象混入物存在于主矿物中。如铟、锗、镓、镉、硒、硫、铊等，这些分散有用元素主要通过冶炼处理其载体矿物的精矿回收，如铟、锗主要富集于锌精矿中，可从锌电解后的残渣或废料中回收。

3.4.3.2 铅锌矿石的综合利用

据统计，有色金属矿山的开采损失率一般为 15%～25%，有的高达 30%～35%，而铅锌矿山采矿损失率平均为 13.2%，可见我国铅锌矿产的综合开发还是较好的；我国铅锌选矿厂处理的基本上是硫化物铅锌矿石，部分为氧化矿和混合矿，个别选厂综合回收了伴生的黄铜矿、萤石和黄铁矿等精矿。选别过程中获得的铅精矿品位为 52% ~73%，一般为 60% ~70%，其中都含有伴生的金、银，铅的平均回收率约 85%，Au 的回收率一般为 50% ~60%，Ag 的回收率 60% ~70%。锌精矿品位为 45% ~57%，一般为 50% ~55%，平均回收率 88.3%，锌精矿中通常含有银。我国铅锌冶炼厂在处理铅精矿、锌精矿或铅锌混合精矿时，铅锌的综合利用回收率在 40% ~70% 之间，国外铅锌冶炼厂综合利用回收率都在 80% 以上，相比之下差距甚远。我国铅锌冶炼厂综合利用硫的回收率最高的厂为 93% 以上，而一般只有 60% ~70%，国外都在 90% 以上，高的达 98%。关于分散元素的回收率，如 Ge、Ga、In、Tl 等，有的冶炼厂暂未回收，已进行回收的其回收率很低，只有百分之几到百分之二十几。伴生银冶炼回收率为 40%。据统计铅锌综合利用系数（以从矿石中得到金属的总回收率计算）全国平均不到 50%，株洲冶炼厂在全国各冶炼厂中是综合回收较好的企业，能从铅锌精矿中回收 18 种元素，综合利用系数 70% 左右，而前苏联的铅锌冶炼厂可回收 17 种元素，综合利用系数达 83% ~85%，日本处理铜铅锌硫化矿的综合利用系数达 85% 以上。

综上可见，我国铅锌矿产资源的综合利用，从地质、采矿、选矿到冶炼各个环节潜力都很大。地质上，应加强铅锌矿山伴生组分尤其是贵金属的地质工作，主要是查明它们的赋存规律和空间分布规律以及储量，为进一步提高矿石的回采率，降低贫化率提供综合开采的地质依据；选矿上应重视矿石工艺性质研究与选矿工艺的密切配合，研究制订兼顾矿石主金属与伴生组分综合回收最佳的工艺流程方法，组织选矿技术攻关，提高回收率；冶炼厂尤其是湿法炼锌窑渣中赋存的许多铜、银等没有综合回收。所以目前冶炼企业是进行综合利用的主要环节，因此冶炼技术的发展与综合利用的进步关系极大。

3.4.3.3　铅锌冶炼发展趋势和矿产综合利用

众所周知，大多数分散元素、贵金属以类质同象或细粒机械包裹物的形式存在于载体矿物中，前者如多金属铜铅锌矿石中的 In、Ga、Ce、Re、Cd、Se、Te 等，后者如 Au、Ag、Pt 等。从类质同象或混合精矿状态下通过冶炼过程分别将它们综合回收几乎是获取这些分散元素的唯一途径，也是获得贵金属的重要来源，所以铅锌资源综合利用与铅锌冶炼技术的发展是密切相关的。

目前，世界上包括我国铅的冶炼均以火法为主，其中烧结焙烧 - 鼓风炉还原熔炼工艺流程居统治地位。世界上锌的冶炼包括我国则是以湿法流程为主，即焙烧 - 浸出 - 净化 - 电积法。水口山冶锌厂用化学 - 萃取法和全萃法从锌浸出液中分别回收 In、Ge、Ga，从硫酸介质中萃取 Ge、Ga，比意大利电锌厂的多次中和法优越，比日本同和小坂冶炼厂萃取 In、Ga 更经济、先进。

柴河铅锌矿在处理铅锌氧化矿石方面有新突破，将铅的混合矿石按可浮性混选和调浆分选；对氧化锌矿物用六聚偏磷酸钠和乳化液浮选，抛弃了预先脱泥的旧工艺，Pb、Zn 回收率分别提高了 11% 和 21%，且简化了流程，节约了消耗，降低了成本，并已扩大应用到青海锡铁山的铅锌氧化矿石上。

沈阳冶炼厂的硫酸化焙烧 - 二氧化硫还原硒法至今为国内外所采用。这些事例一方面说明我国在综合回收铅锌矿产及其分散金属上具有技术优势，另一方面说明了矿产资源综合利用与选冶技术水平的提高是相辅相成的。

铅冶炼的发展总趋势是火法直接熔炼；锌冶炼发展的总趋势是湿法冶炼。铅锌冶炼的这种发展趋势对资源综合利用无疑将起促进作用。例如硫的利用率都能确保达到90%以上，铅中毒、SO_2污染问题都会得到基本解决。除 Pb、Zn、S 等主元素以外的重金属（Ni、Co、Bi、Hg、Sb 等）、贵金属（Au、Ag、Pt）、分散金属（Ge、Ga、In、Tl、Cd、Te、Hf、Sc）等的综合回收利用，也将随冶炼技术的进步不断得到提高。

3.5 钨矿石的综合开发利用

3.5.1 概述

3.5.1.1 钨的用途

钨不仅是重要的工业原料，且是一种战略金属，它大量用于生产特种钢，占我国钨用量的50%以上。因钨加入钢中能提高钢的硬度和韧性，并在 500～650℃ 温度下性能保持不变，因此用来制造高速钢、热作工具钢和耐热合金钢等；另外是用于生产硬质合金，占我国用量的30%～40%。硬质合金是用粉末冶金方法生产的一种重要新型材料。硬质合金具有很高的硬度、很好的强度和耐磨性，广泛用作金属切削工具、地质和矿山用钻头、金属拉伸模具、冲压模具、耐磨耐腐蚀零件等，被称为"工业的牙齿"。钨用于生产钨加工材，包括钨丝、棒、板、箱、管、带等制品，是电气、电子、原子能和宇宙工业等不可缺少的重要材料；生产特殊钨合金，主要为高密度合金和钨基触头合金。前者广泛用于宇航工业、飞机制造工业作陀螺仪和配重元件，军事工业中制造穿甲弹弹头等，后者广泛用作超高压触头材料和火箭的喷管材料等。

3.5.1.2 钨的工业矿物及矿石类型

A 钨的主要工业矿物

有工业价值的钨矿物只有黑钨矿、钨锰矿、钨铁矿和白钨矿四种，其中以黑钨矿和白钨矿为最重要、最常见的工业矿物。

B 钨矿石类型

a 钨矿石的自然类型

（1）根据矿石的氧化程度划分，钨矿石分为氧化矿石和原生矿石。（2）根据矿石中主要有用矿物组合的不同划分，钨矿石分为黑钨矿石、白钨矿石、黑钨-白钨矿石、辉钼矿-黑钨矿石、锡石-黑钨矿石、辉铋矿-黑钨矿石、辉铋矿-辉钼矿-黑钨矿石、辉铋矿-锡石-黑钨矿石、绿柱石-黑钨矿石、辉铋矿-白钨矿石、锡石-白钨矿石、辉钼矿-白钨矿石、多金属-白钨矿石、萤石-白钨矿石，此外，还有黄铜矿-黑钨矿石、W-Sn-Nb-Ta 矿石、W-Mo-S 矿石、W-Sb-Au 矿石、W-Sn-Mo-Bi 矿石、W-Mo-Bi 矿石等等，上述诸多钨矿石类型中，以黑钨矿石和白钨矿石最重要。但是，从综合利用上与钨矿石共（伴）生的有色金属、稀有金属、贵金属以及非金属等也是很重要的矿产资源。（3）根据围岩种类、脉石成分的不同划分，钨矿石分为石英脉矿石、花岗岩矿石、砂页岩矿石、千枚岩和板岩矿石、矽卡岩矿石等。

b 钨矿石的工业类型

在矿石自然类型划分的基础上，经过加工试验研究，进一步划分矿石的工业类型，把能够用同样的选矿流程处理的不同矿石自然类型划为同一种工业类型。如划分氧化矿石和原生矿石，氧化矿石难选，原生矿石易选；划分黑钨矿石和白钨矿石，黑钨矿石以重选为主，白钨矿石以浮选为主；划分花岗岩矿石和千枚岩、板岩矿石，在重选之前的预先富集（除掉部分围岩提高矿石品位）方法中围岩是花岗岩的矿石，用重介质选矿效果较好，围岩是较深色的千枚岩、板岩的矿石，用光电选矿效果较好。

3.5.2　我国的钨矿产资源

3.5.2.1　我国钨矿床工业类型

按其在全国钨矿总储量中的地位，顺序为矽卡岩型白钨矿床、石英脉型黑钨矿床、斑岩型钨矿床、层控型钨矿床、硫化物型黑钨-白钨矿床和砂钨矿床等。我国钨矿床工业类型齐全。

3.5.2.2　我国的钨矿产资源

我国的钨矿资源丰富，储量为世界各国钨矿总储量的 3 倍多，产量则为世界各国钨矿总产量的一半。我国钨矿产开发已有 70 多年的历史，但钨的储量和产量仍居世界第一。在全国 24 个以上的省区都发现了钨矿，但约 60% 的储量集中于湖南、江西，约 30% 的储量分布于广东、广西、福建。除黑钨矿矿石、白钨矿矿石外，由二者组成的混合矿石亦多，除钨以外，还探明了与钨共（伴）生的锡、钼、铋、铜、铅、锌、锑、金、银、铍、锂、铌、钽、铼、铊，以及硫、砷、萤石、水晶等各种矿产，因此，组成的钨矿石类型很多，以及钨矿石中伴生有用组分多，综合利用的经济价值高。据资料表明，赣南黑钨矿床中伴（共）生矿物有 60 多种，已知赋存元素有 70 多种。通过选矿综合回收的 Cu、Bi、Mo、Pb、Zn、Sn、Be、Li、Sb、S、水晶、稀土（磷钇矿、硅铍钇矿）等精矿，以及 Au、Ag 等稀贵金属共 10 多种，经选冶综合回收的有 20 多种产品。据统计，湘赣粤三省统配钨矿中，钨与伴（共）生金属储量之比为 $1:1.1$，此外，还有呈类质同象分散赋存于钨矿或硫化矿中的 Nb、Ta、Sc、Cd、In、Te、Cs、Rb 等分散和稀有元素，可供冶炼过程中的综合回收，如盘古山钨矿在铋精矿中含碲达 0.455%、硒 0.019%，画眉坳钨矿和铁山垅钨矿的锌精矿中含镉分别为 1.76% 和 1.135%，铁山垅钨精矿中含银 $10.8kg/t$，江西黑钨精矿中一般含 Nb_2O_5 $0.3\% \sim 0.45\%$，Ta_2O_5 $0.01\% \sim 0.076\%$，Sc_3O_5 $0.11\% \sim 0.004\%$ 等。

我国在钨矿地质理论及成矿规律研究方面，获得了不少居世界先进水平的成果。交代蚀变作用的广度与强度往往与矿化作用强度成正比，并成为重要的找矿标志；由于多期次、多阶段成矿的关系，不同脉钨矿床中有不同的多元素共生组合，在垂直分带内的主要伴生元素也随之而异，出现有"上钨下钼"、"上钨下铋"、"上钨下铜"、"上锡下钨"以及"上锡中钨下铜"等类型。湖南柿竹园钨矿由上而下重选三条矿带，依次为 W-Sn、W-Bi、W-Mo，品位高、储量大，还可回收萤石和硫。柿竹园矿被誉为天然矿物博物馆，有 140 多种矿物，含 W、Sn、Mo、Bi、Au、Ag、Nb、Ta、萤石等，其中钨储量占世界 1/4。

3.5.3　钨矿石的综合开发利用

3.5.3.1　钨矿石的工艺性质与选矿回收

A　主要钨矿物含量及矿物组合类型

矿物组合类型不同，直接影响选矿方法及流程，比如黑钨-石英脉矿石中，黑钨矿是主要有用矿物,常采用重选回收,而对伴生的金属硫化物,如辉铋矿、辉钼矿、黄铜矿、方铅矿、闪锌矿、黄铁矿等,常采用浮选综合回收。

当钨矿石组分复杂时,结合其他工艺特性,可先后采用粗选(手选、光电选)、重选(跳汰、摇床)和精选(台浮、浮选、电选、化学选矿)等分段联合流程作业。

例如湖南某矽卡岩型白钨矿床,矿石中主要为白钨矿,次为黑钨矿,还有辉钼矿、辉铋矿、黄铁矿、萤石可综合回收以及少量磁铁矿。对此,主要采用浮选-重选联合流程,即辉钼矿-辉铋矿-黄铁矿混合浮选,白钨矿用优先浮选,萤石与黑钨矿共生部分用混合浮选、黑钨矿浮选,然后用摇床加弱磁选除去磁铁矿,从而获得高品位的黑钨精矿。

B 主要有用矿物的嵌布特征及嵌镶关系

如黑钨石英脉矿石中,一般黑钨矿粒度粗大。黑钨矿在矿石中多呈不均匀粗中粒嵌布;利于手选、光电选。在选矿作业早期使部分黑钨矿分离出来,节省碎磨作业;其余部分也不必磨得过细,可遵循"少磨多选、能收早收、能丢早丢及按窄级别分级"的原则将黑钨矿回收。因黑钨矿具脆性及解理,应严格控制磨矿避免过粉碎,以获得满意的磨矿效果。

从嵌镶关系来看,黑钨矿与石英多呈平直毗连,易于单体解离。但白钨矿常交代黑钨矿,呈不规则毗连、包裹或网脉状嵌镶;黑钨矿与硫化物的关系,由于硫化物常沿黑钨晶体裂隙充填交代形成网脉状、不规则毗连及包裹,使黑钨矿不易解离,影响精矿质量。为回收伴生金属硫化物,需磨矿更细才行,一般需破碎到0.3~0.5mm(150目以前),即可使有用矿物大部分得到单体解离。

矽卡岩白钨矿石及硫化物型黑钨-白钨矿石多为细微粒不均匀嵌布,粒度一般在1.0~0.5mm。从嵌镶关系看,白钨矿较细又常被其他矿物溶蚀交代,构成不规则复杂毗连嵌镶,要求磨矿较细。这种矿石一般不易解离。

网脉状黑钨-白钨矿石中,黑钨矿、白钨矿之间及与其他硫化物的嵌镶关系很复杂,多呈网脉状及包裹嵌镶,这类矿石有用矿物解离较困难,磨矿要求很细。如湖南某矿磨矿细度为-0.074mm(-200目)占90%,另一矿则-0.074mm(-200目)占77%。

从脉钨矿床→岩体型钨矿床→矽卡岩型钨矿床,随矿石中黑钨矿渐减、白钨矿渐增、硫化物增加,矿物嵌布嵌镶变复杂、矿物粒度变细、磨矿细度增加、矿物单体解离更困难。

C 钨矿石中伴生组分的综合利用

钨矿石中伴生组分极其复杂,可综合利用的组分很多,有Mo、Sn、Bi,Cu、Pb、Zn、Sb、Au、Ag、Be、Li、Nb、Ta、Rb、Sc、Re等。要查明矿石中含哪些有用元素及含量多少,以及它们的赋存状态,以便决定该元素可否回收、何时回收。上述元素多数呈独立矿物形式存在,可分选出单独的精矿。少数呈类质同象存在,如辉钼矿中的Re、黑钨矿中的Nb、Ta、Sc等,使含这些元素的矿物富集起来,留待在冶炼过程中综合回收。

钨矿石中呈单矿物存在的伴生组分,在目前可能通过选矿方法回收利用的有铜、钼、铋、锡、铅、锌、锑、硫、铍、锂、稀土等十多种。根据我国目前的选冶技术经济情况,钨矿石中可以考虑综合利用的伴生组分含量要求见表3-10,供参考。

表 3 – 10　钨矿石中伴生组分可以考虑综合利用的含量要求　　　　（%）

组分	Cu	Pb	Zn	Sn	Mo	Bi	Sb	Co	Au	Ag
含量	0.02 ~ 0.1	0.2	0.1 ~ 0.05	0.015 ~ 0.03	0.002 ~ 0.01	0.01 ~ 0.005	0.5	0.01	0.1g/t	1g/t
组分	BeO	Li_2O	Ta_2O_5	Nb_2O_5	TR_2O_3	Ga	Ge	Cd	In	S
含量	0.03	0.3	0.01	0.02	0.03	0.001	0.001	0.002	0.001	4

3.5.3.2　钨矿石的综合利用

近十年来，我国钨矿石的综合回收取得了新进展，主要是改进选矿流程结构和分选工艺，扩大了精矿品种，提高了回收率，增加了企业的经济效益。

例如湖南香花铺白钨矿石中伴生铅、锌、银及萤石等，地质品位分别为 Pb 2.01%、Zn 1.86%、Ag 14g/t，萤石 28.4%。过去采用重选单一流程，只能回收白钨精矿，回收率 68% ~ 70%，伴生金属均未回收，改用全浮流程后，W 回收率提高到 80%，还综合回收获得了 Pb 精矿、Zn 精矿和萤石精矿。

又如江西铁山垅钨矿，近年对综合回收工艺流程进行技术改造和扩建厂房，增加锌浮选回路和完善黄铁矿再磨再选系统，并将钨细泥浮铜产品单独建立分选作业。现在，除保持黑钨矿精矿特级品率达到 100%，还综合回收了 Cu、Bi、Mo、Sn、Zn 五种副产精矿，同时每年增收 Ag 468 kg。

我国现有钨矿选厂的工艺流程日臻完善，一般包括预选、重选、细泥处理、精选和综合回收几个部分。按其生产程序可以概括为手拣富块；重选富集，精选分离；尾矿再磨再选三个环节进行，其中重选富集，精选分离则是当前综合回收伴生金属的主要着眼点，是钨选厂开展综合利用的主要环节。

因为钨矿石中许多伴生金属都具中等以上的密度，如锡石、方铅矿、辉铋矿、自然铋、黄铜矿、闪锌矿、辉钼矿及黄铁矿等，它们在重选过程中一部分伴随钨进入钨的粗精矿中，只要这些元素的含量有万分之几，就有可能通过重选富集，然后精选分离来获得回收。当前，在精选生产过程中，综合回收伴生金属的最低含量已达到 Sn 0.015%、Mo 0.01% ~ 0.002%、Bi 0.01% ~ 0.004%、Cu 0.02%、Zn 0.1% ~ 0.05%。从重选获得粗钨精矿，随后经过台浮、浮选、磁选、电选等精选作业，在提高钨粗精矿质量的同时，也分离回收了伴生金属。以西华山钨矿的台浮硫化矿为例，该矿出窿原矿品位为 WO_3 0.26%、Mo 0.01%、Bi 0.02%、Cu 0.02%，经重选富集台浮分选后得到混合硫化矿产品，其中含 Mo 1.5%、Bi 1.5%、Cu 0.8%、S 29.47%，为从中回收 Mo、Bi、Cu，经试验研究与分选方案的比较并为以后生产实践所证实，采用钼铋混合浮选再分离的流程是适宜的（图 3 – 3）。从台浮硫化矿计起，所得选别指标是：Mo 精矿品位 49% ~ 52%，回收率 90% ~ 94%；Bi 精矿品位 17% ~ 24%，回收率 78% ~ 80%；Cu 精矿品位 10% ~ 12%，回收率 55% ~ 60%。

实践表明，采用 Mo – Bi – Cu – S 分选流程（图 3 – 3），实现了生产作业的连续化，操作稳定，指标可靠，与前苏联设计的优先浮 Mo 流程相比，不仅改善了 Mo – Bi 分选的效果，而且增加了 Cu、S 精矿品种，因而获得推广应用。

重选尾矿再磨再选，是钨矿选厂充分合理利用矿产资源的又一个重要环节。因为当前钨矿石中伴生金属在重选尾矿中的损失约占 30% 左右，而且现有钨选厂从尾矿中开展综合利用的为数不多。如漂塘钨矿大龙山选厂，处理出窿原矿品位 WO_3 0.26%、Mo

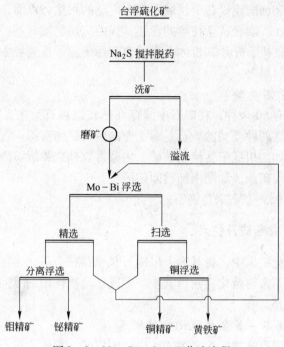

图 3 - 3   Mo - Bi - Cu - S 分选流程

0.065%，经选钨后的重选尾矿含 Mo 0.11% ~ 0.08%，全部再磨（ - 0.074mm（ - 200 目）占 40% ~ 57%）浮选（一粗六精），获得 Mo 精矿品位为 47.84%，回收率 83.3%（从重选尾矿计）。其产量占全选厂 Mo 精矿的 40% 左右，日处理重选尾矿 200t，则年产 Mo 精矿 1000t，其产值占全选厂的 18%，取得了显著的经济效益。同时这也引起了对一些可供回收有价金属矿物的尾矿或堆存尾矿的重视，并寻求经济合理的回收方法，进行综合回收，以充分利用一切可能利用的矿产资源。

白钨矿石中伴生金属的综合回收，如荡坪钨矿的宝山选厂，处理矽卡岩型白钨矿石，伴生有方铅矿、闪锌矿、黄铜矿、磁黄铁矿、黄铁矿等，原矿含 WO_3 0.49%、Cu 0.16%、Pb 2.21%、Zn 1.66%。矿石磨至 - 0.074mm（ - 200 目）占 63% 后，采用部分混合优先浮选流程，先混合选 Pb - Cu，再以重铬酸钾抑铅浮铜。混浮的尾矿经调浆依次选出锌精矿和黄铁矿精矿，最后以 731 氧化石蜡皂浮选出白钨精矿。选矿生产指标：白钨矿精矿品位为 66.30%，回收率 80.25%；方铅矿精矿品位 52.34%，回收率 89.97%；黄铜矿精矿品位 19.85%，回收率 69.21%；闪锌矿精矿品位 44.50%，回收率 81.54%。该矿 1983 年副产 Cu 精矿金属量 70t、Pb 1200t、Zn 937t，经济效益高，且选矿指标为黑钨矿山所不及。

3.6   锡矿石的综合开发利用

3.6.1   概述

3.6.1.1   锡的用途

锡是一种银白色的金属，具有熔点低、可塑性好、耐腐蚀、抗疲劳、无毒性等优点，因此，锡在国民经济和国防建设各个领域中都有广泛的用途。以前，锡大量用于生产马口铁、焊锡和合金。现在，随着科学技术的发展，锡的应用领域日益扩大，如锡钛合金用于现代飞机发动机的压气机、叶片和机体；锡锆合金用于原子反应堆中的包装材料；铌锡合金是一种重要的导弹材料等。

3.6.1.2 锡的矿石类型

现已知锡矿物共有50余种，在矿石中的存在形式以锡石为主，如锡石-硫化物矿石和矽卡岩型锡矿石，这两种类型的矿石是锡工业的主要矿物资源。含锡铅锌矿，如青海锡铁山矿区；铁锡矿，如四川冕宁县泸沽铁矿、内蒙古克什克腾旗黄岗铁锡矿、南岭地区铁锡矿；大理岩型多金属矿床，如湖南柿竹园矿区等。

目前，金属锡的95%左右来自锡石。

3.6.2 锡多金属矿矿物组成及特点

锡石-多金属硫化矿床中，锡基本上以锡石状态存在，硫化锡比例很少。共伴生金属赋存于硫化物中，锡石常与硫化物致密共生。随成矿地质作用的不同，各地的锡石、多金属硫化矿的组成有差异。

3.6.2.1 大厂锡石-多金属硫化物矿矿石

大厂金属矿物主要有黄铁矿、磁黄铁矿、铁闪锌矿、毒砂、锡石和大量的铅、锑硫盐矿物，已知的硫盐矿物有脆硫锑铅矿、硫锑铅银矿等多种，脉石矿物以石英、方解石、长石、电气石为主。已发现的锡矿物有12种，除锡石外，还有黝锡矿、银黄锡矿、锌黄锡矿、似黄锡矿、蔷薇黄锡矿、硫银黄锡矿、硫银矿、叶硫锡矿、辉锑锡铅矿、硫锡铅矿、锌银黄锡矿，锡石锡占97.5%，硫化锡占0.18%。锡石结晶粒度一般为0.1~0.42mm，易于单体解离。矿石中伴生的稀贵元素不呈单矿物存在，主要赋存于各种硫化矿物中。铟、镉、镓主要赋存于铁闪锌矿中，银主要赋存在脆硫锑铅矿中，金主要赋存于毒砂中。原矿主要矿物组成如表3-11所列。最具有价值的伴生元素铟主要赋存于铁闪锌矿中，此外还赋存于黄铁矿、毒砂和磁黄铁矿中，但含量甚微。锡石中铟含量很低，平均为0.004%，因此，铟的利用途径主要是锌矿石的选冶过程，在锌精矿湿法浸出渣中得到富集。贵金属银、镉和镓呈杂质形态存在于普通矿物中。镉多富集在铁闪锌矿中，几乎所有闪锌矿中都含有镉。在黄铁矿、磁黄铁矿和毒砂中也有镉，但含量不高。镓主要赋存在铁闪锌矿中，一般含量0.004%，锡石与磁黄铁矿中含有小于0.004%的镓。银主要赋存于辉锑锡铅矿中，其次是脆硫铅锑矿、毒砂、铁闪锌矿中，黄铁矿和磁黄铁矿中较少。

表3-11   锡及主要共、伴生元素的矿物组成

矿物名称	矿物组成/%			矿物名称	矿物组成/%		
	91号	100号	92号		91号	100号	92号
锡石	1.5	2.05	0.85	黄铜矿	0.13		0.01
磁黄铁矿	15.12	36.80	3.27	黝锡矿	0.01		0.01
铁闪锌矿	7.1	18.00	2.69	脉石	62.62	15.83	78.98
毒砂	3.19	5.5	1.82	其他硫化物		1.12	
脆硫铅锑矿	0.91	12.70	0.35	合计	约100	100	100
黄铁矿	9.36	8.0	12.02				

3.6.2.2 个旧锡石－多金属硫化物矿矿石

个旧锡多金属硫化物矿以矽卡岩硫化物类型为主，90%的锡以锡石形态存在，少量为黝锡矿。锡石与磁黄铁矿等硫化物致密共生，酸溶锡很少。共伴生金属硫化物还有毒砂、黄铜矿、黄铁矿、铁闪锌矿、方铅矿、白钨矿和辉钼矿，脉石矿物有透辉石、钙铁辉石、钙铝榴石、阳起石、透闪石、符山石、方解石、石英、萤石、方柱石、绢云母等。矽卡岩硫化型矿石呈致密块状、条带状和浸染状构造。层间氧化物型矿石呈致密块状、细脉状和浸染状。

3.6.3 我国的锡矿资源综合开发利用

3.6.3.1 我国锡矿资源形势分析

我国锡矿可分原生锡和砂锡两大类。砂锡矿多数与原生矿共生，是原生矿风化的产物，由于其易采、易选，目前大部分砂锡矿资源已消失，保有锡矿储量主要为原生矿。我国锡矿资源丰富，有以下独具特色的优势：

（1）探明储量多。据美国地质调查所2003年最新资料，2002年世界上锡矿储量基础约为1100万吨，资源比较丰富的国家有中国、巴西、马来西亚、秘鲁、印度尼西亚、玻利维亚等国，此外，俄罗斯、澳大利亚、泰国等国也有一定的储量。据国土资源部近年的有关资料，我国累计探明锡金属储量约560万吨。

（2）分布高度集中。我国锡矿分布于15个省、自治区，探明产地近300处，但锡矿储量主要集中在云南、广西、广东、湖南、内蒙古、江西六个省、自治区，占全国保有储量的97%以上。而云南又主要集中在滇东南的个旧、马关，广西集中在大厂、平桂，云南和广西两省、自治区的储量占全国总储量的近60%。此外，我国锡矿以大、中型为主。锡矿的这种分布特点有利于生产布局与生产力的配置。

（3）共伴生元素多，综合利用价值高。我国锡矿共伴生有益元素多，据有关统计资料，个旧锡矿平均每吨锡储量伴生铅、锌、铜、铋、钨、钼等金属2t以上；马关都龙锡锌矿铜厂街、曼家寨矿段每吨锡储量伴生锌、铜、硫、砷等21t左右；广西大厂锡矿则伴生有大量的铅、锌、锑、铜、钨、汞等矿产。这些共伴生元素的总价值不亚于锡矿本身，如果能得到充分有效的回收和利用，将极大地提高锡矿山的经济效益。

（4）开发条件好。我国锡工业的主干矿山个旧、大厂等，有悠久的开发历史，交通方便，产业基础雄厚，矿体开采条件及水文条件等均较有利，矿区集中，便于大规模开采、选矿及冶炼加工；云南锡业公司和广西柳州华锡集团的锡矿采、选、冶技术及综合回收利用水平与世界先进水平相当，在国际上有较强的竞争优势。此外，锡矿主产地云南和广西有丰富的水电资源，这种得天独厚的矿电结合优势，也为我国锡工业的发展提供了极为有利的条件。

（5）资源潜力大。我国锡矿分布于全球八大锡矿带之一的环太平洋锡矿带上，北部与前苏联的远东锡矿区相邻，南部滇西南锡矿带则与世界著名的东南亚锡矿带相连，具有优越的成矿地质背景，锡矿找矿前景良好。云南滇东南、滇西已知锡矿区深部、外围均有相当大的找矿潜力，据有关科研成果及相关部门资源总量预测结果表明，云南省锡矿资源总量大于450万吨。综合研究表明，广西大厂也有很大的找矿潜力。江西、湖南等省近几年找到了大型锡矿远景区。

3.6.3.2　我国锡矿资源综合开发利用现状

锡是我国传统的出口创汇产品，我国主要锡产区均有悠久的开发历史。云南省是中国最大的锡生产、加工、出口基地，锡产品出口创汇连续多年居全国第一。云南90%以上的锡矿区已被开发利用，其开发规模和产量在国内外都具有举足轻重的地位，截至2000年底，云南省有探明资源储量的原生锡矿床51个（含共伴生矿），其中正在开采或正在基建的矿山44个，尚未开发利用的矿床6个，近年少数几座矿山由于资源枯竭已关闭或准备破产；另外有砂锡矿28个，有17个被开发利用；现有各类锡矿企业约160多个，年设计采选能力超过600万吨，2000年实际生产锡矿石446万吨，实现工业产值7.94亿元，利税4450万元。广西是我国第二大锡工业基地，主要生产矿山有大厂铜坑、高峰等，产量约占全国的30%以上；大厂矿区品位高、经济效益好，但由于近年100号矿体的消失，生产能力大幅下降。广东、湖南、浙江等省也生产锡矿，但产量不大。全国目前仅有少数几个锡矿区由于品位低、矿石难选、开采难度大或勘查程度低等原因而未被开发利用。总的来说，锡矿是我国有色金属中开发利用程度较高的矿种之一，采、选、冶技术及综合利用水平在世界上也有一定地位。

锡的价值高于一般的有色金属，其价格相当于大宗有色金属如铜、铅、锌等的4~10倍，而其中共伴生的各种元素的总价值往往又高于锡。由于我国锡矿具有资源优势和产业优势，故经济效益较为显著。如作为中国最大的锡金属生产、加工和出口基地的云锡集团公司，其主导产品市场占全国的三分之一，占世界的十分之一；新中国成立以来，云锡上缴国家的各种税费为国家对其原始投资的3倍以上。我国锡工业在国际上有较强的竞争优势。

我国锡生产主要集中在云南个旧，广西南丹、平桂，湖南郴州，广东潮汕，浙江永康、绍兴等地区，产量在1984年以前一直较为稳定，年产量在2.14~2.3万吨之间，约占同期世界锡产量的5%~10%。1985年以后，锡生产发展迅猛，1993年至2000年产量以13%的速率增加，2000年锡产量已超过11万吨，接近世界锡产量的50%。我国锡产量的持续增长，虽然稳定了我国锡生产大国的地位，但同时造成了全球锡的供大于求，抑制了国际锡价的稳步提高，给国家资源和企业利益带来了损失。

我国锡矿资源虽然丰富，但由于多年开采生产，尤其是前几年集体、个体矿山的群采、滥挖，锡矿资源消耗很快。如个旧、大厂等矿区经过几十、上百年的开采，富矿、易采矿已基本消失，现主要开采深部的脉锡矿，许多矿山由于保有储量不足而达不到生产设计能力，部分矿山已处于"等米下锅"的境地。据有关资料分析，目前个旧地区探明锡保有储量约为60万吨左右，按现有的生产能力和规模，锡保有储量仅能保证矿山在目前正常生产水平下8~10年的生产需求。广西大厂锡矿情况与个旧基本类似，如高峰矿业有限公司由于特富100号锡多金属矿体资源的枯竭，已严重威胁着公司的生存；平桂矿务局更是由于资源枯竭已近破产关闭。

3.6.3.3　锡矿石的综合开发利用示例

A　华锡集团锡多金属矿综合利用工艺

主要共生元素铅、锑和锌的矿物首先在选矿过程中进行了单独分离，以后分别冶炼。

其他的共生和伴生元素，如稀散金属、贵金属以及数量较微的元素，在锡精矿、铅锑精矿和锌精矿的冶炼过程中作为杂质富集于某一种或几种中间产物。这些元素的综合利用是处理各种渣、烟尘和合金等中间产物。

通过选矿过程综合利用的共生元素，进入以下的选矿产品中：锡与重要的伴生杂质铅、锑、砷和锌，进入锡精矿；铟与锌一起进入锌精矿，高铟精矿中铟含量达 0.11%；铅和锑与重要的伴生元素锡、银进入铅锑精矿。

铅在粗锡中，通过粗锡精炼，以焊锡和精铅的形式回收利用；砷在熔炼烟尘和铁砷渣中，通过处理以白砷形式回收；锑在粗锡中，通过粗锡精炼，部分以合金形式被回收利用；铜在锡精矿中含量微，在粗锡精炼除铜过程中，被富集于硫渣，目前尚未回收利用；银富集于粗焊锡电解阳极泥中；铟从分布规律上，应该富集于烟尘，实际生产未进行考查，亦未利用。其他稀散元素，铊在电炉尘中的富集比精矿中的富集高 100 倍；电炉尘中锗比精矿中富集近 20 倍；此外，在精炼铝渣和炭、硫渣中，与锡精矿相比，镓富集了 10 多倍，铊富集了 10 倍左右。

铅锑冶炼系统中伴生元素的走向及利用途径：铜与铋富集于底铅中，通过粗铅电解回收；绝大部分锡富集于粗锑合金中，其余部分进入还原熔炼渣、烟尘以及吹炼的熔化渣和吹炼氧化渣中，由于熔化渣与吹炼渣没有分开收集，造成锡在熔化渣与吹炼渣中分散，未能够有效富集，难以回收，致使在流程中循环。此外，在沸腾炉焙砂、底铅和粗合金中，钯的分析含量为 1.2~1.69g/t。

高铟锌精矿冶炼过程中伴生元素的走向及利用途径：铁在高铟锌精矿焙烧—高酸浸出—净化—电积和矾渣—浸出—萃取—置换—电解铟的工艺流程中，精矿中的铁富集于矾渣的浸出渣中，以铁红渣的形式回收利用；高酸浸出渣中富集了铅，直接外销。锌浸出液净化过程中的镉渣、铜渣和锗渣等成分含量在生产上未做分析，未利用。镓在高浸渣和矾渣中富集了 10 倍左右。

　　B　从锡尾矿中回收砷

平桂冶炼厂精选车间是一个集重选、磁选、浮选于一体，选矿设备较为齐全，选矿工艺灵活多变的精选厂。随着平桂矿区锡矿资源的枯竭，精选厂大部分时间处于停产状态，企业的生产和经济效益受到严重影响。为了充分地利用矿产资源，综合回收多种有用金属，充分利用现有的闲置设备，增加企业的经济效益，精选厂对锡石－硫化矿精选尾矿进行了多金属综合回收的生产。

该尾矿是锡石－硫化矿粗精矿采用反浮选工艺，在酸性矿浆中用黄药浮选的硫化物产物，长期堆积，氧化结块比较严重。其中金属矿物主要有锡石、毒砂（砷黄铁矿）、磁黄铁矿、黄铁矿，其次有闪锌矿、黄铜矿及少量的脆硫锑铅矿，脉石为石英及硫酸盐类。锡石主要以连生体的形式存在，与脉石矿物关系密切，并多呈粒状集合体；硫化物中锡石主要与毒砂、闪锌矿结合较为密切，个别与黄铁矿连生。粒度越细，锡品位越高，含砷、含硫高。

根据试验研究情况，最终采用重选—浮选—重选原则流程对尾矿进行综合回收，即先破碎、磨矿，再用螺旋溜槽和摇床将锡和砷进行富集，得混合精矿，丢掉大量的尾矿，然后用硫酸、丁基黄药和松醇油进行浮选，选出砷精矿，浮选尾矿再用摇床选别得出锡精矿和锡富中矿。生产指标见表 3-12。

表 3 – 12   生产指标   (%)

产品名称	品位	回收率	原矿品位
砷精矿	28	65.0	As 14.82
锡精矿	34.5	35.20	Sn 0.97
锡富中矿	2.6	15.60	

通过生产，获得了锡品位为 34.5%、回收率为 35.2% 的锡精矿和含锡为 2.6%、回收率为 15.6% 的锡富中矿及砷品位为 28%、回收率为 65% 的砷精矿的好指标，达到了综合利用矿产资源，增加锡冶炼原料的目的，取得了良好的经济效益和社会效益。

C   从锡尾矿中回收锡

云南云龙锡矿所处理的矿石为锡石 – 石英脉硫化矿，尾矿矿物组分较简单，以石英为主，其次为褐铁矿、黄铁矿、电气石，少量的锡石、毒砂、黄铜矿等。尾矿含锡品位 0.45%，全锡中氧化锡中锡占 96.26%，硫化锡中锡占 3.74%，铁 3.71%，其他含量较低，锌 0.051%、铜 0.08%、锰 0.068%，影响精矿质量的硫、砷含量较高，硫 1.88%、砷 0.1%。

1992 年云龙锡矿在原生矿资源已日趋枯竭的情况下，开始在 100t/d 老选厂处理老尾矿，为了在短期内取得更好的社会效益和经济效益，又提出在选厂基础上改扩建为 200t/d，采用重选—浮选流程，于 1994 年 4 月正式生产，在生产过程中不断地改进工艺流程，最终确定的生产工艺见图 3 – 4。

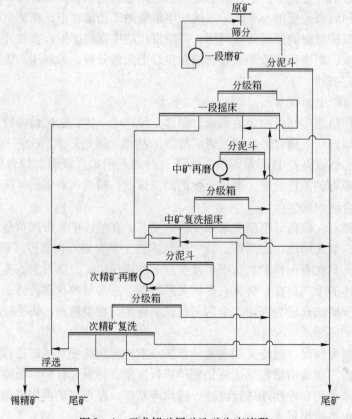

图 3 – 4   云龙锡矿尾矿选矿生产流程

为适应生产，其中筛分所用筛面前半部分为 0.8mm，后半部分为 1mm。分泥斗为 ϕ2500mm 分泥斗，利用该工艺可获得含锡 56.266%、含硫 0.742%、含砷 0.223%、锡回收率 68.3% 的锡精矿和含硫 47.48%、含锡 0.233%、含砷 4.63% 的硫精矿。

云锡公司有 28 个尾矿库、35 座尾矿坝，现有累计尾矿 1 亿多吨，含锡达 20 多万吨，还有伴生的铅、锌、铟、铋、铜、铁、砷等。公司有一个 50t/d 试验车间和两个选矿工段专门处理老尾矿。1971 年到 1985 年间再选处理尾矿 112 万吨，回收了锡 1286t，选出铜精矿含铜 443t。

栗木锡矿用重选—浮选流程从老尾矿中回收锡。该矿积存尾矿 650 多万吨，尾矿中主要含锡、钨、铌、钽及硅质和长石等矿物。再选流程包括重选、硫化矿浮选和锡石浮选。经重选后得到的精矿含 SnO_2 26.84%、WO_3 9.6%、Ta_2O_5 2.7%、Nb_2O_3 2.04%，重选回收率 SnO_2 32.99%、WO_3 24.05%、Ta_2O_5 42.47%、Nb_2O_3 24.77%。硫化矿物浮选流程为一次粗选、二次扫选，精矿品位 Cu 10.8%、SnS_2 6.57%，回收率 Cu 78%、硫化物 52.66%。硫化矿物经抑制砷浮铜产出含 Cu 大于 20%、含 Sn 大于 18%、含 As 小于 1.5% 的铜–锡精矿。锡石浮选产出的精矿含 SnO_2 26.107%，锡石回收率 63.11%。

东坡矿野鸡尾选厂建有 300t/d 规模的重选车间，从尾矿中回收锡石。尾矿含 Sn 0.2% ~0.25%，精矿品位 Sn 42.93%、回收率 18.66%，每年回收精矿锡量 40 ~50t。

大义山矿 1982 年建成日处理 70 ~100t 选矿厂，从可利用的 3.3 万吨老尾矿（含 Sn 0.297%）中一年回收锡精矿 31t，品位为 55% ~61%，回收率 34% ~35%。

国外，英国、加拿大和玻利维亚开展从含锡老尾矿中再选锡的工作。英国巴特莱公司用摇床和横流皮带溜槽再选锡尾矿，从含锡 0.75% 的尾矿获得含锡分别为 30.22%、5.53% 和 4.49% 的精矿、中矿和尾矿。英国罗斯克罗干选厂选别含锡 0.3% ~0.4% 的老尾矿获得含锡 30% 的锡精矿。加拿大苏里望选厂从浮选锡的尾矿，用重–磁联合流程选出含锡 60%、回收率 38% ~43% 的锡精矿。玻利维亚一个选厂再选含锡 0.3% 的老尾矿和新尾矿，产出含锡 20%、回收率 50% ~55% 的锡精矿。

3.6.3.4 云锡公司锡多金属共生矿综合利用重要技术进步

（1）高水平的云锡选矿工艺与设备。云锡矿石品位低，共、伴生金属繁多复杂，尤其锡石连生体多，粒度细，泥化严重，给选矿工艺造成的困难很大，致使选矿必须运用重选、浮选和磁选等多种方法以及研究应用独具特色的工艺技术，使云锡的选矿技术在国内外一直保持先进水平。其工艺特点主要有：

1）在铜硫化矿选矿中采用混合浮选工艺但又增加了粗精选，即除锡浮选，保证了硫化物中低的锡含量，同时又减少了锡的损失。

2）为适应矿石性质，采用阶段磨矿，阶段选别，次精矿集中复洗，溢流单独处理的选锡原则流程。

3）应用新型细泥摇床作为泥选设备。

4）因保证锡的品位 40% 以上，选矿的富集比高达数百倍，为解决选矿回收率与精矿品位之间的矛盾，云锡公司的选矿大流程都只生产品位为 10% ~20% 的粗精矿，将粗精矿集中后，再进行精矿的精选，采取在产出高品位精矿的同时，产出部分低品位精矿或中矿，再进行相应处理的方案，较好地实现伴生矿物与锡石的分离和综合回收。

5）云锡具有自主知识产权的摇床长期以来一直成为向国内和国外（东南亚、巴西和玻利维亚等）输出的技术与设备产品。

（2）锡精矿冶炼工艺的引起与消化创新。云锡一冶 20 世纪 50 年代入厂锡精矿锡品位 60% 左右，而 80～90 年代入厂锡精矿锡品位降至 42% 左右，精矿中含 Fe、As、S、Cu 等杂质逐年上升，再加上返回品中恶性循环的大量有害杂质，使反射炉熔炼生产日趋困难。此外，反射炉熔炼工艺的生产效率低，热效率低，能耗高，含低浓度 SO_2 烟气直接排入大气，污染严重；几十年前建设的厂房低矮破旧，设备陈旧老化，车间作业环境恶劣，劳动条件差，机械化自动化水平低。总之，传统的旧工艺与设备已经不适应生产发展的要求。为了提高经济效益，实现清洁生产，增强市场竞争能力，云南锡业集团公司于 1999 年从澳大利亚奥斯麦特（Ausmelt）公司引进先进的强化锡冶炼技术，取代了原有的反射炉熔炼工艺（含反射炉、3 台电炉和 2 台鼓风炉等传统设备）。新工艺具有如下的优点：

1）充分利用烟气余热能量，配套的余热发电系统每日可发电 140000kW·h，完全满足了奥斯麦特炉系统本身的用电，每年可节约 1.1 万吨标煤。

2）基本实现 DCS 及 PLC 自动控制，操作环境大为改善，劳动生产率大大提高（操作工从以往的 500 多人减少到 80 余人）。

3）与旧的工艺相比，新工艺的金属回收率提高了 0.7%，即每年多回收 200 多吨锡，价值近 2000 万元。

4）Sn 和其他有价金属 In、Zn 的富集分配集中，为后续处理工序提供了良好条件。奥斯麦特炉产出的粗锡含锡率增加了 12%，高达 91.5%，炉渣含 Sn 小于 4%，比反射炉渣含 Sn（10%）下降了 60% 以上。

5）粗锡含铁小于 0.5%，几乎没有硬头产出，实现无硬头产品产出。

6）由于奥斯麦特熔炼的烟气系统采用了干式收尘（反射炉配置的是淋洗塔），因而没有了高砷污水的产生及其砷钙渣，减少了污染，降低了废水处理成本，同时，铟与锌在烟尘中的富集增加，有利于铟与锌的回收。云锡公司对引进技术不是照搬，而是从自己的优势与特长出发，将奥斯麦特炉与原有的全钢水套烟化（贫化）炉结合，形成了独特的当前世界最先进的奥斯麦特－云锡烟化炉炼锡工艺，使 Ausmelt 炼锡技术得到了提升、优化和完善。

（3）以电热连续结晶为核心全套火法精炼技术。云锡采用的火法精炼粗锡流程在国际上都是很独特的。其自主创新的连续结晶工艺和真空分离焊锡中锡铅，其自行研制出的"单柱悬臂式离心机"脱铁砷设备以及焊锡电解、阳极泥处理等，共同组成了一整套具有云锡鲜明特色的精炼技术，使云锡能够做到高效率、低成本地生产优质精锡。

（4）电热回转窑蒸馏白砷工艺从烟尘、精炼渣中分离提取伴生元素。以安全、清洁的电热回转窑蒸馏白砷工艺为代表的一批伴生元素综合利用工艺具有较高的回收率，能以较低的成本生产出精焊锡、硫酸锌、硫酸铜、铟、铋等优质产品。其中，焊锡电解阳极泥的综合利用非常完善，回收元素种类全面，回收率指标高，金与银的回收率高达 75%～78%。

（5）注重环境污染的防治和降低能量消耗。采用奥斯麦特熔炼工艺后，烟气经过收尘、化学洗涤，有害物质降低到了环境保护标准。经过两级动力波吸收的 SO_2 浓度低于 860mg/m^3，明显地改善了厂区和个旧市的空气质量。

3.7 金属矿产中伴生金银的综合开发利用

3.7.1 概述

3.7.1.1 伴生金银的概念

所谓伴生金银，是指在黑色金属特别是有色金属矿产（矿床）中，其金、银的品位未达到工业要求，不能单独圈出金、银矿体，但可随矿床的主成分（主金属）一起开采，在选矿和冶炼过程中，可作副产品回收金、银，在综合勘探、综合评价时提交一定的工业储量，这种金、银称为伴生金银。例如德兴斑岩铜矿，其铜矿石中平均 Au 0.188g/t，金含量很低，无法圈出单独的金矿体，但经系统查定，其金储量达230t，并可综合回收，故该矿床称为伴生金矿床。又如大冶铁矿，矿石中含 Au 0.28g/t，能随主要矿产综合开采、综合回收，其金储量有 30t 属大型规模。再如江西银山铅锌矿，含 Au 0.16 ~ 0.86g/t，含 Ag 19 ~ 282.5g/t，它们随主矿产铅锌铜一起开采，在选冶过程中回收利用。这些金银称为伴生金银。

3.7.1.2 伴生金银资源的重要地位

以伴生组分的形式赋存在各种金属矿产、特别是有色金属矿产中的金银，是金属矿产资源的重要组成部分，也是黄金和白银生产的重要来源之一。

A 伴生金银的储量

目前，世界上金、银的储量中，伴生金和伴生银所占比例约分别为25%和67%。

B 伴生金银的产量

世界金、银产量中，综合回收的伴生金、银所占比例分别为20% ~25%和80%。我国每年综合回收的伴生金约占全国金产量的1/3 ~1/2；我国的银也来自有色金属 Pb、Zn、Cu 的副产品中，而铅锌矿石中的伴生银，占银产量的45%以上，为银的最重要来源。而矽卡岩型铜矿中的伴生金，其产量占全国伴生金产量的44.6%，成为伴生金的重要来源。

C 伴生金银的产值

伴生金银是随主金属开采，在选矿和冶炼中逐步得到富集，最后从含金银很高的阳极泥或精矿中提取金和银。我国伴生金选矿回收率为50% ~60%，伴生银选矿回收率为60% ~70%，金和银的冶炼回收率达90%以上。目前，有色金属矿山实现 Au、Ag 有效回收的主要是 Cu 矿和 PbZn 矿，而且经济效益非常显著。

此外，加强对有色金属矿区（矿山）低品位地段伴生金银的研究，对提高矿山经济效益，扩大矿区远景，延长矿山服务年限，是一条十分现实又极其重要的途径。例如八家子和青城子 PbZn 矿，近年在围岩中发现了储量可观的银矿。

还应加强对有色金属矿床氧化带的研究，有可能发现有工业价值的"铁帽型金矿床"。例如我国安徽新桥铜（硫）矿床的铁帽中，含 Au 为 4.07g/t，Ag 达 209g/t。湖南龙王山铁帽中，金品位达 3 ~5g/t。云南滇西北箐原生矿石中金的品位为 0.12 ~2.5g/t，而氧化带铁帽中的金则富集为 6.5g/t，Ag 为 48g/t。由此可得到启迪，对有色金属矿床氧化带铁、锰帽中进行伴生金、银的系统查定，是扩大金、银矿产资源，提高矿山经济效益的一个新途径。

3.7.2 伴生金银矿床类型及其特征与赋存规律

3.7.2.1 我国伴生金银矿床类型

根据已经掌握的有色金属矿床中伴生金银的赋存规律，伴生金银主要赋存的矿床类型，按其占总伴生金的比率依次为：斑岩型（42.7%）、矽卡岩型（31.6%）、岩浆岩型（10.2%）、热液型（9.8%）、火山岩型（5.6%）、沉积变质型（0.1%）和铁帽型，详见表 3-13。按矿种而论则主要有铜矿床、铅锌矿床、硫（砷）矿床及铁帽矿床等，其中尤以铜矿床伴生金占绝对首位，约占各类矿产（床）伴生金的 84% 以上。

表 3-13 我国伴生金矿类型

矿床类型		金含量/g·t⁻¹	规模大小①	占总伴生金的百分比/%	产地举例	备注
岩浆岩型	Cu-Ni 矿床	0.1~0.5	大、小	10.2	金川、德尔尼、白马寨	
斑岩型	Cu-Mo 矿床	0.05~0.2	巨大、大	42.7	德兴、多宝山、玉龙	
	Mo 矿床	0.2~0.4	大、小		大黑山、云南铜厂	
	Pb-Zn 矿床	0.2~1.05	大		大坊、江西冷水	
	W-Cu-Bi 矿床	1.07	中		广东莲花山	
火山岩型	Ag-Au 矿床	2.08	大	5.6	银铜沟弄坑	
	Cu 矿床	0.5~1.54	中、小		铜井、劳马山、铜谷	
	Cu-Pb-Zn 矿床	0.9~1.8	大		白银厂	
	Pb-Zn-Cu-S 矿床	0.3~1.3			锡铁山、银山	
矽卡岩型	Cu 矿床	0.82~2.95	大	31.6	鸡笼山	
	Cu-Co 矿床	0.3~1.0	大		武山、凤凰山、铜山口	
	Fe-Cu 矿床	0.21~2.17	大		大冶铁矿、淮北铁矿	
	Pb-Zn-Cu 矿床	0.1~2.0	大、中、小		大宝山、天排山、村前	
	S-Cu-(Au) 矿床	0.2~2.4	中、小		天鹅抱蛋、马山、仓子山	
热液型	Cu-(Pb)-(Zn) 矿床	0.2~0.5	小	9.8	通化、西裘、桃园	据现有资料估计水口山伴生 Au、Ag 为特大型
	Pb-Zn-(Cu) 矿床	0.2~3.0	大、中、小		水口山	
	S-(As) 矿床	0.4~1.5	中、小		官田、王母山	
	W-Sb-Au 矿床	7.3	大		湘西金矿	
沉积变质型	Cu 矿床	0.14~0.44	大、中	0.1	易门、东川	
	Cu-Zn 矿床	0.44	中		红透山	
铁帽型	Fe-Au 矿床	0.5~2	中、小		新桥、浏阳、七宝山	

①小型：<1t；中型：1~10t；大型：10~100t；巨大型：100~1000t；特大型：>1000t。

在我国，银呈单独的矿床出现很少甚至可以说极少见，通常是以伴生银产出，往往与伴生金一起赋存于有色金属矿床中，所以伴生金主要赋存的矿床类型，也是伴生银主要赋存的矿床类型。但是，伴生银绝大多数与热液型的铅锌矿床、铜铅锌多金属矿床以及铜矿床关系最为密切，尤其是前者。所以，有的铅锌矿山到开采的晚期阶段变成了银矿山。

3.7.2.2　伴生金银矿床的特征及赋存规律

在所有伴生金矿床类型中，自然金－黄铜矿组合是唯一具有普遍意义的矿物组合。有色金属矿床中以及铜铁或铁铜矿床中，黄铜矿的存在，是寻找伴生金矿床的重要矿物标志，也是最重要的载金矿物。至于其他矿物组合，较常见的有金－黄铁矿、金－毒砂、金－磁黄铁矿、金－方铅矿－闪锌矿、金－斑铜矿－辉铜矿组合等。

据统计，在内生矿床中，金与金属矿物组合的密切程度的次序排列为：黄铜矿（斑铜矿、辉铜矿）→黄铁矿→毒砂→磁黄铁矿→方铅矿、闪锌矿→辉锑矿、辉铋矿→磁铁矿→白钨矿→锡石。

3.7.3　金银的矿物种类及研究方法

3.7.3.1　金银的矿物种类

金的化学性质不活泼（金具有高的电离势和化学稳定性），自然金比自然银、自然铜更常见。但金与银又常常构成固溶体形式呈金－银系列矿物出现；此外还常与 Te、Se、Bi、Cu、Hg 等构成化合物；也常与 Pt 族元素呈化合物存在。

金、银常形成完全类质同象系列矿物，根据金、银含量比例的不同，可划分出不同亚种的金矿物，即自然金－自然银系列的天然矿物。

目前银矿物发现约 150 余种，多与铅锌及铜铅锌硫化物伴生，较常见的银矿物有辉银矿、自然银、碲银矿、银黝铜矿、螺状硫银矿、辉铜银矿、锑银矿、硒银矿、铜铅银铋矿、深红银矿等。

3.7.3.2　金银矿物的研究方法

查清矿石中伴生金银矿物的种类是必要的，因为与选冶工艺有关：

（1）常见的是 Au－Ag 系列矿物。也应根据 Au 与 Ag 的含量定出矿物亚种，因为含 Ag 高的表面较易形成薄膜，其表面薄膜会影响混汞法和氰化法的提金效果。

（2）金也与 Te、Bi 等元素形成化合物，而它们不能用混汞法和氰化法提取。因为会造成不必要的金流失，也不能正确评价选冶工艺的合理性，而且碲化金（AuTe）结合紧，难氰化。

3.7.4　金银的赋存状态及其对选冶回收的影响

（1）按金矿物与载体矿物的嵌镶（嵌连）关系，可将金的赋存状态分为：单体金（粒）、裸露连生体金和裂隙金、粒间金、包体金以及晶格金。

这种分类有利于选冶工艺及回收。因为，一般裂隙金、粒间金（晶隙金）在碎磨矿时较易单体解离，呈单体金粒可用重选（摇床）或浮选回收；裸露连生金可用混汞法或氰化法回收；包体金和晶格金，选矿只能富集载金矿物，然后经冶炼分离回收。

（2）按金矿物的颗粒大小，可将金的赋存状态划分为可见金、次显微金、胶体金和晶格金，见表 3－14。

在可见金中，金粒粒度大于 $100\mu m$，呈单体金者，可用摇床分选获得金精矿；呈显微金和次显微金的包体金以及晶格金且载金矿物为硫（砷）化物矿物，可采用浮选法富集载金矿物，得到混合金精矿，然后在冶炼中分离回收金；对于胶体金则采用化学选矿或湿法冶金（浸出或离子交换等）回收。

表 3 – 14   金的赋存状态按颗粒大小的分类

种类 \ 赋存状态 粒径	可见金		次显微金	胶体金	晶格金	备 注
	肉眼可见金（粗粒金）/μm	反光显微镜下可见金（显微金）/μm	透射电子显微镜下可见金/μm	超高压透射电子显微镜下可见金/nm		
1	>100	100~0.01	<0.01			N·H 普拉克辛
2	>2000	2000~0.5	<0.5			B·M 克列依捷尔
3	>70	70~1	<1			B·H 泽列诺夫
4	>100	100~0.2	<0.2	1~100	≤2.873	张振儒

注：1. 人的肉眼在明视距离最高分辨率为 100μm。

      2. 反光显微镜的最高有效分辨率为 0.2μm。

伴生银的赋存状态，主要是以银的独立矿物形式存在，并常在载体矿物（载银矿物）中呈显微、超显微（次显微）包体存在。

3.7.5 有色金属矿产中伴生金银的综合开发利用

3.7.5.1 加强对有色金属矿山伴（共）生金银的地质工作

A 必要性

多数矿山由于受以往地质勘探"单打一"思想的影响，生产矿山对包括金银资源在内的综合评价和综合利用遗留下不少的问题；主要表现是金银资源储量不清，选矿回收呈自流状态，具有较大盲目性。所以，要进一步发展金银生产，充分合理地利用金银矿产资源，有必要在矿区范围内积极开展金银的找矿勘探工作。对伴（共）生金银资源进行再调查、补勘和评价，这是当前生产矿山地质工作面临的课题。

B 勘查与评价的对象

凡矿区范围内可望含金银的地段、含金银的物料（表外矿、贫矿、废石堆、选矿尾矿等），都应列入勘查之列，勘查评价不能只局限于开采范围内的工业矿体。这是因为伴（共）生金银的成矿地质条件和富集规律及空间分布有时与主矿产并不一致，所以在确定生产矿山伴生金银地质工作对象时，还应根据金银成矿地质理论、矿区地质条件选择有利的共伴地段，并依据金银的赋存特征，矿山的选冶技术及国家的计划要求确定勘查的手段和工作程度。例如：（1）对主金属精矿产品中金银含量已达计价标准的矿山、应重点查明伴生金银富集规律和赋存状态，进一步提高其回收率和准确计算储量；（2）对正在开采的主矿产资源，重新取样或利用副样对伴生金银进行系统查定；（3）对正在勘查的新区，把金银的综合勘探、综合评价放在与主矿产同等位置，加强金银地质工作综合研究；（4）对主金属品位低而成矿地质条件有利的地段或部位，将金银的查定与外围找矿结合起来。如潘家冲铅锌矿，由于主金属品位低企业连年亏损，为改善矿山资源条件，矿山自办勘探队，把银的查定研究与外围找矿结合起来，依据铅锌银的矿化富集规律和控矿地质条件，经过近 10 年的努力，终于在距生产老区三公里的石景冲 – 长坝冲地段震旦系马底驿组断裂硅化带中，探明了一个中型银矿床，Ag 平均品位 245g/t，是湖南省探明的第一个有工业价值的独立银矿床。

总之，在确定生产矿山金银地质工作对象时，必须开拓视野，凡矿区范围内可望含金银的地段、含金银的物科，都应列入勘查之列。这样才能保证矿山金银地质工作找矿有突破，查定有成效，提高矿山经济效益。

C 工作内容与方法

伴（共）生金银的查定与评价，其工作内容应包括品位、赋存状态、矿化富集规律及分布规律、可选性试验及其产品的研究和储量计算等。由于各类型矿床中伴（共）生金银的种类、赋存条件和目前生产矿山金银地质工作程度的不同，所以其工作步骤和方法也可能有所区别，但一般应掌握如下资料：

（1）金银组分的化学分析资料，包括光谱半定量分析、主矿产原矿多元素分析、精矿多元素分析、物相分析等。（2）金银赋存状态资料，特别要查清金银各载体矿物的种类，在各载体矿物中的配分比以及与之的相关关系。（3）金银的工艺矿物学资料。掌握各种粒级矿物的比例和嵌布特性及嵌镶关系，为选矿工艺流程的确定提供依据。（4）可选性试验资料。以确定金银资源的综合利用程度，为矿床综合评价、综合利用提供依据。（5）金银矿化富集规律资料。了解金银品位、矿物组合的空间分布规律。（6）储量计算资料。储量数据可靠，是金银资源合理开发和综合利用的前提和基础。

做好矿山或矿区伴生金银的地质工作，就给矿产综合开采提供了地质依据，进而给选矿和冶炼综合回收伴生金银创造了有利条件。所以，要提高伴生金银资源的综合利用，地、采、选、冶是紧密联系的。

3.7.5.2 进一步提高伴生金银的选矿回收率

据统计，铜矿床伴生金约占各类矿床伴生金的84%以上，因此加强铜矿床中伴生金银的赋存状态及其矿物工艺特性的研究，对进一步提高伴生金银的回收率和增加金银的生产量具有极其重要的意义。

A 铜矿床类型及其伴生金银概况

我国的铜矿床类型及其矿物组合见表3-15。

在岩浆岩型铜矿床中，其伴生金在铜矿床中所占金储量比例约为10%。该类矿床伴生 Au、Ag 品位普遍较低，Au 一般为 $0.1 \sim 0.5g/t$。但由于该类矿床规模大，其伴生金储量也为大型。甘肃金川铜镍硫化物矿床是最典型的实例，含 Au $0.02 \sim 0.54g/t$，Ag $0.32 \sim 3.7g/t$，伴生金规模属大型。

斑岩型铜矿伴生金所占储量比例较大，约占31.6%，是重要的伴生金矿床类型。这类矿床伴生金品位变化较大，一般为 $0.1 \sim 2.0g/t$，金储量多为大型、巨大型矿床规模。如江西德兴斑岩铜矿，其含 Au 为 $0.188g/t$，Ag 为 $1.07 \sim 1.7g/t$，属巨大型伴生金矿床。

矽卡岩型铜矿床是我国最重要的伴生金矿床类型，这类矿床伴生金储量比例约占50.98%，而且 Au 含量常高于其他类型铜矿床，但其金品位变化较大，一般为 $0.1 \sim 3.0g/t$。这类矿床的工业类型较多，典型的 Fe - Cu 矿床诸如湖北的大冶、铜绿山、丰山、铜山口和安徽的铜官山矿床等；Cu - Mo 型矿床如安徽金口岭铜矿、湖南宝山铜矿；Cu - S 型矿床如江西武山铜矿、城门山铜矿、安徽的狮子山、铜山铜矿等。矽卡岩型铜矿床伴生金储量从大型至中小型规模均有，这主要随其铜矿床规模及伴生金品位而定。

火山岩型铜矿床伴生金储量比例约占3%，但金品位较高，一般为 $0.8 \sim 2g/t$，规模多为中小型。由于该类矿床常与铅锌共生，故矿石中银一般较富，该类典型矿床如甘肃的白银厂，矿石含 Au $0.9 \sim 1.8g/t$，Ag $94.7g/t$。伴生金、银属大型。

沉积变质型铜矿床伴生金储量比例约占4.41%，Au 品位一般为 $0.1 \sim 0.5g/t$，铜量可达中型。如山西篦子沟、辽宁红透山及云南的东川、易门等铜矿均属此类矿床。

表 3 – 15　铜矿床类型及其主要金属矿物组合

成因类型	工业类型	主要矿物组合	伴生金、银矿物	典型矿床实例
岩浆岩型	Cu – Ni	磁黄铁矿、镍黄铁矿、黄铜矿、黄铁矿、含镍黄铁矿、紫硫镍铁矿、辉针镍矿、硫铁镍矿	自然金、银金矿、金银矿、碲金矿、碲银矿、含铂金银矿、碲银钯矿	金川、黄花滩、小南山
斑岩型	Cu – Mo	黄铁矿、黄铜矿、辉钼矿、黝铜矿、砷黝铜矿、斑铜矿、辉铜矿	自然金、银金矿	德兴、多宝山、中条山
斑岩型	W – Cu – Bi	黑钨矿、白钨矿、毒砂、磁黄铁矿、黄铁矿、黄铜矿、锡石、闪锌矿、方铅矿	金银矿、自然银、锑银矿、铜铅银铋矿	莲花山
矽卡岩型	Fe – Cu	黄铁矿、黄铜矿、斑铜矿、磁铁矿、白铁矿、赤铁矿、磁黄铁矿、毒砂、黝铜矿、方铅矿、闪锌矿	自然金、银金矿、金银矿、自然银、银黝铜矿、硒银矿	大冶、铜绿山、丰山、铜山口、铜官山
矽卡岩型	Cu – Mo	黄铁矿、黄铜矿、白铁矿、磁铁矿、赤铁矿、方铅矿、闪锌矿、黝铜矿、斑铜矿、辉铜矿、辉钼矿		宝山、金口岭
矽卡岩型	Cu – S	黄铁矿、黄铜矿、磁黄铁矿、闪锌矿、斑铜矿、砷黝铜矿、黝铜矿		城门山、武山南矿带
火山岩型	Cu – Pb – Zn	黄铁矿、黄铜矿、闪锌矿、方铅矿、磁铁矿、铜蓝、辉铜矿、斑铜矿、磁黄铁矿、黝铜矿、黝锡矿	银金矿、金银矿、自然银、辉银矿、辉铜银矿、螺状硫银矿	白银厂
沉积变质型	Cu – Zn 或 Cu	黄铜矿、黄铁矿、磁黄铁矿、磁铁矿、斑铜矿、辉铜矿、方铅矿、闪锌矿	自然金、银金矿、金银矿、自然银	篦子沟、红透山、东川、易门

上述各类型铜矿床的伴生 Au、Ag 含量见表 3 – 16。

表 3 – 16　各类铜矿床伴生金（银）含量

矿床类型	矿　床	含　量		
		Au/g · t^{-1}	Ag/g · t^{-1}	Cu/%
岩浆岩型	金川	0.02 ~ 0.54	0.32 ~ 3.7	1.10
	黄花滩	0.14	0.66	3.78
	小南山	0.013		0.564
斑岩型	德兴	0.188	1.07 ~ 1.7	
	多宝山	0.128	1.886	
	中条山			
	莲花山	1.07	4	0.147

矿床类型	矿床	含量		
		$Au/g \cdot t^{-1}$	$Ag/g \cdot t^{-1}$	$Cu/\%$
火山岩型	白银厂	0.9 ~ 1.8	94.7 ~ 113.15	
	铜井	1.54		
沉积变质型	篦子沟	0.24	4.8	1.60
	红透山	0.14	21.5	1.40
	东川	0.14 ~ 0.44	8.9 ~ 12.68	
	易门		1.6 ~ 16	
矽卡岩型	大冶	0.28	2.8	0.52
	铜绿山	0.65 ~ 1.97	10 ~ 17	
	丰山	0.40 ~ 0.83	11 ~ 20	
	铜山口	0.053	12.5	1.68
	赤马山	0.28 ~ 0.32	8 ~ 8.4	
	铜官山	0.56	18.5	
	宝山	0.90	16.58	1.42
	金口岭	2.67		
	武山（南矿带）	0.27	11.3	1.12
	城门山	0.30	12.0	
	狮子山	0.626	11.9 ~ 17.1	
	铜山	0.38	12.0	1.28

B 金（银）的赋存状态及其矿物的工艺性质

在各类伴生金（银）铜矿床中，金（银）绝大部分呈独立矿物产出，而呈类质同象金和吸附金产出的比例极少。金矿物的嵌连形式主要有三种，即裂隙金、粒间金和包裹金。

C 金（银）的载体矿物及其配分

在各种不同类型的铜矿床中，金（银）的载体矿物大同小异，主要为黄铜矿、斑铜矿、黄铁矿、磁黄铁矿、方铅矿、闪锌矿等。黄铁矿中金的赋存状态较复杂，其中既有以独立矿物形式存在的金，也常有以次显微或超显微金形式存在以及呈类质同象形式存在的金。在方铅矿和闪锌矿中，金含量一般较低，而其含银量则属最高，尤其是方铅矿，成为最主要的载银矿物。

载金（银）的金属矿物含量及其含金（银）量的高低，对伴生金（银）的综合回收有着较大的影响，即金（银）在各矿物中的分配率是反映或揭示金（银）在选矿工艺过程中理想回收率的重要指标。

D 伴生金（银）的回收现状及提高金（银）回收的途径

国外的伴生金、银回收率水平较高。金回收率一般为 60% ~ 70%，银回收率一般达 70% ~ 80%，在铜矿中伴生金的回收率一般可达 60% ~ 75%，银回收率则为 70% ~ 90%。

在我国伴生金、银的选矿回收率同国外相比尚有 10% ~20% 的差距，见表 3 – 17。

表 3 – 17　铜矿床伴生金、银的选矿回收率　　　　　　　（%）

矿　床	Au	Ag
美国	60 ~ 70	77 ~ 93
前苏联	70 ~ 75	77 ~ 85
日本		77
铜绿山（氧化矿）	70 ~ 75	70 ~ 80
丰山	70 ~ 80	65 ~ 70
狮子山	70	60
金口岭	70 ~ 75	
小铁山	60 ~ 70	
折腰山、火焰山	32 ~ 46	
赤马山	50 ~ 65	70 ~ 80
德兴	约 50	约 50
武山（北矿带）	35 ~ 40	约 66

国外提高伴生金、银回收率的途径各具特色。如美国一些选矿厂的工艺特点是采用浮选法先获得金银铜混合精矿，而后在冶炼中综合回收金、银，对黄铁矿中的伴生金则采用氰化法就地回收。前苏联回收伴生金、银的技术途径主要有：在磨矿回路中用重选法回收单体金，改进浮选制度，强化金、银的回收；用浮选法回收黄铁矿烧渣中的伴生金。通过采取这些技术措施，金回收率提高了 4% ~8%。日本则是从查明伴生金银矿物的赋存状态、研究金银矿物在选矿过程中的行为入手，改进选矿工艺流程，从而也获得了较高的伴生金、银的回收率。

结合我国的实际情况，提高伴生金、银回收率的主要途径应根据伴生金、银的赋存状态及金银矿物特点及其载体矿物的工艺特性，制定合理的选矿工艺流程。提高伴生金、银选矿回收率的技术措施如下：

（1）改进药剂制度、强化金、银的回收。大多数金银矿物往往与铜、铅、锌等硫化物主金属矿物具有较相近的浮选特性，但其可浮性快于闪锌矿而稍慢于黄铜矿和方铅矿，因此应选择对金银矿物选择性好、捕收能力强、泡沫韧性好的捕收剂，并且适当延长浮选时间，如丁铵黑药和苯胺黑药对金银矿物的捕收及选择性能都较好，北京矿冶研究院在大井银铜矿、孟恩银铅矿和篦子沟铜矿选矿过程中，采用以这两种药剂为主，辅以 Z – 200 和多异丙苯焦油混合使用，对铜、铅及金、银矿物均具有良好的选择性捕收作用，选别指标较好：大井银回收率为 75%，孟恩银总回收率达 94.88%，篦子沟矿金的总回收率（金精矿和铜精矿中的金）则达 94%。

（2）采用优先浮选工艺。铜绿山氧化铁铜矿石矿物组成复杂，伴生金银矿物主要为银金矿和自然金，常与硫化铜矿物密切伴生。金的粒度一般为 30μm 左右，大于 74μm 的金粒也占有较大的比例。当磨矿细度 –0.074mm （ –200 目）占 82% 时，金的单体解离度可达 53.31%。1981 年吉林冶金研究所与铜绿山矿根据氧化铁铜矿石伴生金、银的这些特性，进行优先选金工艺的工业试验和生产实践。选择松醇油、丁铵黑药和丁基黄药作为捕收剂优先浮选出金－铜（硫化铜）精矿，而后再添加硫化钠、松醇油、丁基黄药浮选出氧化铜精矿，最后进行磁选获得铁精矿。这一工艺的应用与原来的单一浮选工艺相比，金的总回收率提高了14.75%，达到82.62%（一般为75%～85%），银的回收率则达到70%～80%，铜的浮选指标也有较大的提高。另外，丰山和赤马山铜矿采用这一工艺后，伴生金银的回收率平均提高6%。

（3）阶段磨矿阶段浮选。根据不同伴生金银矿物的工艺特性应选择与之相适应的选矿工艺流程，如金口岭铜金矿，其金矿物以粗粒为主，大于 $74\mu m$ 的占77%，并呈粗粒不均匀嵌布，与铜矿物密切正相关。据此，该矿原采用混汞－浮选的联合流程，金的总回收率只达70%～75%。为消除汞对环境的污染和对人体的危害，进一步提高金的回收率，该矿进行了阶段磨矿阶段浮选的新工艺流程试验，结果金的回收率达到93.58%、铜的回收率也达95.57%。与原生产流程相比，金的回收率大幅度提高。对回收矿石中的粗粒伴生金，在阶段磨矿阶段浮选这一工艺中，若辅以重选作业，则对进一步提高伴生金的回收率将更为有效。

（4）采用重选—浮选联合流程。解决粗细粒不均匀嵌布的金银矿物的选别回收，目前行之有效的工艺是采用重选—浮选联合流程。磨矿分级循环中使用重选。

（5）改善磨矿工艺，提高磨矿细度。据伴生金、银的赋存状态及嵌布特征研究结果表明，多数矿石中金银矿物是以微细粒浸染状存在，这就需要细磨才能使金银矿物获得更好的单体解离。因此，采取细磨措施以提高这部分金的单体解离度是提高金回收率的重要手段。目前，伴生金、银回收率低的原因也与这部分金、银没有获得合理的回收有关。

（6）更新选矿厂设备。

（7）提高伴生金、银回收率的其他措施。

1）适当降低主金属精矿品位。这对伴生金、银品位较高，金银矿物粒度较粗的有色金属矿石，在经济合理的条件下，可通过适当降低主金属精矿品位的办法来提高金、银的回收率。

2）提高黄铁矿中伴生金（银）的回收率。在铜矿床中，部分黄铁矿中的金（银）的含量及其占有率往往较高，要回收这部分金（银）可将制酸后的黄铁矿烧渣通过再磨浮选，可使金（银）富集回收；也可将含金（银）的黄铁矿烧渣用氰化法回收金（银）。

本 章 小 结

本章主要讲述了有色金属矿产资源，如铜矿、铅锌矿、铝矿、钨矿、锡矿等的矿石类型，资源分布特性，其中伴生有价成分赋存状态情况，以及对这些有价成分的综合开发利用状况。另外还讲述了有色金属矿产中伴生金银的综合开发利用状况，以及为提高伴生金银的综合回收所采取的措施等。

复习思考题

1. 常见铜矿石中伴生的有价成分有哪些，其综合利用现状如何？

2. 铅锌矿石中伴生有用组分和分散元素的赋存状态如何?

3. 我国钨矿资源综合开发利用现状如何?

4. 我国锡多金属矿的矿物组成及特点是什么?

5. 我国锡矿资源综合开发利用现状如何?

6. 我国伴生金银矿床的特征及赋存规律有哪些?

7. 提高伴生金、银选矿回收率的技术措施有哪些?

❖◆❖

参 考 文 献

[1] 胡应藻. 矿产综合利用工程 [M]. 长沙:中南工业大学出版社,1995.

[2]《矿产资源综合利用手册》编辑委员会. 矿产资源综合利用手册 [M]. 北京:科学出版社,2000.

4 非金属矿产资源的综合利用

4.1 概　述

非金属矿产资源系指那些除燃料矿产、金属矿产外，在当前技术经济条件下，可供工业提取非金属化学元素、化合物或可直接利用的岩石与矿物。此类矿产少数是利用化学元素、化合物，多数则是以其特有的物化技术性能利用整体矿物或岩石。由此，世界一些国家又称非金属矿产资源为"工业矿物与岩石"，二者定义基本相同，但所涉及的范围又有所不同，目前对这两个名词的范畴区别尚无严格的界定。

非金属矿产资源品种繁多，且随着科技进步而不断增长，许多以往认为不是矿的矿物和岩石，由于试验研究得到了工业利用，而步入非金属矿产的行列；许多以往用途简单的矿物和岩石，由于应用领域的开拓，而身价百倍，发展迅速。

非金属矿产资源是紧密伴随人类生存、繁衍和社会进化的应用历史最悠久、应用领域最广泛、开发前景最广阔的矿产资源，广泛用于建筑、冶金、化工、轻工、石油、地质、机械、农业、医药、首饰和环境保护等诸多领域。随着科学技术的进步、经济的发展，非金属矿产资源及其产品以其优异的性能散发出非凡的魅力，成为金属材料不可比拟和不可取代的材料，日益受到世界多数国家的重视和人们的青睐。早在20世纪50年代世界非金属矿产值就超过了金属矿产值。20世纪70年代，非金属矿产资源的开发利用迅猛发展。20世纪80年代，非金属矿产资源及其制品业进入蓬勃发展时期，应用范围辐射到航天、激光、光导、新能源、高新尖技术和人类高水平生活的广袤领域。目前，世界人均年消费非金属矿量约5t，是世界消费量最大的一类矿物原料。

4.1.1 非金属矿产的特点

4.1.1.1 元素组成特点

非金属矿产主要由O、Si、Al、Fe、K、Na、Mg、Ca等元素组成，这些元素是构成地壳的主要成分，它们的丰度值都较高，其中O、Si、Al三个元素占地壳质量的82.58%。

4.1.1.2 矿石的组成矿物特点

构成非金属矿产的矿石，其组成矿物（矿石矿物）主要是含氧盐大类的矿物，特别是以硅酸盐类、硫酸盐类和碳酸盐类矿物为最主要，其次是磷酸盐、硼酸盐矿物，此外有氧化物、卤化物和非金属自然元素类的矿物。它们均可以形成非金属矿产。

4.1.1.3 非金属矿石的利用方式特点

此类矿产少数是利用化学元素、化合物，多数则是以其特有的物化技术性能利用整体矿物或岩石，即直接利用其中的有用矿物、矿物集合体或岩石的某些物理性质、化学性质等工艺技术特性满足相关应用需求。

4.1.1.4　非金属矿产具有一矿多用的特点

非金属矿物或集合体具有多种用途的性能，如膨润土、高岭土等黏土矿物，可作耐火材料、陶瓷原料、填充、漂白、涂料等多方面用途，而且还在不断扩大应用范畴。

4.1.2　我国的非金属矿产资源

中国的非金属矿工业是在 20 世纪 50 年代新中国成立之后起步的，改革开放以来是非金属矿业的高速发展时期。迄今，我国非金属矿产值已接近于金属矿产值，非金属矿产品与制品如水泥、萤石、重晶石、滑石、菱镁矿、石墨等的产量多年来居世界之冠。中国非金属矿产资源及相关工业在世界经济中占有举足轻重的地位，非金属矿产品的国际贸易额长期保持顺差，大异于金属矿产品的大额逆差，非金属矿物原料及其制品是中国出口创汇的重要商品之一。非金属矿工业已成为我国国民经济各部门提供原料和配套产品服务的现代原材料工业。

4.1.2.1　我国非金属矿产资源特点

我国的非金属矿产资源种类比较齐全，按工业用途可分为冶金辅助原料矿产、化工原料非金属矿产和建材与其他非金属矿产等三类，总体上具有以下特点：

（1）非金属矿产种类齐全、资源丰富。我国是世界上已知非金属矿产资源品种比较齐全、资源比较丰富、质量比较优良的少数国家之一。迄今，已发现非属矿产（种）102 种，产地 5000 多处，全国探明储量的非金属矿产有 88 种，储量居世界前列的有 14 种：菱镁矿、石膏、石灰石、鳞片石墨、萤石等居世界首位；滑石、硅灰石、石棉、膨润土、芒硝等居世界第二位；珍珠岩、沸石、硼石等居世界第三位。此外，高岭土、天青石、海泡石也名列前茅；凹凸棒石、硅藻土、蓝晶石、伊利石、叶蜡石等潜在储量也很大。大理石、花岗石的资源十分丰富，石质优良，花色美观，其开发利用前景相当广阔。总之，我国非金属矿产开发利用的潜力是巨大的。

（2）矿产资源总体丰富，矿种储量有丰有欠。中国非金属矿产资源总体上探明储量丰富，大部分矿产可以满足国民经济建设发展的需要。储量丰富的矿产有萤石、菱镁矿、重晶石、芒硝、石墨、滑石、硅灰石、石膏、膨润土、盐矿、水泥灰岩、玻璃硅质原料、花岗石和大理石等，不仅可满足国内需求，而且还有余量出口。探明储量有限，不能保证国家需要的有钾盐、天然碱、金刚石和高档宝玉石等。

（3）矿产地分布广泛，相对不平衡。非金属矿产地大多分布广泛，如萤石、耐火黏土、硫、重晶石、盐矿、云母、石膏、水泥灰岩、玻璃硅质原料、高岭土、膨润土、花岗石、大理石等矿产地分布覆盖面广至全国 2/3 以上的省（区、市），其中水泥灰岩、玻璃硅质原料、花岗石和大理石等大宗矿产的矿产地遍及全国各省（区、市）。与此同时，大多数矿产储量相对集中在我国经济比较发达的东部和中部地区，特别在东南沿海一带，如硫、石英砂、高岭土、石材、石墨、滑石、萤石、重晶石等，为开发利用和国际贸易提供了方便的地理条件。唯有磷矿相对集中在云、贵、川、鄂等省，形成南磷北运的不利布局；而钾盐、芒硝、盐矿、天然碱等盐类矿产则大量分布在青海柴达木盆地，地处边远高原，开发难度大。

（4）矿石质量不一，冶金辅助原料建材矿产优质居多，化工矿产质地较差。在矿石质量上，不少冶金辅助原料矿产、建材与其他非金属矿产矿石质地优异，深受国际国内市场欢迎，如闻名遐迩的鳞片状晶质石墨、隐晶质石墨；质量稳定、品位高、杂质少的滑石、菱镁矿和耐火黏土矿；质地纯正的萤石矿和重晶石矿；膨胀倍数高的珍珠岩矿；矿物品种优质的沸石矿（斜发沸石和丝光沸石）；纤维状优质低铁的硅灰石矿；豪华典雅的汉白玉（大理石）和贵妃红（花岗石）等。但化肥矿产硫、磷以及硼矿等矿石品位偏低或矿石难选。全国硫铁矿矿石平均品位 S 仅为 18.18%；磷矿储量中，富矿（P_2O_5 30% 以上）仅占总量的 7.4%，且磷矿总体矿石类型以难选的胶磷矿型为主；约 90% 的硼矿储量属难选的硼镁铁矿型矿石。

4.1.2.2　非金属矿产在国民经济中的意义

非金属矿产、金属矿产和燃料（能源）矿产是人类物质生活中的三大矿物原料支柱。当今世界把对非金属矿开发应用程度作为衡量国家技术水平高低的标志之一。因为各种非金属矿产品具有多种独特的优异性能（如耐热隔热性、导电性、绝缘性、润滑性、耐酸碱性、坚硬性及耐磨性等物理性能和各种化学性能），是发展国民经济、改善人民生活和巩固国防的重要原料和配套产品。

目前，非金属矿产利用比较广泛的是在以下几个方面：

（1）建筑材料方面。建材用矿物原料占整个非金属矿产量的 90%。仅石灰岩一项，每年消耗达 20 亿吨以上。随着现代城市建筑向高层、超高层发展，要发展轻质骨料和轻质板材，使人们注意研究和寻找具有轻质、高强度、隔热、隔音、防震等性质的非金属原料，如浮石、火山渣、膨润土、珍珠岩、蛭石等。后三者需经人工预热、焙烧膨胀以后才能利用。

（2）冶金工业的辅助材料方面。随着冶金工业高速度的发展，需要大量的非金属矿产，用以制造耐火材料、熔剂、球团黏合剂的原料，如高岭土、萤石、石灰石、白云石以及膨润土等。

（3）陶瓷工业方面。传统的陶瓷原料诸如高岭土、叶蜡石等均属铝硅体系，而硅灰石、钙长石、透闪石、透辉石等均属钙硅体系。钙硅体系的几种陶瓷矿物原料，生产陶瓷时其优点在于节约燃料，提高产品质量和降低成本。

（4）处理三废、保护环境方面。各国在三废处理中投入使用的有沸石岩、珍珠岩、海绿石砂岩、硅藻土、硅质岩及白云岩等，尤其是天然沸石在环保方面得到较为普遍的利用。利用的是沸石的吸附性能（因沸石晶体构造内部有很多大小均一的孔穴和通道，它们的体积可占沸石晶体体积的 50% 以上，孔穴中具较高的静电吸引力），用于净化含有重金属或有机物的废水。

（5）农业方面。大量使用磷、钾矿石生产农肥。为了提高肥效，改良土壤，还直接利用诸如海绿石、沸石岩、蛇纹岩、珍珠岩和硅藻土等矿产。

（6）其他工业方面。诸如玻璃、化工、化纤、造纸、橡胶、食品、医药、电气、电子、机械、飞机、雷达、导弹、原子能、尖端技术工业以及光学、钻探、宝石玉器等方面也需要品种繁多、有特殊工艺技术特点的非金属矿产。

综上所述，非金属矿产在整个国民经济中占有相当重要的地位和作用。目前，世界已工业利用的非金属矿产资源约 250 余种，年开采非金属矿产资源量在 250 亿吨以上。由于城乡建设和人民生活水平提高，特别是科学技术发展，出现以非金属制品代替金属和有机产品的潮流。由此，世界舆论认为人类社会步入了第二个石器时代，非金属矿产资源的开发利用水平已成为衡量一个国家经济综合发展水平的重要标志之一。

4.1.2.3 我国非金属矿工业发展的战略目标

可持续发展是我国经济快速、稳定、健康发展的主旋律，我国非金属矿工业要依靠自己的力量，走自强、自立、联合创新的道路，才能实现可持续发展。其指导思想是全面贯彻落实节约优先战略，按照加快转变经济发展方式和建设资源节约型、环境友好型社会的要求，以矿产资源合理利用与保护为主线，以转变资源开发利用方式为核心，以技术创新和制度创新为动力，以矿山企业为主体，以市场需求为导向，强化政策引导和制度约束，严格资源开发利用效率准入，加强资源开发利用过程监管，扩大资源节约与综合利用规模，确保资源的高效开发和有效保护，全面提高矿产资源开发利用水平，推动非金属矿工业走节约、绿色、高效的可持续发展之路。

（1）加大勘探资金投入，增加后备矿源。加大对非金属矿产基础地质工作的投入力度，尽快实现非金属矿产资源后备储量持续增长，提高可供程度；加强非金属战略性矿产资源勘查，实行战略性非金属矿产资源储备制度；尽早开展对重点矿产的储备试点，取得实践经验。

（2）加强技术、装备、非金属矿应用与基础研究的工程化。通过技术、装备、非金属矿应用与基础研究的工程化，全面提升我国非金属矿产业深加工水平，构建非金属矿工业发展的基础。着重解决非金属矿大型及专用设备和深加工技术工艺的研发、成套装备的综合集成和工程化以及综合加工技术集成的工程化问题。

（3）建立非金属矿产资源利用评价体系和环境指标评价体系。切实加强科技开发工作，增加科技投入，重点支持应用基础研究、新产品开发和技术。建立一整套科学的、定量的、可操作的矿产资源利用体系和非金属矿企业环境指标评价体系，为矿业行政执法部门、环境保护部门提供有科学的、可操作的依据。

4.2 非金属矿产资源的综合开发利用

4.2.1 石墨矿

中国是石墨的生产出口大国。我国石墨矿储量占世界总储量的75%，生产量占世界总产量的72%，长期以来石墨出口量约占世界总贸易量的1/3，居出口国家的第一位，但均以出口粗加工产品为主，品种规格也很少。

我国石墨分选行业技术落后，产品的质量得不到保证而大量浪费资源和污染环境。选矿回收率低，一般为60%～70%，最高的不超过80%（国外一般可达90%～98%），最低的在40%以下，致使有些中间产品和低品位石墨矿石得不到合理利用而丢弃。长期以来，人们大都重视增加新的晶质鳞片石墨矿石的开采与加工，而忽视占有一大半以上储量的隐晶质石墨资源的开发利用。隐晶质石墨的提纯加工在我国尚未解决，有效的技术和工艺更是空白，影响了这部分资源的充分利用。许多矿山，对这部分石墨资源只经简单地手选、破碎加工后投放市场或廉价出品。不解决这部分资源的利用问题，等于失去一大部分的矿产资源。

因此，为有效、充分地综合利用资源，首先要采用先进的分选技术与工艺，提高回收率，保护大鳞片石墨并提高其产出率；与此同时研究隐晶质石墨有效的提纯加工方法，发展产品深加工，开发各种新产品（制品），尽量做到物尽其用。

4.2.1.1　石墨的性质

石墨是一种自然元素矿物，它与金刚石同是碳的同素异形体。虽然两者都是由碳组成，但由于结晶构造不同而性质各异。石墨结构为六方晶系，具有典型的层状结构，层内碳原子间距为 1.42×10^{-10} m，层间碳原子间距为 3.42×10^{-10} m，故层间的价键较层内的价键弱，层内具有共价键 – 金属键，层间为分子键，决定石墨物性的明显异向性。晶体呈六方片状或板状解理，平行 ｛0001｝ 极完全，通常为鳞片状、块状或土状集合体。石墨质软，有滑腻感，易污手，具有良好的导电、导热和耐高温性能。石墨矿物晶体结构越完整，这种性能就越明显。石墨的主要物化性质：密度 $2.09 \sim 2.3$ g/cm^3，莫氏硬度 $1 \sim 2$，铁黑色或钢灰色，金属光泽，光亮黑色条痕，膨胀系数在 $20 \sim 100$℃时为 1.2×10^{-6}。

自然界中纯碳石墨很少，常含有多达 $10\% \sim 20\%$ 的杂质，如 SiO_2、Al_2O_3、FeO、MgO、CaO、P_2O_5 以及水、沥青和黏土等。

4.2.1.2　用途

石墨的用途是根据石墨的特殊性质决定的，石墨的特殊性质如下。

耐高温性：石墨熔点为 3850℃ ± 50℃，沸点为 4250℃。线膨胀系数很小，强度随温度的升高而增强。

导电、导热性：石墨的导电性比一般非金属矿高 100 倍，导热性超过钢铁等金属材料。导热系数随温度升高而降低，在极高的温度下呈绝热体。

润滑性：石墨的鳞片越大，摩擦系数越小，润滑性能越好。

化学稳定性：石墨能耐酸、耐碱和耐有机溶剂的腐蚀，在常温下有良好的化学稳定性。

可塑性：石墨的韧性很好，能劈分开或碾成很薄的薄片。

抗热震性：在高温下使用时石墨能经受住温度的剧烈变化而不致破坏，且体积变化不大，不会产生裂纹。

由于石墨有以上几种特殊性质，所以广泛应用于冶金、机械、石油、化工、核工业、国防工业等部门。

石墨的主要工业用途是：

冶金工业：用石墨制作坩埚和高温电炉中的石墨砖，用以熔炼有色金属、合金等贵重金属材料；用石墨与镁砂制成的镁碳砖作为炼钢用的新型耐火材料；用低碳石墨生产炼钢保护渣。

铸造工业：用石墨作铸件模子的涂料，能使铸模表面光滑，铸件易于脱模。

机械工业：用石墨作润滑剂，有拉丝用石墨乳、模锻石墨乳、石墨节能减磨润滑油；作密封材料（各种密封盘根、密封圈等）。

电气电子工业：用石墨制作各种电碳制品，包括电极、电刷、炭棒、炭管、阳极板、石墨垫圈以及无感电阻传导涂覆剂、电接触器的充填剂、电视机显像管的涂层等。

化学工业：用石墨制造各种类型的热交换器、反应槽、凝缩器、燃烧塔、吸收塔、冷却器、加热器、过滤器、泵设备及其他耐腐蚀的管材、管件、阀门、容器、衬砌块等，可以耐各种腐蚀气体和液体，保证化学反应的正常进行，满足制造高纯化学物品的需要。

　　原子和国防工业：用高纯高密度石墨作原子反应堆的中子减速剂和防原子辐射的外壳；用高强度的石墨作火箭发动机尾喷管喉衬或其他部件，可耐3200℃高温。

　　其他工业：用石墨生产铅笔芯；作为黑色颜料、复写纸、黑色印油及油漆的主要原料；玻璃和造纸工业中作抛光剂和防腐剂；作为特殊材料用于有关部门。

4.2.1.3　我国的石墨矿产资源

A　矿床类型

　　依照成矿作用，我国的石墨矿床可分为区域变质型、接触变质型、岩浆热液型三类。其中区域变质型为鳞片状晶质石墨矿床，是最主要的矿床类型；接触变质型为隐晶质石墨（亦称土状石墨）矿床，也是比较主要的矿床类型；岩浆热液型为鳞片状晶质石墨矿床，是次要的矿床类型。石墨矿床类型及特征见表4-1。

表4-1　石墨矿床类型及特征

矿床类型	矿床特征				典型矿床
	成因	矿体特征	矿石特征	矿床规模	
中、深变质岩系中的晶质石墨矿床	区域变质	多呈层状、似层状或透镜状，长一般几十至几百米以上，厚几米至几十米，倾角陡至中等	主要岩性为片麻岩、片岩、透辉（透闪）岩、石英岩和斜长角闪岩等。石墨呈鳞片状，片径0.1mm至几毫米，分布比较均匀，可选性好，质地也好，但固定碳含量低，一般为3%~5%，高者达20%以上	多为中~大型	黑龙江柳毛，山东南墅、刘戈庄，内蒙古兴和，湖北三岔垭等矿床
变质煤系地层中的隐晶质石墨矿床	接触变质	呈层状、似层状、带状及透镜状，长几十至几百米，厚一般为1~3m，个别可达10m以上，倾角为陡-缓倾斜	呈土状。可选性差，但固定碳含量高，一般为60%~80%，高者达90%	多为中型	湖南鲁塘，吉林盘石等矿床
与岩浆热液作用有关的石墨矿床	岩浆热液	形态复杂，呈不规则透镜体分布于含矿带或岩体中，长几十至几百米	主要岩性为含石墨混染花岗岩等。石墨呈鳞片状，片径中等，可选性较好。固定碳含量为2.5%~10%，一般为3%~5%	一般不大	新疆苏吉泉等矿床

B　矿石类型

　　石墨的工艺性能及用途主要取决于它的结晶程度，由于我国石墨产品标准规定，片度大于1μm的为鳞片状石墨即晶质石墨，小于1μm的为无定形石墨即隐晶质石墨，故工业上将石墨矿石分为晶质（鳞片状）石墨矿石和隐晶质（土状）石墨矿石两种工业类型。

　　(1) 晶质（鳞片状）石墨矿石。石墨晶体直径大于1μm，肉眼或普通显微镜下能看到石墨晶体形状，石墨多呈鳞片状，均匀散布于矿石中。品位一般较低，固定碳含量仅为百分之几，局部特别富集地段可达20%或更多，但可选性好，浮选精矿品位可达85%以上，石墨质量好，工业用途广，是当前最有价值的一种石墨类型。与石墨伴生的矿物常有云母、长石、石英、透闪石、透辉石、石榴子石和少量硫铁矿、方解石等，有时伴生金红石及钒等有用组分。矿石具鳞片状，花岗鳞片变晶结构，片状、片麻状或块状构造。此类矿石岩性为区域变质作用形成的各类含石墨的变质岩，包括片麻岩类、片岩类、大理（透辉）岩类、变粒岩类和长英岩类等石墨矿石自然类型。由岩浆热液结晶形成的花岗岩类等石墨矿石也属于此类型。

（2）隐晶质（土状）石墨矿石。石墨晶体直径小于 $1\mu m$，呈微晶集合体产出，只有在电子显微镜下才能看到其晶形，外观呈黑色土状，也称土状石墨。石墨矿石多呈致密块状，固定碳含量高达 $60\% \sim 80\%$，甚至 90% 以上，可选性差，与矿石中杂质矿物（石英、方解石等）难以分离，因而质量较差，工业用途和经济价值不如晶质石墨广泛、价值高。此类矿石多为接触变质作用形成的煤层变质石墨矿石。

除此以外，还习惯按风化程度分原生矿石和风化矿石，按品位的相对高低分为富矿石和贫矿石等。

4.2.1.4 石墨矿产资源的综合利用

石墨矿产资源综合利用（实例）内容较多，本章只介绍如下内容：不同品位鳞片石墨的选矿提纯；鳞片石墨浮选尾矿综合回收金红石和含钒白云母；低品位隐晶质石墨的综合利用。

A 不同品位鳞片石墨的选矿提纯

常规的选矿提纯方法有浮选、电选、重选等。由于鳞片石墨的天然可浮性很好，故石墨的选矿方法主要是浮选。浮选石墨精矿品位最高达 95%，通常为 $89\% \sim 90\%$。由于硅酸盐矿物浸染在石墨鳞片中，用机械的选矿方法进一步富集比较困难，因此必须用化学或热力方法进一步除去石墨精矿中的杂质。石墨的主要选矿方法见表 $4-2$。

表 4-2 石墨主要选矿方法

石墨种类	矿物成分	原矿品位/%	主要选矿方法及浮选药剂	工艺流程特征和指标
鳞片石墨	石墨、斜长石、透闪石、透辉石、石英、云母、绿泥石、黄铁矿、方解石等	2.13~15	浮选：常用捕收剂为煤油、柴油、重油、磺酸酯、硫酸酯、酚类、羧酸类；常用起泡剂为松醇油、四号油、醚醇、丁醚油等；调整剂为石灰、碳酸钠；抑制剂为石灰、水玻璃。重选：主要用摇床除去黄铁矿和预先提取大鳞片石墨。湿筛：用以提取大鳞片	粗精矿多次再磨多次精选（南墅为四次再磨六次精选，兴和为三次再磨，五~六次精选，柳毛为四次再磨五次精选……），中矿集中或顺序返回闭路浮选流程，精矿品位可达90%以上，回收率80%左右
土状石墨（微晶石墨）	石墨、黏土	60~90	粉碎：常用雷蒙磨机，高速磨或气流磨。浮选：捕收剂为煤焦油，起泡剂为樟油；松油；调整剂为碳酸钠；抑制剂为水玻璃和氟硅酸钠	矿石粉碎后即为产品。浮选精尾矿同为产品，精矿品位90%

石墨矿石硬度为中硬或中硬偏软，故破碎流程比较简单。常用的有三段开路流程、两段开路流程或一段破碎流程。原则流程为多段磨矿、多段选别、中矿顺序（或集中）返

回的闭路流程。多段磨矿流程又有精矿再磨、中矿再磨和尾矿再磨三种形式。鳞片石墨矿石的选别多采用精矿再磨流程。

a　石墨选矿实例

（1）鳞片石墨选矿实例。南墅石墨矿属结晶片麻岩矿石，地表风化矿受铁质污染严重，矿石易碎易选，石墨鳞片大；矿床深部矿石较硬但也易选；部分绿泥石化矿石，易泥化，难选。主要矿物为石墨；脉石矿物为方解石、绿泥石、透闪石、斜长石、石榴子石、高岭土、绢云母等；伴生矿物为黄铁矿、金红石、独居石。矿物呈集合嵌布，石墨晶体粒度为 0.1~1mm。原矿品位 4%~8%。

选矿厂主要设备有 600×900 颚式破碎机 1 台，800×800 锤式破碎机 2 台，ϕ1500×3000 球磨机 4 台，14m³ 浮选机 4 台，6A 浮选机 26 台，ϕ1500×3000 碾磨机 1 台，WG1200×3000 刮刀卸料离心机 6 台，16500×6500 刮板烘干机 2 台，沸腾干燥机 1 台，ϕ15600 空气分级机 3 台，高方筛 3 台。

选矿厂选矿流程见图 4-1，选矿指标见表 4-3。

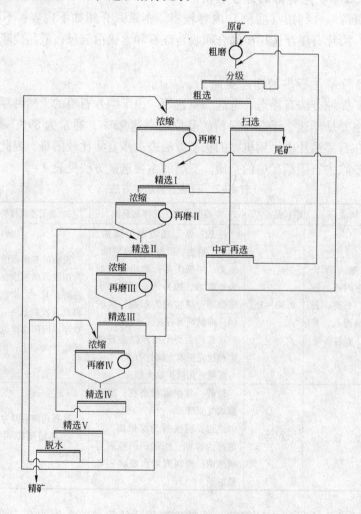

图 4-1　南墅石墨矿选矿流程

表 4 - 3 南墅石墨矿选矿技术经济指标

指标名称	单位	数值
原矿石墨品位	%	4.73~5.23
精矿石墨品位	%	87.96~89.11
尾矿石墨品位	%	0.80~0.92
选矿回收率	%	77.37~79.73

（2）土状石墨选矿实例。鲁塘石墨矿矿床由煤炭变质而成，矿石呈土状，可选性差，固定碳含量高，一般为 60%~80%，高者达 90%。

选矿流程比较简单，原矿手选，手选矿一段破碎筛分，中碎，破碎了的矿石烘干，一段磨矿分级（闭路），溢流即为石墨精矿产品，包装出售。选矿指标见表 4 - 4。

表 4 - 4 鲁塘石墨矿选矿技术经济指标

指标名称	单位	数值
原矿石墨品位	%	74.25~78.81
精矿石墨品位	%	77.32~77.69
尾矿石墨品位	%	
选矿回收率	%	82.4~92.1

b 石墨产品提纯

石墨提纯可用化学提纯方法（酸碱法）和热力（即高温）方法。化学方法是利用强酸、强碱或其他化合物对石墨中的杂质进行作用，使其变成可溶于水的物质，最终石墨产品用水洗涤干净烘干即可。常用的方法有氢氧化钠法和氢氟酸法。氢氟酸法可获得电炭石墨。高温方法是基于石墨耐高温，在隔绝空气条件下将石墨加热到 2500℃，石墨中的杂质挥发，从而提高石墨的质量。此种方法可制得光谱纯石墨。

（1）氢氧化钠法。氢氧化钠法是目前国内应用最多，较成熟的方法。将氢氧化钠与石墨按一定比例混匀（一般石墨与碱质量比例为 3:1），加热至 450~540℃时，石墨中的杂质与氢氧化钠反应生成可溶性硅酸盐，用水冲洗到中性，再加盐酸（为料重的 30%~40%）使生成物全部溶解，再水洗干燥得合格产品。应用这种方法提纯可将石墨浮选精矿品位（87%~89%）提高到 98%~99%。这种方法适用于处理云母含量少的精矿粉。

用这种方法的主要设备有碱浸槽、转炉水浸槽、浸洗槽、储料槽、离心机、过渣筛等。每吨产品酸碱的消耗为 0.4~0.5t，煤为 0.5~0.8t，水为 60~100t，电为 500kW·h。

（2）氢氟酸提纯法。这种方法是基于氢氟酸能溶解石墨中硅酸盐矿物以除去其中的杂质。生产工艺是将石墨和水按一定的比例混合，根据石墨中的灰分含量加入氢氟酸，并通入蒸汽加热，在特制的反应罐中浸 24h；用氢氧化钠溶液中和，经洗涤、脱水、烘干即得到最终石墨产品。

氢氟酸提纯工艺的石墨产品纯度可达 99% 以上。氢氟酸剧毒，有强腐蚀性，使用时必须有严格的环保措施。

（3）高温提纯法。石墨的高温提纯是在特别的纯化炉中进行的，炉子用耐火砖砌成，内插入石墨电极，通入 45~70V 低压交流电，电流在 4000A 以上。当炉内温度达到 2500℃时，保温 72h。严格保温和隔绝空气是石墨纯化过程的关键条件。用这种方法可将石墨的纯度提高到 99.99% ~99.999%。

其他还有在高温状态下使石墨与某些催化剂接触，将石墨中的杂质变为挥发性气体，随气流排出而达到纯化的目的。

提纯后的石墨，可以进一步加工成各种石墨乳或其他石墨制品。

B　鳞片石墨浮选尾矿的综合回收实例

我国晶质石墨矿床中常见一些与石墨伴生的有价矿物，主要是含钛、钒、硫等矿物，有的达到综合利用的要求。下面介绍从尾矿中回收金红石和含钒白云母的实例。

a　浮选尾矿中回收金红石

南墅刘家庄矿床的石墨片麻岩矿石中多含金红石，金红石品位为 1~3kg/t。金红石多为不规则的他形粒状或不完整的柱状或针状，粒度为 0.3~0.066mm，粗粒多分布在变质矿物间，细粒呈包体包裹在石英、斜长石、透闪石内，有的与石英、透闪石及石墨鳞片成连生体。回收金红石的流程见图 4-2。

含 TiO_2 0.2% 的浮选尾矿，经综合回收可得品位为 89%~90% 的金红石精矿，但回收率低，为 10% 左右。选矿指标：入选矿（浮选尾矿）TiO_2 0.2%，精矿品位 TiO_2 89%~90%，TiO_2 回收率约 10%。

将石墨浮选做了提高指标的试验。尾矿磨到 0.147mm 占 53%，金红石基本单体解离，采用重选—浮选—焙烧—磁选—酸处理流程，得出两种金红石精矿。优质精矿含 TiO_2 92.17%，回收率 71.84%；质差精矿含 TiO_2 68%，回收率 13.70%。之所以产出质差精矿是因为采用这个流程不能除净透闪石、榍石、透辉石等矿物及部分金红石包体或连生体。

b　浮选尾矿回收含钒白云母

含钒白云母石墨片岩是金溪峡山矿床中的主要矿石类型，V_2O_5 含量为 0.38%，符合综合利用的要求。矿石中的 V_2O_5 绝大多数赋存于含钒白云母或含钒白云母与石墨的连生体中。晶体中常见金红石、电气石、石英及石墨包体，多呈单晶产状，有时与石英呈嵌晶。含钒白云母片度为 0.16~5mm，一般为 1~2mm。试验表明，浮选尾矿固定碳含量 0.5%，产率 90%，其他矿物除含钒白云母外，还有石英、黑云母及绢云母等，V_2O_5 含量为 0.361%。可继续用浮选方法回收含钒白云母。石墨尾矿经脱泥再次浮选的简单流程，可富集含钒白云母，精矿中 V_2O_5 含量提高到 1.513%，回收率 49.58%。如果流程中增加磨矿作业，含钒白云母还可进一步富集，精矿中 V_2O_5 含量还可以提高。若再考虑回收矿泥中的部分含钒白云母，那么回收率也可以相应提高。继续用硫酸熟化法提取 V_2O_5，可以获得较好的效果，回收率达 78.12%，成品纯度为 99.7%，还可同时回收纯度为 98% 的 Al_2O_3 和钾、氮肥（含 K_2SO_4 11.5%，$(NH_4)_2SO_4$ 88.5%）。

C　隐晶质（土状）石墨的综合利用实例

我国隐晶质石墨资源丰富，主要分布在湖南和吉林两省，陕西、广东、北京及福建等地也有产出。计有矿床 14 个（大、中型占 50%），占我国石墨储量的 32%。此类型石墨原矿品位较高（含碳量一般为 60%~90%）。用户对含碳量要求较高，在 80% 以上。选矿产品难于达到要求。品位低于 80% 产品得不到充分的开发利用，许多矿山，只得将矿石简单手工除杂后，直接按原矿→粗碎→中碎→烘干→磨矿→分级→包装的流程生产，资源利用率低，浪费很大。又由于产品价格低，企业效益不佳，影响了隐晶质石墨的开发利用。

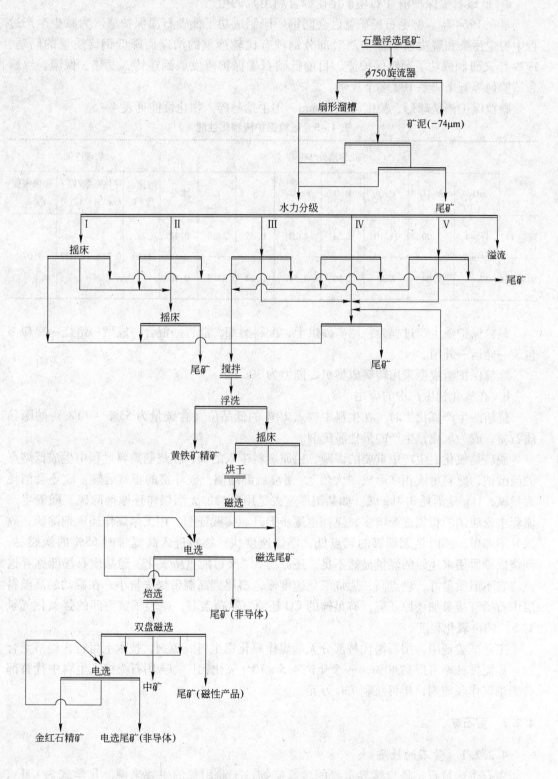

图 4-2 南墅石墨矿金红石综合回收选矿流程

　　a　低碳石墨保护渣（石墨矿尾矿综合利用）的生产

　　早在 1964 年，柳毛石墨矿就已会同钢厂研制成功了低碳石墨保护渣。为减少生产过程中粉尘污染和解决粉状保护渣对部分钢种有比较严重的增碳而降低钢锭质量的问题，1979 年又研制成功了颗粒保护渣。目前低碳石墨保护渣发展到连铸、发热、保温、沸腾和镇静剂等五个渣系 100 多个规格。

　　颗粒保护渣是球形，粒度为 1～4mm，用手捻易碎。物化性能见表 4－5。

表 4－5　颗粒保护渣物化性能

名称	化学成分/%								物理性能		
	SiO_2	Al_2O_3	CaO	MgO	Fe_2O_3	S	C	水分	熔化温度/℃	导热系数/kJ·$(m·h·℃)^{-1}$	松散密度/t·m^{-3}
颗粒117	41.44	7.90	11.10	2.26	4.29	0.35	24.0	0.42	1189	0.686～0.837	1.07
颗粒125	37.66	7.04	9.35	2.50	4.50	0.24	33.5	0.40			

　　颗粒保护渣生产过程为：尾矿砂烘干，配料磨细，沥青→混合→成型→焙烧→冷却→包装→储运→外销。

　　颗粒保护渣成型采用转筒成型机，能力为 30t/d。

　　b　在氧化铝生产中的应用

　　烧结法生产氧化铝时，在生料中掺入 20% 的低品位（含碳量为 55%～70%）的隐晶质石墨，成为氧化铝生产的最佳脱硫剂。

　　脱硫是氧化铝生产中重要的课题。由原燃料带入的硫，在烧制熟料过程中生成低熔点的硫酸钠，熟料中液相多形成"大蛋"，使窑后部结圈，破坏窑的正常运转。硫还会消耗大量碱，1kg 硫消耗 3.4kg 碱。如某铝厂过去是用生料加无烟煤作还原剂除硫。随着生产流程中硫酸钠的积累逐渐增多，煤耗也逐步上升。实践证明，用无烟煤作还原剂除硫，效果并不理想。原因是无烟煤的燃点低，燃烧速度快，物料进入高温带时 65% 的炭燃尽，到烧成带后用来还原的煤量显然不足，还原的 S^{2-} 又可能重新氧化。隐晶质石墨能弥补这点。它不但质量好，燃点高，燃烧氧化速度慢，窑尾到高温带烧失量小，在翻动的高温料层中石墨直接参加还原还应，有足够的 CO 还原气氛覆盖着，减轻了窑空间的强氧化气氛对 S^{2-} 的再氧化程度。

　　工业试验证明，用石墨代替部分无烟煤作氧化铝生料脱硫剂，技术上可行，经济上合理。赤泥排硫率可提高 40%。一个年产 $4.5×10^5$ t 氧化铝厂，若用石墨掺入生料中代替部分无烟煤作脱硫剂，年可获利 730 万元。

4.2.2　萤石矿

4.2.2.1　萤石的性质

　　萤石也称氟石，是自然界重要的含氟矿物，工业用氟的主要来源。化学式为 CaF_2，Ca 占 51%，F 占 49%。萤石的矿物和物化性质见表 4－6。

表 4-6 萤石的矿物和物化性质

矿物特性	晶系	等轴晶系
	晶形	主要为立方体，其次为八面体，少数为菱形十二面体，有时呈立方体与八面体的聚形
	构造	集合体常呈粒状和致密块状构造，解理完全
物理性质	密度/$kg \cdot m^{-3}$	3~3.2
	莫氏硬度	4
	颜色	因含有不同杂质而呈白、黄、绿、蓝、紫、红及灰黑色
	光学特性	加热后发出淡紫色磷光，在阴极射线下发紫光
	熔点/℃	1270~1350
化学性质		不溶于水，溶于硫酸、磷酸和热的盐酸及硼酸、次氯酸，并能与氢氧化钾、氢氧化钠等强碱稍起反应

4.2.2.2 用途

萤石中含有卤族元素氟，且熔点低，用于冶金、水泥、玻璃、陶瓷等行业。无色透明的大块萤石晶体还可作为光学萤石和工艺萤石。

（1）冶金用萤石（也称冶金级萤石）。冶金工业是萤石最大的消费领域，主要用于钢铁冶炼时作熔剂，占总用量的一半左右。另外，冶炼某些铁合金、电炉炼钢、精炼 Cu、Pb、Zn、Ag 以及铸铁等也需用萤石。

供冶金用的萤石是粒状的，即粒度大于 3mm 的萤石块精矿。矿石经浮选后所获得的萤石粉精矿，因颗粒太小，必须压成团块后才能使用。目前对实际入炉萤石的质量要求为：主要成分含量 $w(CaF_2) \geqslant 75\%$，$w(SiO_2) < 20\%$，$w(S) < 1.5\%$，粒度要求大于 3mm（块精矿）者应大于 50%，小于 1mm 者少于 20%。

（2）炼铝、氟化学工业用萤石（也称酸级萤石）。通常是用浓硫酸处理萤石粉精矿制取氟化氢或其水溶液氢氟酸，再转制各种无机氟化物、氟氯烃（CFC）类化合物及有机氟化物等产品。我国酸级萤石 70% 用于铝工业生产氟化盐。号称"塑料王"的聚四氟乙烯是国防、电子、化学和机械工业部门的重要材料。

我国酸级萤石的质量标准要求：CaF_2 含量 95%~98% 以上，S 含量不大于 0.02%~0.04%，P 含量不大于 0.02%，粒度要求 -0.147mm（-100 目）占 87% 以上。

（3）玻璃、陶瓷用萤石（也称玻陶级萤石）。在玻璃工业上，萤石主要起助熔剂和阻光剂的双重作用。萤石或其制品还是制造毛玻璃、色玻璃及不透明玻璃的重要配料。玻璃工业用萤石要求：CaF_2 含量大于 80%，Fe_2O_3 含量小于 0.2%。

在陶瓷工业上，萤石是必不可少的熔剂和乳浊剂。制造陶瓷、搪瓷制品、石料制品和类似黏土制品上的涂釉也必须用萤石。陶瓷用萤石的一般工业要求是：CaF_2 含量为 95%~96%，SiO_2 含量为 2.5%~3.0%，Fe_2O_3 含量小于 0.12%（因铁质使陶瓷染色，影响其洁白度，故要求严格）。$CaCO_3$ 含量小于 1%，Pb、Zn、S、$BaSO_4$ 均为有害杂质，其含量均应小于 1.2%，萤石粒度要求 -0.147mm（-100 目）占 55% 以上。

在铸石行业中，萤石可用于调整铸石的化学成分，降低铸石原料的熔化温度，增加铸石熔物的流动性，其一般质量要求 CaF_2 含量为 80%。

（4）水泥用萤石。由于水泥工业对萤石的质量要求不高，通常是使用低品位萤石，如果经济指标（如运输费用）合适也可以使用萤石浮选后的尾矿，这对我国大量的低品位萤石矿来说是一条很好的出路。

（5）光学用萤石。天然的光学萤石，主要用在光学仪器上，制造显微镜的物镜，制造消除色相差和球面相差的透镜和棱镜。大的萤石晶体可作摄谱仪。

（6）宝石级萤石。作宝石（广义）用的紫色或绿色萤石，其块度应大于 10mm × 10mm × 10mm；颜色要浓艳，透明度要好，解理要少，否则只能作低档玉器。

近年来，国外有用萤石作建筑和造船工业的焊剂，制造大功率激光装置，生产高效火箭燃料，利用氟塑料制造人造心瓣膜和代用骨骼，并在研究一种乳化的全氟化物作人造血液。

4.2.2.3　我国的萤石矿产资源

我国萤石储量居世界第一，但我国绝大多数萤石矿都是与 W、Sn、Mo、Bi、Pb、Zn 等金属矿伴生，即伴生萤石矿，其储量占全国总量的 82%，但萤石品位一般较低，主要分布在湖南和云南两省。对这类伴生萤石矿必须综合开发和综合利用，但目前利用程度并不高，只有少数矿山，随主矿产的开采而加以综合回收，例如湖南桃林铅锌矿和潘家冲铅锌矿等。

另一类是以萤石矿为主的单一萤石矿床，以浙江省最多，占全国萤石矿物储量的 8.8%，占同类型萤石矿储量的 27%。

目前，全国萤石矿已开发利用的矿区有 82 处，已利用的矿石储量占全国总量的 27.4%，主要分布在湖南、浙江、河南、湖北、云南、内蒙古、江西等省（自治区）。全国尚未开发利用的矿区有多处，储量 2.54 亿吨，占全国矿石总量的 72.6%，主要分布在湖南和云南两省。

据统计，我国单一型萤石矿的平均品位较低，只有 34.7%，富矿较少，品位大于 60% 的富矿储量约占全国总量的 8%，CaF_2 含量大于 80% 可直接开采的商品块矿仅占全国总储量的 2%。矿床类型可分为单一型萤石矿和伴生型萤石矿。伴生型萤石矿储量占全国总量的 82%，品位贫，CaF_2 含量小于 20%，多与钨矿、铅锌矿伴生。

萤石是自然界中最重要的含氟矿物，是工业用氟的主要来源。由于国外萤石有限而我国资源丰富，故应该充分合理地开发利用，发挥我国萤石矿产资源的优势。

A　矿床类型

萤石矿床按成矿物质来源和成矿作用特征可分为热液矿床和沉积及沉积变质矿床两大类。热液矿床又可分为：与有色金属矿伴生的热液充填交代矿床和较单一的热液充填交代矿床。而沉积及沉积变质矿床也可分为沉积萤石矿床和沉积变质型萤石矿床。各类矿床特征详见表 4-7。

表 4-7　萤石矿床类型及特征

矿床类型	特　征
与有色金属矿伴生的热液矿床	这类矿床一般是作为金属矿床的脉石矿物出现，其含量变化大，有时可达到相当大的规模。这种萤石可以出现在矽卡岩型金属矿床中，也可以产于高温、中温和低温热液金属矿床中，在伟晶岩矿床中也常伴生

矿床类型	特　征
单一型萤石热液矿床	矿床产于各种不同类型的沉积岩、变质岩、中酸性侵入及喷出岩中，通常呈脉状或复杂的脉状产出，多属中低温热液矿床。矿石物质成分一般比较单一，主要为萤石。按矿物组合特点，常见矿石类型有块状萤石型、石英-萤石型、方解石-萤石型、重晶石-萤石型、重晶石-方解石-萤石型和硫化物-萤石型等
沉积萤石矿床	具有一般沉积矿床的特征，主要产于碳酸盐岩层中，部分产于砂页岩与碳酸盐岩接界处或砂页岩中，明显受岩性和岩相的控制。多呈层状、似层状、透镜体状产出。矿石物质除细粒状或糖粒状萤石外，主要还有方解石、白云石、云母、石英等，其他可见有泥质、炭质、铁质及少量重晶石、磷灰石等
沉积变质型萤石矿床	这类矿床是由原生沉积矿床或矿化层经构造作用、变质作用或岩浆侵入活动的不同程度的变质或重熔，致使原生萤石沿有利的构造空间充填聚集而成，因此，它在空间上总是与原生矿床或矿化层相伴随。这类矿床几乎具有热液矿床的所有特点，但由于被变质的强弱程度不同，有时还残留许多原生沉积的特点，如某些层纹状、条带（纹）状构造和胶结结构等残余

B　矿石类型

萤石的矿石类型按矿物组成可分为：石英-萤石型、方解石-萤石型、单一萤石型、碳酸盐-萤石型、硫化物-萤石型、重晶石-萤石型、硅质岩萤石型，详见表4-8。

表4-8　萤石矿石类型

矿石类型	矿　石　特　征
单一萤石型	矿石几乎由单一萤石矿物组成，石英、方解石含量甚微，多呈脉状产出
石英-萤石型	矿石主要由萤石和石英组成，萤石含量可达80%~90%，方解石、重晶石和硫化物矿物少量伴生
方解石-萤石型	矿石主要由萤石和方解石组成，方解石含量可达30%以上，含少量石英，有时组成石英-方解石-萤石型矿石。有的这类型矿石还含有方铅矿、闪锌矿、黄铁矿等硫化矿物，有时铅锌含量可达工业品位
碳酸盐-萤石型	萤石多呈粒状分布于石灰岩、大理岩中，与方解石或白云石组成粒状共结镶嵌结构或变晶结构，有的组成条纹、条带状，微层到薄层状构造，是沉积成因矿石
硫化物-萤石型	矿物组成与石英-萤石型基本相同，但重金属硫化物含量较高，铅、锌含量有时可达工业品位
重晶石-萤石型	矿石主要由萤石、重晶石组成，重晶石含量可达10%~40%。伴生矿物有黄铁矿、方铅矿、闪锌矿、石英、方解石等，有时石英含量增加形成石英-重晶石-萤石型矿石
硅质岩萤石型	萤石呈细粒浸染状、胶结物状、条（纹）带-微层状、团块状及扁透镜状分布于砂页岩、云母石英片岩、石英岩等硅质岩中，属沉积成因矿石

除上述常见的矿石类型外，还有锡石-萤石型、锡石-电气石-萤石型、辉锑矿-辰砂-萤石型、沥青铀矿-萤石型、钨-锡-萤石型等。

4.2.2.4　萤石矿产的综合开发利用

A　萤石选矿

自然界萤石常与石英、方解石、重晶石和硫化矿物共生，可以直接开发利用的萤石富矿较少，所以国内外萤石原矿一般都需要经过选矿才能获得适合于直接利用或深加工需要的优质商品萤石精矿。萤石的选矿方法有手选、重选（包括跳汰、摇床和重介质选矿等）、浮选等方法，普遍采用浮选法富集萤石，尤其是分选高纯度萤石粉时均采用浮选法。有时，在选矿过程中还选出其他的有用矿物。

萤石手选或重选主要用于生产冶金级萤石。手选是萤石选别最简单的方法，我国多数小型和乡镇矿山几乎完全采用这种方法，许多矿山虽已采用重选和浮选，但还是与手选配合使用。手选法用于大块萤石富矿，重选法用于提出萤石精矿和从矿石中分离出废石。

浮选法则主要用于选别粉状和细粒萤石生产酸级萤石，其原矿为萤石贫矿、手选和重选尾矿或重选中矿，以及多金属共（伴）生萤石矿分选回收金属矿物后的含萤石尾矿。萤石较易于浮选，通常采用油酸作萤石矿物的捕收剂，用水玻璃作石英的抑制剂。由于萤石常与石英、方解石、重晶石等脉石矿物紧密共（伴）生，为了降低萤石精矿中 SiO_2、$CaCO_3$ 和 $BaSO_4$ 的含量，提高精矿质量和浮选效率，通常需采取 4~7 次精选并采用合理的磨矿工艺和选别流程（包括各次精选中矿处理），采取预先脱泥、加温浮选、新型药剂和合理的药剂制度等项措施。

萤石矿石中因伴生矿物种类不同，其分选方法略有不同。

石英–萤石型采用浮选法。多采用一次磨矿粗选、粗精矿再磨、多次精选的工艺流程。介质用碳酸钠调至碱性，防止多价金属阳离子对石英的活化；脂肪酸类作捕收剂；水玻璃作硅酸盐类矿物的抑制剂。

碳酸盐–萤石型采用浮选法。萤石和方解石都是含钙矿物，用脂肪酸类作捕收剂时均具有强烈的捕收作用。为提高萤石精矿品位，选用有效抑制剂非常重要。含钙矿物的抑制剂有水玻璃、偏磷酸钠、木质素磺酸盐、糊精、单宁酸、草酸等。多以组合药剂形式加入浮选矿浆，如硫酸＋硅酸钠（又称酸化水玻璃），对抑制方解石和硅酸盐矿物具有明显效果。

硫化物–萤石型矿石主要以含铅、锌矿物为主，萤石为伴生矿物，选矿方法以浮选法为主，先浮选硫化物，后选萤石，按选萤石浮选流程选别仍可达到满意的结果。

选矿工艺流程是依据矿石的赋存状态、伴生矿物的种类及其嵌布特性等许多因素，经多次试验和生产实践确定的。

上述三种矿石类型的选矿原则流程为：

石英–萤石类型矿石：原矿破碎—磨矿—粗选—粗精矿再磨—多次精选；

方解石–萤石类型矿石：原矿破碎—分级—跳汰—磨矿—粗选—多次精选；

硫化物–萤石类型矿石：原矿破碎—磨矿—优先浮选硫化矿物—尾矿浮选萤石—萤石粗精矿多次精选。

浙江东风萤石矿是硅酸盐–萤石型矿，采用两段磨矿，一粗、三扫、六精的浮选流程；德安萤石矿是碳酸盐–萤石型矿，采用一段磨矿、一粗、一扫、六精的浮选流程；桃林铅锌矿是硫化物–萤石型矿，锌粗选尾矿经一粗、一扫、七精浮选流程选出萤石精矿。

B　从金属矿尾矿中回收萤石

我国湖南桃林铅锌矿是热液矿床。矿石中有用矿物以方铅矿、闪锌矿、萤石为主，并含有少量的黄铜矿、黄铁矿、铜蓝等。铅、锌呈硫化矿物出现，并达到工业品位。脉石矿物有石英、重晶石、绿泥石、绢云母、高岭土、千枚岩等。闪锌矿、黄铁矿呈连生体嵌布于石英脉中，结晶粒度一般为 1~5mm，最大达 18~20mm，萤石主要为块状结晶，一般以细粒状与方铅矿、闪锌矿共生，其中铅的含量为 1.9%~0.62%，锌 3.27%~1.44%，萤石（CaF_2）18.48%~0.9%，铜 0.08%。

该矿主要生产铜、铅、锌和萤石四种产品。生产流程是先浮选铜铅矿物（再分离），选铜铅矿物尾矿浮选锌矿物，选锌尾矿再浮选萤石。六次精选以油酸作捕收剂，碳酸钠作调整剂，水玻璃作抑制剂。铜铅锌浮选尾矿，即浮选萤石的原矿，萤石品位为 CaF_2 13%，精矿品位 CaF_2 93%~98%，回收率 62%~65%。

C　伴生矿物的综合回收

英国雷波特（Laporte）萤石公司的凯温里斯（Cavenclish）选矿厂是欧洲最大的萤石选矿厂。入选原矿含 CaF_2 35%~40%，$BaSO_4$ 20%~25%，$CaCO_3$ 15%~20%，SiO_2 15%~20%，Pb 1%~2%。矿石破碎筛分，第一阶段是重介质选矿，分选的原矿粒度为 −51+10mm，分选相对密度为 2.80，石英和石灰石等轻矿物在此实现分离回收，其他较重矿物进入第二阶段的重介质分选，分选相对密度为 3.25，轻产物为冶金级萤石（75%~80% CaF_2）。冶金级萤石、石英和石灰石根据用户要求进行破碎、加工、分级再出售。第三阶段是分选萤石、方铅矿和重晶石。第二阶段的下沉物和 −6mm 矿石经磨矿分级达 −0.147mm，制成矿浆，经浮选分别获取铅精矿（70%~75% Pb）、酸级萤石（CaF_2 98% 以上）和重晶石精矿（$BaSO_4$ 98%）。浮选尾矿作为筑路材料或混凝土集料。

D　低品位矿石的直接利用

萤石在水泥生产中可作为煅烧熟料的矿化剂，低品位矿石可直接应用。萤石中的氟可提高水泥原料组分（主要是 SiO_2）晶体的活性，加快固相反应速度，还能降低液相生成温度和黏度，延长烧成带长度等，节约能源，又能提高熟料单位产量，使烧成的熟料松脆，易于粉磨，使熟料质量和水泥标号明显提高，水泥安定期也缩短。萤石还可以减少回转窑内的环状黏结物，避免回转窑结圈。据福建明溪县水泥厂掺用萤石效果看，平均产品节电约 10kW·h/t，煤耗下降约 8%，水泥的安定期由 20 天缩短为 10 天。湖南郴州市水泥厂使用萤石试验表明，可使熟料烧成温度从 1450℃ 降低到 1300℃，水泥粉磨电耗降低 10% 左右。另外，水泥工业对萤石的质量要求不高，一般含 CaF_2 45%~65% 即可，甚至含 15% 萤石的尾矿也可利用。这是综合利用萤石资源的一条很好的出路。

4.2.3　磷矿石

农业生产实践已经证明，合理施用化肥是粮食生产的关键，保障粮食安全不但要保证耕种面积，还要保证化肥供需平衡。农业部"948"项目预测 2010~2050 年我国每年磷肥需求量 1100 万~1200 万吨（P_2O_5 量），每年需要磷标矿（P_2O_5 30%）4300 万~4700 万吨，未来几十年我国磷肥生产磷标矿累计需求量为 18 万~20 亿吨。截至 2007 年，我国磷矿已查明资源储量矿石量 176 亿吨，折算成标矿 105 亿吨；P_2O_5 含量大于等于 30% 的富磷矿资源储量矿石量 16.6 亿吨（标矿 17.6 亿吨），P_2O_5 含量小于 30% 的磷矿资源储量矿石量 159.8 亿吨（标矿 88 亿吨）。依靠我国磷矿资源保障我国磷矿石供应充足平稳持久，必须利用中低品位磷矿，而开发利用中低品位磷矿尚有许多问题需要解决。

4.2.3.1　磷矿的性质及用途

磷矿是重要的化工原料矿物，主要用以制造磷肥，余则用于生产黄磷、赤磷、磷酸和其他磷制品。世界每年消耗的 3.37×10^7 t 五氧化二磷中，约有 88% 用于肥料的生产，4% 用作动物饲料添加剂，8% 用以制造其他产品。

磷是"思想和生命的元素"，植物生长必需的营养物质，磷肥可促使作物根系发达，颗粒饱满，增强作物的抗寒性和抗旱性。近些年来，随着磷肥施用量的增加，对磷矿的需求量以每年 1.8% 左右的比率持续增长。据报道，未来在肥料方面消耗的五氧化二磷（P_2O_5），其总增长率将继续保持在 3% 左右。

我国磷矿的开采始于 1919 年。新中国成立以后，磷矿事业迅速发展。先后建设了江苏锦屏磷矿、贵州开阳磷矿、云南昆阳磷矿、四川金河磷矿、湖南浏阳磷矿、湖北荆襄磷矿等大中型采选企业。

4.2.3.2　磷矿物、磷矿石和磷矿床

A　磷矿物

自然界可作为磷资源利用的磷矿物主要是钙的磷酸盐类。一般分为五类：氟磷灰石、羟基磷灰石（又称氢氧磷灰石）、碳羟磷灰石（曾称碳磷灰石或碳酸磷灰石）、细晶磷灰石和库尔斯克石（又称氟钠磷灰石），它们的化学组分列于表 4-9。

表 4-9　磷酸盐矿物化学式及化学组成

磷矿物名称	化学式	化学组成/%						
		P_2O_5	CaO	CO_2	F	$w(CaO)/w(P_2O_5)$	$w(CO_2)/w(P_2O_5)$	$w(F)/w(P_2O_5)$
氟磷灰石	$Ca_{10}P_6O_{24}F_2$	42.23	55.64	—	3.77	1.32	—	0.09
羟基磷灰石	$Ca_{10}P_6O_{24}(OH)_2$	42.40	55.88	—	—	1.32	—	—
碳羟磷灰石	$Ca_{10}P_5CO_{23}(OH)_3$	35.97	56.84	4.46	—	1.58	0.12	—
细晶磷灰石	$Ca_{10}P_{5.2}C_{0.8}O_{23.2}F_{1.8}(OH)$	37.14	56.46	3.54	3.44	1.52	0.09	0.09
库尔斯克石	$Ca_{10}P_{4.8}C_{1.2}O_{22.8}F_2(OH)_{1.2}$	34.52	56.86	5.35	3.85	1.64	0.16	0.11

B　磷矿石

按地质成因，磷矿石主要分为三大类：岩浆岩型磷灰石矿、沉积型磷块岩矿和变质型磷灰岩矿。此外，还有铝磷酸盐矿和鸟粪磷矿。

磷灰石矿是指内生形成的含磷灰石的矿石，大多形成于岩浆作用的后期。其含磷矿物主要为氟磷灰石，易于选别和综合利用其他伴生有用组分。这类矿石在磷矿总储量中大约占 20%，世界磷矿总产量的 15% 是这类矿石提供的。著名的大型磷灰石矿有：原苏联希宾（Хибин）、巴西雅库皮兰加（Jacupirange）、南非法拉博瓦（Phalabrowa）和劳兰西林佳维（Siilinjürvi）。

磷块岩矿是磷矿资源中最主要的磷矿石，其储量占磷矿总储量的 74%，产量占磷矿总产量的 82%。该类矿石属碳氟磷灰石系列（俗称"胶磷矿"），磷矿物嵌布粒度细，选矿工艺较为复杂。原苏联卡拉套（Каратау）磷矿和我国湖北省荆襄磷化学工业公司王集磷矿，即是这种类型磷矿石的典型代表。

磷灰岩矿是指原含磷岩石受变质作用形成的含磷灰石矿石。在磷矿总储量中大约占 4%。朝鲜北部，原苏联外贝加尔，我国江苏、黑龙江、安徽、湖北等地均有赋存。该类

矿石的可选性介于磷灰石矿与磷块岩矿之间。典型的矿区有我国江苏锦屏磷矿和原苏联金吉谢普（Кингисеп）磷矿等。

C 磷矿床

磷矿床主要有三种类型：岩浆岩型磷灰石矿床、沉积型磷块岩矿床以及变质型磷灰岩矿床，遍布于绝大多数国家和地区，发现储量超过亿吨的国家就有21个。

在磷矿床中，多以沉积型磷块岩矿床为主，但其成矿年代、储量品级则各有不同。中国和原苏联的亚洲部分，成矿年代较为古老；美国、北非及原苏联的欧洲部分，成矿年代较为年轻。以储量品级而论，当推摩洛哥、美国、原苏联和突尼斯等国为优。

这几类磷矿床中比较典型的矿区有：美国佛罗里达（Florida）和西部各州磷矿，原苏联希宾和卡拉套磷矿，我国中南（湘鄂）和西南地区的磷矿等。

D 我国磷矿资源特点

我国已探明磷矿资源分布在27个省自治区，湖北、湖南、四川、贵州和云南是磷矿富集区，5省份磷矿已查明资源储量（矿石量）135亿吨，占全国76.7%，按矿区矿石平均品位计算，5省份磷矿资源储量（P_2O_5量）28.66亿吨，占全国的90.4%。各省拥有磷矿资源储量按P_2O_5量排列，云南省磷矿列全国第一，矿石量40.2亿吨，P_2O_5量8.94亿吨，平均品位22.2%。湖北位居第二，矿石量30.4亿吨，P_2O_5量6.8亿吨，平均品位22.34%。贵州列第三，矿石量约27.8亿吨，P_2O_5量6.2亿吨，平均品位22.3%。西南地区云南、贵州和四川3省磷矿资源储量矿石量85亿吨，P_2O_5量18.6亿吨，平均品位22%。

我国磷矿矿石类型主要有硅钙（镁）质磷块岩、硅质磷块岩、钙（镁）质磷块岩和磷灰石。硅钙（镁）质磷块岩资源储量约占我国磷矿资源储量的一半，显而易见，我国磷矿资源以胶磷矿为主。综观我国磷矿资源，大致有如下特点：

（1）资源丰富，仅次于摩洛哥、原苏联，略高于美国，居世界第三位。

（2）分布地区广，但不均衡。我国现有磷矿产地280多处，按储量计，以云、贵、湘、鄂、川五省最多，造成了"南磷北运"的局面；按矿床类型计，沉积型磷块岩矿床也主要分布在这五省；变质型磷灰岩矿床以苏、皖、鄂居多，而岩浆岩型磷灰石矿床则集中在华北和东北，形成了"南富北贫"的状况。

（3）成矿地质年代古老。我国大、中型磷矿床多赋存于震旦纪、寒武纪和泥盆纪等古老地层中、岩石坚硬，开采困难。

（4）矿石品级较低。我国现有的磷矿石储量中，93%以上为中、低品位磷矿石（P_2O_5含量小于30%），需经选矿富集方可利用。

（5）脉石矿物多以碳酸盐为主。我国磷矿床主要为沉积型，磷矿石中有共生的碳酸盐矿物（主要是白云石，其次是方解石），由于其可浮性相近，且嵌布粒度极细，选矿困难。

由此可以看出，我国的磷矿资源是以中、低品位的沉积型磷块岩为主体，这与国外某些著名的磷矿是不同的，从而给我国磷矿资源的开发利用带来了许多值得研究的课题。

现以磷矿床成因类型为序，将我国磷矿资源特征列于表4-10。

表 4 – 10　我国磷矿资源特征

矿床类型	矿床特征	矿石自然类型	主要矿物组成	矿石特征及其可选性	利用方法	指标实例
岩浆岩型磷灰石	含磷岩系较复杂，多金属，矿床规模不一，P_2O_5 含量为3%～5%	块状铁磷矿，浸染状铁磷矿，块状磷灰石矿，磁铁灰石矿，条带状灰石矿	磷灰石、磁铁矿、钴磁铁矿、方解石、透辉石、黑云母	磷矿石中磷矿物结晶完整，粗大，可选性好，并可回收磁铁矿、钛铁矿和铌铁矿等	浮选法、浮选－磁选	河北马营磷矿选矿厂；原矿品位：P_2O_5 6.15%；磷精矿品位：P_2O_5 30.18%，回收率：85.36%；磁铁精矿品位：TFe 64.57%，回收率47.80%
沉积型磷块岩	呈层状，透镜状产出，磷矿层夹在砂岩、页岩、白云岩、大理岩中。矿床分布广、厚度大，且稳定，P_2O_5 含量10%～35%	粒状磷块岩矿，块状磷块岩矿，条带状磷块岩矿，致密块状磷块岩矿，砂岩状磷块岩矿，互层状磷块岩矿	微（低）碳氟磷灰石、方解石、白云石、石英、玉髓、黄铁矿	磷矿物多为非晶质及隐晶质，颗粒细小，且与微细的碳酸盐和硅质物紧密共生。可选性差，要求磨矿细度高，所得磷精矿中含量不高	直接浮选	湖北王集磷矿选矿厂：原矿品位：P_2O_5 14.87%，磷精矿品位：P_2O_5 30%，磷精矿回收率：77.77%
变质型磷灰岩	产于变质岩中，呈层状，似层状等。规模中、小型，P_2O_5 含量10%～15%	砂质磷灰岩矿，角砾状磷灰岩矿，板岩型磷灰岩矿，细粒磷灰岩矿，云母磷灰岩矿，锰磷矿	氟磷灰石、白云石、方解石、石英、软锰矿、硅酸盐	磷矿物多为晶质体，且结晶完整、较粗大，可选性较好，但若其中白云石含量高时，可选性变差，导致磷精矿中 MgO 含量增高	浮选	江苏锦屏磷矿选矿厂：原矿品位：P_2O_5 14.87%；磷精矿品位：P_2O_5 30.31%，磷精矿回收率：88.73%

4.2.3.3　磷矿资源的综合利用

磷矿资源的利用，主要是通过富集手段将低品位磷矿加工成各种产品。富集手段主要是浮选方法，即磷矿石破碎、磨矿、分级、加入浮选药剂、浮选。我国三种类型矿床各种矿石、矿物组成、可选性和选矿实例见表4 – 10。

综合利用磷矿石中伴生矿物或有益元素，是磷矿选矿领域重要的发展方向之一，世界各个国家均予以充分重视。如芬兰西林佳维选矿厂，在生产磷灰石精矿的同时，产出方解石产品；巴西雅库皮兰加选矿厂，从浮选磷灰石的尾矿中分选出磁铁矿；南非法拉博瓦磷矿除生产磷精矿外，还生产斜锆石、磁铁矿和铜精矿；原苏联希宾选矿厂同时获得磷精矿和霞石精矿；瑞典和挪威从含磷铁矿石中获得铁精矿和副产磷灰石精矿；我国罗屯磷矿、鸡西磷矿、瓮福英坪矿段，在获得主要产品磷精矿的同时，也分别获得磁铁矿、石墨、碘等副产品。

A　鸡西磷矿选矿厂回收磷灰石和石墨

鸡西磷矿位于黑龙江省鸡西市西南部，是生产磷精矿和石墨的综合性矿山。该区矿石的工业类型主要为硅质磷灰石矿、硅钙质磷灰石矿和石墨－硅质磷灰石矿。矿石化学组成如表4 – 11所示。

表 4 – 11 鸡西磷矿矿石化学组成 （%）

成分	SiO_2	Fe_2O_3	FeO	Al_2O_3	CaO	MgO	K_2O	Na_2O
含量	36.79	0.1	0.89	4.38	11.71	6.14	3.43	0.34
成分	MnO	TiO_2	P_2O_5	SO_3	F	C	烧失量	
含量	0.04	0.07	2.62	0.01	0.02	5.00	5.26	

选矿厂的工艺过程主要是：在磨矿细度为 $+147\mu m$ 占55%的条件下，先浮选石墨，然后在其尾矿中再浮选出磷灰石。所得石墨浮选精矿含碳量达90%以上，回收率大于80%；所得磷灰石精矿含 P_2O_5 25.10%，回收率（对选磷入料）86.00%。废弃的磷尾矿含 P_2O_5 0.41%。

石墨精矿检查的项目有水分、粒度、含碳量、挥发分等。粒度按国标《石墨粒度测定方法》测定；其他项目按国标《石墨化学分析方法》进行。

该矿年处理原矿量 $1.8 \times 10^5 t$ 左右，可得磷精矿 $0.5 \times 10^4 \sim 0.6 \times 10^4 t$，石墨精矿 $0.7 \times 10^4 \sim 0.8 \times 10^4 t$，实现了有用矿物的综合回收利用。

B 低品位磷灰石钛磁铁矿石的综合回收

辽宁省建平县磷铁矿属于变质钛磁铁磷灰石矿床。含磷矿物为晶质磷灰石，在矿石中呈自形、半自形、短柱状和柱状分布；磁铁矿为主要金属矿物，以不规则粒状构造为主，与钛铁矿密切共生。矿石主要化学组成示于表4–12。

表 4 – 12 建平磷铁矿矿石化学组成

成分	SiO_2	FeO	TFe	Al_2O_3	CaO	TiO_2	P_2O_5	MgO
含量/%	36.02	8.21	19.20	7.58	10.01	3.20	5.30	7.81

由于磷灰石具有良好的可浮性，在磨矿细度 $-74\mu m$ 70%的条件下，采用中性矿浆常温浮选，获得含 P_2O_5 31.60%的高品位磷精矿，回收率93.12%。浮磷后的尾矿经两次磁选（磁场强度76.8kA/m），即得含 TFe 65.81%、含 P_2O_5 0.05%的合格铁精矿，铁回收率56.95%。

该矿年处理原矿 $3.0 \times 10^5 t$，可产出磷精矿和铁精矿各 $4.5 \times 10^4 t$。

4.2.4 钾矿石

4.2.4.1 钾矿的性质及用途

钾矿是重要的化工原料矿物之一，主要用于制取钾肥，其次用作化工基本原料。

农作物生长过程中需要的钾元素可发展根系、强壮枝秆、充实籽粒和抵抗病害。随着氮肥、磷肥施用量的增加，钾肥的施用量也需相应地增加，以使三者之间互相配合，互相促进，提高作物的产量和质量。在农业比较发达的国家，钾肥的施用量与氮、磷肥相当。品种主要是氯化钾（含60%～62% K_2O），约占钾肥总产量的90%以上；其次是硫酸钾（含50%～52% K_2O），约占8%。这些钾肥的原料主要是可溶性钾矿（特别是钾石盐矿），其次是含钾盐湖卤水和制盐卤水。不溶性钾矿（明矾石、含钾岩石等）生产的钾肥数量极少。

化工用钾盐的基本原料也主要为氯化钾，由此而制成其他钾化合物产品，如用于印染、造纸和炸药的钾氯酸钾；用于电子工业和电焊条生产的碳酸钾等。

4.2.4.2　钾矿物、钾矿石和钾矿床

A　钾矿物

自然界含钾矿物约有 100 多种，有钾的氯化物、硫酸盐、硝酸盐、碳酸盐类矿物以及钾的硅酸盐类矿物。能够作为钾资源利用的仅有 10 余种，其名称和分类见表 4 – 13。钾盐、光卤石、钾盐镁矾和钾镁矾等可溶性含钾矿物是当今钾肥生产的主要原料；明矾石、钾长石、霞石等为不溶性含钾矿物，在可溶性钾盐矿资源贫乏时，可对其含钾量较高的富矿进行综合利用。

表 4 – 13　主要钾矿物类别

类　别	矿物名称	化学成分	纯矿物 K_2O 含量/%
氯化物	钾盐	KCl	63.1
	光卤石	$KCl \cdot MgCl_2 \cdot 6H_2O$	17.0
氯化物 – 硫酸盐	钾盐镁矾	$KCl \cdot MgSO_4 \cdot 3H_2O$	18.9
硫酸盐	杂卤石	$K_2SO_4 \cdot MgSO_4 \cdot 2CaSO_4 \cdot 2H_2O$	15.5
	明矾石	$KAl_3(SO_4)_2(OH)_6$	11.4
	无水钾镁矾	$K_2SO_4 \cdot 2MgSO_4$	22.6
	钾镁矾	$K_2SO_4 \cdot MgSO_4 \cdot 4H_2O$	25.5
	钾石膏	$K_2SO_4 \cdot CaSO_4 \cdot H_2O$	28.8
	软钾镁矾	$K_2SO_4 \cdot MgSO_4 \cdot 6H_2O$	23.3
硅酸盐	白榴石	$K_2O \cdot Al_2O_3 \cdot 4SiO_2$	21.4
	钾长石	$K_2O \cdot Al_2O_3 \cdot 6SiO_2$	16.8
	海绿石	$(K,Na)_2O \cdot (Mg,Fe,Ca)O \cdot (Fe,Al)_2O_3 \cdot xSiO_2 \cdot yH_2O$	2.3 ~ 8.6
	霞石	$(K,Na)_2O \cdot Al_2O_3 \cdot 2SiO_2$	0.8 ~ 7.1

可溶性钾盐矿物具有可溶性、变化性、物理性质的相似性以及组成的复杂性等特征。在开采、加工、运输、贮存、使用等环节中都要充分考虑这些特征。

除了表 4 – 13 列的呈固态的钾矿物之外，尚有呈液态存在的含钾资源，它们有海水、卤水（包括地下卤水、地表卤水和晶间卤水）、苦卤等，这类资源中还伴有许多有价值的岩盐、镁盐、芒硝、石膏以及宝贵的锂、硼、溴、铷、铯等元素。在提取钾盐的同时，可综合提取其他有益组分。

B　钾矿石

可溶性钾盐矿石按其所含的矿物成分可分为两种：氯化物型和硫酸盐型。也有把同时含有这两种成分的矿石称为混合型的说法。详见表 4 – 14。

表 4 – 14　可溶性钾盐矿石类别及其特征

类别	矿石	主要特征	加工性能	典型矿区
氯化物型	钾石盐矿石	主要矿物是钾盐，常与石盐共生，还含有少量石膏、硬石膏、光卤石和黏土类物质。产于盐类沉积矿床中。矿石中 KCl 含量因产地不同而悬殊，高者可达 40% 以上，低者在 15% 以下，一般在 20% 左右	品位高者可直接用作化肥料。用浮选法或溶解结晶法加工。这类矿石质量高，加工条件好，是最主要的钾盐矿石	加拿大萨斯喀彻温、原苏联乌拉尔和白俄罗斯、法国阿尔萨斯、中国云南
	光卤石矿石	主要矿物是光卤石，共生矿物是石盐，有时掺杂有钾石盐及少量硬石膏。产于盐类沉积矿床中。矿石为块状、条带状或角砾状构造，矿石品位一般含 KCl 15% 左右	光卤石吸湿性强，既不利于运输，也不便直接作肥料，加工比较困难	德国，中国柴达木盆地、察尔汗盐湖
硫酸盐型	硫酸盐类矿石	主要矿物为钾盐镁矾、无水钾镁矾、杂卤石等，主要共生矿物为石盐、硬石膏、硫镁矾等	成分比较复杂，利用受到限制，加工也比较困难。主要作硫酸钾类肥料	德国斯塔斯孚特、原苏联喀尔巴阡山（钾盐镁矾）、中国四川（杂卤石）
混合型	主要泛指含有钾盐和其他硫酸盐类的钾矿石	主要矿物组合是石盐、钾石盐、钾盐镁矾、无水钾镁矾、硫镁矾、硬石膏，有时还有光卤石。一般分两大类：一是以钾石盐为主，并含有硫镁矾的；二是以无水钾镁矾为主，并含有其他硫酸盐类矿物的	通常采用浮选法和溶解结晶法相结合的联合加工工艺	德国的"硬盐"

关于含钾盐湖卤水资源类型的划分也与此类似，分为氯化物型盐湖卤水（如巴勒斯坦地区的死海和中国的察尔汗盐湖）、硫酸盐型盐湖卤水（如美国犹他州的大盐湖）、碳酸盐型盐湖卤水（如美国的西尔兹盐湖）三种类型。多采用化学加工的方法提取其中的有益组分。

不溶性钾矿石以含主要矿物命名，如钾长石矿石、明矾石矿石、霞石矿石等。

C　钾矿床

可溶性钾盐矿床是盐类矿床的一种，按其成因，属于蒸发沉积矿床。它是由溶解在地表水体中的盐类，在干旱的气候条件下，在封闭、半封闭的盆地中蒸发沉积而成的。钾盐矿床总是与石盐、石膏等共生。

世界上大约有 34 个可溶性钾盐矿床（包括含钾盐湖卤水），其地质时代由寒武纪直到第四纪都有不同的分布。一些大型钾盐矿床多集中在北欧和北美。还有一部分钾盐矿床的发现与勘探和开发石油有关。

盐类矿床分为两大类：现代盐类矿床和古代盐类矿床，详见表 4 – 15。

表 4 – 15　盐类矿床分类

类　别	类　型	典型钾盐矿床
现代盐类矿床	盐湖（大陆盐湖） 盐湖（海滨盐湖） 盐泉 表土盐矿	美国大盐湖、原苏联埃尔顿和因杰尔湖，中国柴达木、塔里木盆地中的盐湖
古代盐类矿床	泻湖盐类矿床 陆成盐类矿床 盐丘 天然卤水	加拿大萨斯喀彻温钾盐矿、原苏联上卡姆钾盐矿、美国喀斯伯特钾盐矿、中国云南钾盐矿

4.2.4.3　我国钾矿资源特点

我国的含钾资源种类较多，除了储量巨大的不溶性钾矿（明矾石、钾长石等）资源外，还拥有大量的钾盐湖、地下卤水、海盐苦卤等资源。钾石盐矿在中国也有发现，并正在开发和利用。

据统计，我国可溶性钾盐（包括含钾盐湖卤水）探明储量的矿区有 13 处，保有氯化钾储量 2.21×10^8 t，主要分布在青海、云南和四川三省。青海省占有我国 93% 的氯化钾储量，1979 年开始在察尔汗盐湖兴建氯化钾大型生产基地。云南省思茅钾石盐矿是我国第一个古代固相矿床，氯化钾储量含 K_2O 约 10^7 t，现进行着小规模浮选法生产。四川省自贡利用制盐的含钾苦卤生产一部分氯化钾副产品。

在不溶性含钾资源中，开发利用历史悠久的是明矾石矿。该类型矿石主要分布在浙江、安徽和福建三省，探明的储量约 3.2×10^8 t。目前，对明矾石矿的利用主要是生产明矾，同时综合利用制取钾肥、氧化铝、硫酸、硫酸铝等。至于钾长石则多用土法生产钾肥。

4.2.4.4　钾矿资源的综合利用

在火山热液型明矾石矿床中，常伴生多种热液蚀变型矿物，有时能形成有工业价值的矿床；明矾石往往还和黄铁矿、金红石、红柱石、叶蜡石等形成不同的综合性矿床。

A　青海察尔汗盐湖镁盐的利用

我国青海察尔汗盐湖，面积 5856km²，各种盐类储量约 6.0×10^{10} t，其中氯化钾储量约为 2.45×10^8 t，还伴生镁、钠、硼、锂、溴、碘、铷、铯等元素，是发展盐化工的良好基地。

察尔汗盐湖卤水中氯化镁含量很高，约 20%，总储量达 1.6×10^9 t 以上。卤水中氯化镁的综合利用，有以下几种途径：

（1）生产建材用品。利用氯化镁溶液与菱苦土和玻璃纤维掺和，可生产镁水泥瓦；也可将氯化镁溶液与菱苦土、木屑、玻璃纤维拌和，配之以芦苇、竹篾作骨架制成木材代用品。

（2）作阻燃剂使用。煤炭部门用氯化镁作阻燃剂，来防止采煤工作面自燃发火，比用黄泥浆注浆法的吨煤成本降低约30%。

（3）生产镁水泥。把氯化镁溶液与苛性苦土、苛性白云石拌和即成镁水泥。

（4）生产镁砂（MgO）。国外用水氯镁石（$MgCl_2 \cdot 6H_2O$）热分解工艺生产高纯镁砂，且用副产的盐酸生产磷酸。

（5）生产镁肥。将氨通入浓卤水，把硫酸镁、氯化镁转化成氢氧化镁沉淀和硫酸铵、氯化铵溶液，经浓缩、结晶、干燥，即得氨镁复肥。

（6）生产金属镁。利用卤水炼镁的技术关键在于水氯镁石的彻底脱水，以获得无水氯化镁作为熔融电解的原料。这一技术在挪威、原苏联均有实质性的进展。

B　综合利用明矾石制取硫酸钾

采用还原热解法综合利用明矾石矿可获得氧化铝、硫酸、硫酸钾粗肥等产品。我国浙江温州化工厂和原苏联基洛伐巴特铝厂均实现了工业化生产。

该工艺流程由明矾石脱水和还原、含二氧化硫炉气制硫酸、还原明矾石制氧化铝、硫酸盐制硫酸钾四部分组成。原矿明矾石的纯度一般为50%。

我国温州化工厂采用此工艺流程制得的粗硫酸钾肥含 K_2O 35%、Na_2SO_4 30%，还有1%左右的游离碱，质量不够理想。原苏联基洛伐巴特铝厂用硫黄直接还原，并用氢氧化钾处理粗钾盐，提高了硫酸钾的纯度，K_2SO_4 含量达95%，K_2O 含量大于52%。

我国明矾石资源十分丰富，综合利用明矾石可以提供一定数量的优质硫酸钾。

4.3　金属矿产伴生的非金属矿产综合开发利用

4.3.1　伴生非金属矿产的综合开发利用的意义

我们不仅应很好地综合开发利用以非金属矿床形式产出的非金属矿产，而且也不要忽视金属矿山中非金属矿产的综合开发和综合利用。这是因为：

第一，金属矿山拥有大量非金属矿物，或者说在同一个矿床、矿区或矿山范围内金属矿产与非金属矿产常产出在一起。

第二，在金属矿山同时开发利用非金属矿产具有很多有利的条件及意义：

（1）不必专门开采和破碎，又有现成矿山的运输、加工条件；

（2）在经济上远比建专门的建材、轻工原料矿山有利，其投资少得多；

（3）不仅为社会增添物质财富（利用非金属矿产品），而且可提高矿山资源利用程度，增加矿山经济效益，延长或扩大矿山服务年限，对于金属矿产资源枯竭或危机的矿山或亏损、低利的矿山来说意义更大；

（4）还可安排容纳矿山及社会待业人员，有利社会稳定；

（5）对改善环境保护和国土整治，以及减少矿山废石堆放占用土地，让地给农民发展农业生产等，都具有很大的意义。

4.3.2　综合开发利用实例

目前，随着市场经济的不断深入，很多金属矿山在改革中从生产型逐渐改变为生产经营型，矿山生产的好坏直接反映到企业的经济效益高低上，开展非金属矿资源的回收，能有效地回收矿产资源，增加企业的经济效益，现举例说明。

4.3.2.1　银山矿绢云母的综合回收

绢云母用途广泛，主要用于橡胶工业增强剂；造纸工业作涂料剂；纺织、电线绝缘层作增强剂和稳定剂；陶瓷工业和耐火材料作添加剂等。

银山矿已生产 30 余年，尾矿库已堆存尾矿达 1000 余万吨，现每年仍产出新尾矿 50 余万吨。经化验分析尾矿中含有绢云母 29% ~ 34%，约有 360 余万吨，大部分呈单体状，粒度较细，可用浮选方法回收。其回收工艺为：先进行硫化矿混选，回收尾矿中的 Cu、Pb、Zn，降低后续工艺中的金属含量，有利于绢云母的浮选。绢云母可浮性与石英接近，尾矿中石英含量很高。为了使石英与绢云母更好分离，在粗选工艺中加 F - 1 抑制剂和 3ACH 捕收剂，可显著提高绢云母质量。绢云母在制硫尾矿中回收率为 63.7%。在铅锌尾矿中回收率为 58.12%，效果较好。

该矿经过几年的试验研究，现已建成年产 3000t 绢云母粉矿的绢云母选矿厂，目前生产正常，产品畅销，前景十分可观。该矿尾矿中含石英 50%，为了合理地回收利用尾矿中的石英，矿山已建成生产能力年产 1000 万块的钙化砖厂，每年可利用尾矿 3 万吨，并有一定的经济效益。

4.3.2.2　永平铜矿石榴子石回收的试验研究

永平铜矿矽卡岩型铜硫矿石中石榴子石含量达 29.6%，其储量为 3700 万吨，尾矿中主要脉石矿物中石英 36%，石榴子石 32%，长石云母次之，尚有少量的透辉石、萤石、重晶石、磷灰石等，尾矿中石榴子石的含量超过工业品位的要求。该矿为了更好地回收石榴子石精矿，已建成日处理 200t 尾矿的工业试验厂。该矿石榴子石以钙铁石榴子石为主，颜色为淡绿色、红色、粒状集合体，呈微粒 - 中细粒状。经试验研究尾矿采用重选、电选、磁选工艺，可获得质量较高的石榴子石精矿，同时还可回收钨、硫。回收成本较低，据推算，如果处理全部新排出的尾矿，则每天可回收石榴子石精矿 400 多吨。

4.3.2.3　德兴铜矿利用尾矿中非金属资源作陶瓷水泥原料

德兴铜矿尾矿经分析，其主要成分是由硅酸盐矿物组成，其中主要为绢云母、石英、少量的方解石、白云石等。该矿与有关科研单位合作，用铜尾矿作为一种新型的陶瓷水泥原料研究，取得了较好的效果。研究认为，该矿尾矿具有绢云母质和火山质，应用这种复合矿物可作为陶瓷和硅酸盐水泥的原料，生产日用陶瓷、建筑陶瓷和硅酸盐水泥等日用产品和建筑材料；成本比用常规原料生产降低 20% 左右，而陶瓷制品的烧成温度比用常规原料可降低，属经济节能性产品。研究主要取得三项成果：

（1）利用尾矿为主要原料，制造出紫砂型日用工艺美术陶瓷和黄绿色釉料；

（2）制造出无釉外墙砖和陶瓷锦砖（马赛克）；

（3）利用尾矿作配料，制造出 525 号火山灰质硅酸盐水泥，尾矿用量为水泥用料的 49.8%。

4.3.2.4　江西宜春钽铌矿伴生组分综合回收

江西宜春钽铌矿除回收主产品钽铌外，还对伴生组分锂、铷、铯和造岩矿物钠长石、石英等都进行了回收利用。通过选矿分离得到锂云母、长石和高岭土三种产品。前者用于锂盐原料，后两者用于陶瓷和玻璃原料，不仅节省了开采费用和尾矿的堆放费用，还节省了选矿费用。该矿在露天开采时，顺便直接回收可以做成比较名贵板材的白色花岗岩，取得了较好的经济效益和社会效益。

4.3.2.5　湖南桃林铅锌矿伴生萤石的综合开发利用

桃林铅锌矿为中低温热液充填矿床，是铅、锌、铜硫化物矿床中伴生萤石矿，属多金属－萤石型硫化物矿床。矿体产于花岗岩与浅变质岩接触带中，又可分为接触断裂带型及花岗岩体内断裂带型。接触断裂带型如银孔山、上塘冲等五个矿带，其特点是埋藏深、规模大、形态稳定、品位贫；花岗岩体内断裂带型，如杜家冲矿段，其特点是埋藏浅、规模小、品位富。

矿石为多金属低品位易选矿石。矿物成分比较简单，有用矿物为方铅矿、闪锌矿、黄铜矿及萤石，脉石矿物有石英、重晶石、绿泥石、绢云母、方解石等；矿石品位较低，Pb + Zn 含量为 3% 左右且逐渐降低，Cu 含量为 0.08% 但分布与含量比较稳定，CaF_2 含量为 12% 左右，SiO_2 含量为 60% ~80%，Fe_2O_3 含量为 1.4%。

该矿于 1958 年建矿投产，主要回收 Pb、Zn，获得 Pb 精矿和 Zn 精矿两种产品，于 1960 年开始回收萤石，1978 年 11 月开始回收 Cu，现在矿山选厂综合回收 Pb、Zn、Cu 和萤石四种精矿产品。

选矿方法为浮选法。生产流程是铜铅－锌－萤石部分混合浮选流程，先混合浮选铅铜再分离（先用硫化钠、硫酸锌作闪锌矿的抑制剂，让铅铜浮出，用活性炭除去铅铜混合精矿表面的药剂，再用重铬酸钠作铅的抑制剂让铜浮出，从而使 Cu、Pb 分离）；选铜铅的尾矿再浮选 Zn；最后再浮选萤石。浮选萤石为一次粗选、一次扫选、七次精选，生产中以油酸作捕收剂，碳酸钠作调整剂，水玻璃作抑制剂，入选原矿品位为 CaF_2 13%，获得萤石粉精矿品位 93% ~98%，回收率 62% ~65%，精矿采用回转窑干燥，机械包装。

湖南桃林铅锌矿每年仅回收非金属萤石产品，其产值即占全矿总产值的 40%，其利润比主元素铅、锌还高。

4.4　新兴的非金属矿产资源和传统非金属矿产资源新的应用领域

4.4.1　玄武岩及其开发利用

过去是岩石（俗称石头）的玄武岩，如今成为了新矿种、新矿产资源，在材料工业中有着十分广阔的前景。玄武岩作为一种资源，它不仅可以作水泥混合料之用，而且还是制造岩棉和铸石的原料。

4.4.1.1　岩棉

岩棉是以玄武岩为主要原料，经配料、熔化（大于 1450℃）、离心机喷丝而成的硅酸盐材料，它具有导热系数低、耐高温、质轻、不腐蚀和不燃等优点。

岩棉已广泛用于石油、化工、纺织、交通、冶金、电力和建筑等行业的设备、管道、锅炉、罐塔及建筑屋面、墙体保温、吸声等方面。岩棉可直接用作保温隔热材料，也可以岩棉为原料，制成岩棉玻璃纤维缝毡、缝带、铁丝网缝带、岩棉沥青毡、岩棉树脂毡、岩棉保温膏、岩棉吸声吊顶板和隔热板等。

生产岩棉除以玄武岩为主要原料外，还配有一定数量的石灰石和白云石，其配比为玄武岩: 石灰石: 白云石 = 70: 20: 10。

某工厂生产岩棉所用的玄武岩的化学成分见表4 – 16。

表4 – 16 生产岩棉用玄武岩的化学成分

玄武岩化学成分	SiO_2	Al_2O_3	Fe_2O_3	CaO	MgO	FeO	K_2O	Na_2O	MnO	Cr_2O_3	P_2O_5
含量/%	48.93	15.12	6.09	9.44	2.23	6.09	2.38	3.44	0.14	0.02	0.60

4.4.1.2 铸石

铸石是以辉绿岩、玄武岩等岩石或某些工业废渣为主要原料，经熔化、铸型、结晶、退火而成的硅酸盐材料。它具优良的耐磨、抗腐蚀性能。铸石制品已在我国冶金、化工、水电、轻工等部门普遍推广使用。

4.4.2 高岭土及其开发利用

高岭土是以高岭石 – 多水高岭石族矿物为基本成分的黏土状混合物，一般含少量蒙脱石、伊利石等黏土质矿物，还含有石英、长石、云母、铁、钛、锰、硫等非黏土质矿物或杂质。

由于高岭土具有可塑性、耐火度高、绝缘性好和化学稳定性、吸附性、悬浮性、烧结性及烧成收缩率小等优良工艺性质，因此能广泛地应用于陶瓷、耐火材料、橡胶、塑料、造纸、油漆、化工、石油、水泥、农业以及尖端工业等方面。

影响高岭土质量及其工业用途的主要因素是高岭土的化学成分、结晶形态和粒度大小。优质高岭土 Al_2O_3 含量要求为38% ~ 39%，$w(SiO_2)/w(Al_2O_3)$ 比值接近 1.7 ~ 2，而 Fe_2O_3、TiO_2 的有害杂质含量小于 0.5%，晶形以片状为主，同时颗粒均匀细小（小于 2μm 占80%以上）。

高岭土原矿需经选矿与加工处理才能满足各应用领域对高岭土质量的要求。若原矿含 Fe_2O_3 和 TiO_2 等杂质很低时，一般采用水力旋流器作为主要分选设备除砂，其产品即可供陶瓷等行业用；若原矿含铁、钛高，须经过除铁作业（化学漂白、强磁选等）。国外也有采用泡沫浮选、载体浮选、选择性絮凝浮选等方法除去杂质。高岭土选矿工艺流程一般包括准备、选分和产品处理三部分。准备包括破碎、制浆等作业；选分包括分选、漂白、剥片等作业；产品处理包括浓缩、过滤、干燥和包装等作业。由于高岭土矿石类型、产品要求不同，选矿工艺流程也各不相同。

4.4.3 非金属矿物和岩石在肥料中的应用

除了要持续发展氮、磷、钾等传统肥料外，非金属矿物和岩石在肥料中的应用值得特别重视。研究表明，开发非传统农用矿物岩石资源，不仅可以促进农作物生长、提高产量、改善品质，还可以起到改良土壤、保水保肥和防止土壤结块等作用。

（1）蛇纹岩。传统是将它制成钙镁磷肥，现在则是将其岩粉直接施用于农田起"长效微肥"的作用。

（2）含钾岩石和矿物。如钾长石砂岩、长石砂岩、霞石正长岩及明矾石、杂卤石等，特别是钾长石，经煅烧、粉碎后便是钾肥粉。

（3）含磷岩石和矿物。主要有磷灰石、磷块岩、含磷灰岩和含磷硅质岩等，是制造过磷酸钙、磷酸铵及复合肥料的主要矿石。

（4）海绿石。其中含钾量高达9.5%，还含微量元素 Mg、B、Cu、Mo、Fe 等，是一种综合性无机肥料，能起到使土壤营养均衡的作用，若将其煅烧到600℃，则其肥效更好。

（5）沸石。具有阳离子交换性能、选择性吸附性能、催化性能和化学反应性能等一系列优良的物化性质，沸石矿产又分布甚广，已成为重要的新型矿质肥料。

（6）蛭石。为云母族次生矿物，由金云母、黑云母等矿物经风化或热液蚀变而成，是一种含水的 Fe、Mn 质铝硅酸盐矿物。蛭石加热到150～950℃时，失水膨胀，一般可达原体积的18～25倍。利用这一特性，可制成一种含化肥或杀虫剂的延迟释放剂，用以改良土壤的结构及蓄水保墒，护根防碱。

（7）泥炭及泥炭蓝铁矿。泥炭（又称草炭、草煤、泥煤）是成煤作用初级阶段产物，属延效性肥料，有较长的后效，可作为土壤改良剂，配制营养土。我国泥炭矿床产地5000余处，资源总量46.87亿吨，开发利用前景广阔。

泥炭蓝铁矿是一种天然的矿质肥料，其中 P_2O_5 含量高达15%～28%，还含有氧化钙和有机物。用它作肥料，其养分可被作物全部吸收，而目前使用的过磷酸钙肥料中的磷只能被吸收20%。因此，1kg 泥炭蓝铁矿的肥效相当于5～7kg 过磷酸钙。试验表明，施用后水稻增产10%～14%，土豆增产15%～40%，且几年内仍有肥效。这在磷矿资源缺乏的我国北方广大地区对解决磷肥的不足具有重要意义。

非金属矿物和岩石作为非传统农用矿质肥料可以直接利用，而且一般无须复杂的工艺加工，其工艺加工过程主要是烘干、粉碎、研磨，故加工成本低，为廉价的代用肥料。非金属矿物和岩石可与其他肥料一起制成各种混合肥料、复合肥料和多元微量元素肥料，从而改变过去施肥单一、土壤养分不均衡的局面。

非金属矿物和岩石作为农用矿质肥料过去主要利用其有用化学成分，而现在扩大到利用其物理化学性能，如吸附性、膨胀性、阳离子交换、悬浮性和松散性能等，这样既改善了传统有机肥料和化学肥料的成分结构，又改善了肥料的效能，从而有利于农作物对肥料养分的吸收，还可以起到保水、保肥和防止土壤结块。过去主要是利用非金属矿物的精矿或高品位矿石，现已扩大到利用矿床的围岩、夹石以及加工后的矿渣和尾矿等。农作物生长除了需要大量营养元素 N、P、K、Ca 外，还需要多种微量元素如 Fe、B、Mn、Cu、Zn、Mo 等，而这些微量元素往往都能从矿渣、尾矿和围岩岩石中获得。

在推广应用新型矿质肥料时，首先，应特别注意开展农业地质背景的调查研究，如土壤类型、土壤肥力等，以利结合实际更好地应用；其次，还应对矿质肥料所含有害金属元素和放射性物质等进行专门性的测试与分析，并通过试验找出消除的方法，避免产生新的污染；再次，一定要注意开发当地的优势和有效的矿质肥料的矿产资源，以利就地就近利用，减少运费。要切实加强非金属矿物和岩石用作肥料的增产机理研究，这是一项基础性研究工作，涉及地质、采选、化工、农业等部门，又是一项综合性的研究工作，应跨部门、学科成立专门的科研机构，促进非金属矿物和岩石在肥料中的应用，加快我国农业的发展。

4.5　非金属矿产资源开发利用的发展趋势

非金属矿物材料的开发，从某种意义上说比提取单质元素更为重要，发现矿物的一种新用途，其意义并不亚于找到一个新的矿床或矿产。

随着科技发展和社会进步，非金属矿物开发利用水平已成为一个国家兴旺发达和人民生活水平提高的重要标志。但是，从天然矿物到直接能使用的矿物材料，需要经过选矿—加工—改性—复合等一系列过程，其关键是要经过艰苦的大量的工艺试验，如成为产品，还需经半工业试验和生产实践的检验等过程。为了开发非金属矿物应用的新领域、新用途，必须加强其基础性研究。

4.5.1　认识矿物的应用性能

根据工业应用的技术要求，建立矿物应用的力、热、电、光以及高科技发展应用需要的技术数据及资料是矿物应用开发的当务之急，应建立矿物应用性能的数据（资料）库。

4.5.2　提高矿物加工技术

20世纪中期以来，人们开始注意天然矿物的物理、化学及技术、工艺等特性，研究非金属矿物利用的可能性和直接制备材料的有关工艺技术。非金属矿物经处理后，在粒级和品位上都成为合格的原料矿物，再将原料矿物按所需利用或进一步发挥的技术物理及界面特性要求，制备出具有某些优异性能可供直接利用的材料。如各类超细或高纯矿物产品，膨胀石墨、煅烧高岭土、活性白土等，常见的矿物深加工方案有提纯、超细粉碎、晶体磨削、表面处理、热处理、化学处理、高温烧成等，发展这些深加工技术，将大大开拓矿物应用的新领域，扩大矿物的用途和经济价值。

4.5.3　大力开发复合材料

单一矿物所具有的物化性能往往是有限的，只能部分地满足使用要求，通过两种或两种以上不同矿物和其他材料的巧妙结合就能实现各组分在单独状态下无论如何发挥不出来的性能，不同矿物的组合，有机－无机，金属－非金属的复合都能制出各种性能优异的材料；因此，大力开发复合材料，深入研究复合工艺，是开拓和发展非金属矿物新用途的一个重要方面。

新材料是高技术发展的基本条件，各国特别重视对陶瓷、超导、塑料材料的开发。由高纯莫来石为主要原料制成的高强度陶瓷，在1400℃时的强度是氧化铝陶瓷的3倍，成为与碳化硅、氧化硅和稳定氧化锆并列的第四大工程陶瓷。

各种新型功能材料的出现与应用，使传统的三大材料（金属、陶瓷、塑料）之间的差别正在消失。上述新材料的诞生，其涉及的主要非金属矿物有云母、滑石、硅灰石、硅石、高岭土、莫来石、膨润土及重晶石等。

本章小节

非金属矿产资源系指那些除燃料矿产、金属矿产外，在当前技术经济条件下，可供工业提取非金属化学元素、化合物或可直接利用的岩石与矿物。非金属矿产资源是紧密伴随人类生存、繁衍和社会进化的应用历史最悠久、应用领域最广泛、开发前景最广阔的矿产资源。

我国的非金属矿产资源种类比较齐全，总体上具有以下特点：（1）非金属矿产种类齐全、资源丰富；（2）矿产资源总体丰富，矿种储量有丰有欠；（3）矿产地分布广泛，相对不平衡；（4）矿石质量不一，冶辅建材矿产优质居多，化工矿产质地较差。

非金属矿产在整个国民经济中占有相当重要的地位和作用。各种非金属矿产品具有多种独特的优异性能（如耐热隔热性、导电性、绝缘性、润滑性、耐酸碱性、坚硬性及耐磨性等物理化学性能），是发展国民经济、改善人民生活和巩固国防的重要原料和配套产品。

中国是石墨的生产出口大国，为有效、充分地综合利用石墨资源，要开发先进的分选技术与工艺，提高回收率，保护大鳞片石墨并提高其产出率；与此同时研究隐晶质石墨有效的提纯加工方法，发展产品深加工，开发各种新产品（制品），尽量做到物尽其用。我国萤石储量居世界第一，但绝大多数萤石矿是伴生萤石矿，萤石品位一般较低，必须综合开发和综合利用。我国磷矿资源丰富，分布地区广，但不均衡，矿石品级较低；我国现有的磷矿石储量中，93%以上为中、低品位磷矿石（P_2O_5含量小于30%），需经选矿富集方可利用；必须重视开发利用中低品位磷矿资源。我国的含钾资源种类较多，除了储量巨大的不溶性钾矿（明矾石、钾长石等）资源外，还拥有大量的钾盐湖、地下卤水、海盐苦卤等资源；但探明储量有限，不能保证国家需要；我国明矾石资源十分丰富，综合利用明矾石可以提供一定数量的优质硫酸钾。

我们不仅应很好地综合开发利用以非金属矿床形式产出的非金属矿产，而且不要忽视金属矿山中非金属矿产的综合开发和综合利用。

非金属矿产资源开发利用的发展趋势是不断开发非金属矿物应用的新领域、新用途，大力开发复合材料，深入研究复合工艺，扩大矿物的用途和经济价值。

✳✳✳

复习思考题

1. 非金属矿产资源的定义是什么，非金属矿产的特点如何？
2. 我国的非金属矿产资源的特点如何，非金属矿产开发利用在国民经济中的意义如何？
3. 我国非金属矿工业发展的战略目标是什么？
4. 石墨资源的综合利用方式有哪些？
5. 萤石资源的综合利用方式有哪些？
6. 磷矿资源的综合利用方式有哪些？

7. 钾矿资源的综合利用方式有哪些?

8. 伴生非金属矿产的综合开发利用的意义及方式有哪些?

9. 简述新兴的非金属矿产资源和传统非金属矿产资源新的应用领域。

❖❖

参 考 文 献

[1] 胡应藻. 矿产综合利用工程 [M]. 长沙:中南工业大学出版社,1995.

[2] 《矿产资源综合利用手册》编辑委员会. 矿产资源综合利用手册 [M]. 北京:科学出版社,2000:
483 ~ 487、492 ~ 496、564 ~ 569、574 ~ 582.

[3] 刘维阁. 浅谈有色金属矿山开采中非金属矿产的综合利用 [J]. 新疆有色金属,2001(1):
17 ~ 20.

[4] 宗培新. 我国现代非金属矿深加工技术浅析 [J]. 中国建材,2005,6:37 ~ 39.

[5] 唐靖炎,何保罗. 我国非金属矿开发利用现状 [J]. 中国建材,2006,1:42 ~ 45.

[6] 中国矿业网. 非金属矿产资源(一). 资源与人居环境 2008(12 上):32 ~ 35.

[7] 中国矿业网. 非金属矿产资源(二). 资源与人居环境 2009(1 上):26 ~ 28.

[8] 李少云,何才,王旭. 浅析非金属矿产与农业的利用 [J]. 黑龙江国土资源,2010,7:60 ~ 61.

[9] 宋平,张燕,聂规划,等. 中国非金属矿产业价值链现状与延伸策略分析 [J]. 武汉理工大学学报
(社会科学版),2010,5:667 ~ 670.

[10] 吴小缓,王文利,于延棠,等. 非金属矿产资源节约与综合利用技术进展 [J]. 中国非金属工业
导刊,2011,6:1 ~ 3,10.

5 矿山二次资源的综合利用

5.1 概　　述

5.1.1 矿山二次资源的概念

矿山二次资源是指矿床开采和选矿过程中产生的、仍然堆存或遗留在矿区范围内的废石、尾矿、煤矸石、矿坑水、选矿废水等各种废弃物的总称。主要有如下三种类型：

（1）矿床开发经人工和机械扰动产生的各种固体废弃物，如采矿废石、选矿尾矿、煤矸石等。按照矿产资源法的相关规定，其堆放比较规范，一般按矿床开发设计要求，建造了尾矿库、尾矿坝和废石场，且一般采取了有效措施，防止其损失破坏。有人称其为"人工矿床"。

（2）矿床开采过程中虽经人工扰动，却没有位置移动而保留在原地的废弃物，如残矿、矿柱、表外矿、边界品位以下的矿石以及废弃的矿山（矿坑、矿井）等。在新的经济、技术和需求的条件下，可以成为开发利用和综合利用的对象。

（3）矿床开发过程中产生的液态和气态物质，如矿坑水、选矿废水和煤矿瓦斯等。气态物质无法保留，如煤矿瓦斯，长期被认为是有毒有害物质被排放到大气中。有些油田开采时，天然气被白白烧掉了（俗称"点天灯"）。目前，这类废弃物被看成是宝贵的资源而开始被人类所利用。

表 5-1 列出了近年来我国矿山废石的排放和利用情况。

表 5-1　我国主要矿山二次资源的堆放量、排放量和利用率

二次资源种类	堆放量/亿吨	年排放量/亿吨	利用率/%
采矿废石	162.3		
选矿尾矿	50	3	8.2
煤矸石	35.6	1.5	43.2
选矿废水	8	350	4.2
矿坑水	2000		
煤矿瓦斯		194 亿立方米	25

注：取自不同来源的数据，仅供参考。

5.1.2 矿山二次资源的特点

与矿山一次资源相比，二次资源具有几个显著的特点：

（1）矿山二次资源，特别是其中的所谓人工矿床，其化学成分和物质成分基本上继承了一次资源的特点。在采、选技术水平有所提高的前提下，其主要有用组分和伴生组分还有很高的利用价值（其中包括过去不能提取又必须同时采出而遗留在尾矿中的有用组分），这是二次资源的重要利用对象。另外，一次资源中的非金属矿物，在选矿过程中可能使其物理性质、工艺性质发生变化，并能够进一步富集，使其利用价值大大提高。

（2）矿山二次资源具有资源利用和环境整治的双重特点。从产业经济学和资源科学角度看，从二次资源中可以获得金属、非金属和能源等资源性产品，表明矿山二次资源具备资源的基本属性；从矿山环境保护和地质灾害防治角度看，二次资源又是污染和灾害产生的重要根源。因此，对二次资源开展再利用和综合利用的同时，也治理了废弃物对环境的污染，整治被占损的土地，恢复了生态环境。

（3）矿山二次资源与一次资源另一显著不同的特点是，一次资源开发利用对象是其中所含的有用组分和有用矿物，而二次资源利用则具有多用途性，即其利用途径、方式、产品方案等存在多种可能性。二次资源除了可提取其中的有用组分和有用矿物之外，残余的废物整体利用仍可生产其他产品，实现废物零排放。

5.1.3 我国矿山二次资源综合利用的潜力

经过新中国成立以来半个多世纪的大规模开发，我国已成为居世界前列的矿业大国。由于我国矿产质量不佳，许多主要矿产品位较低，加上长期以来粗放式经营，采、选技术水平低下，导致矿产资源总体利用率较低。根据国土资源部2003年《中国矿产资源年报》公布的资料，我国40多种主要矿产资源总体利用率不高，石油采收率仅29%，煤炭30%，其他固体矿产采、选、冶总回收率平均只有42%。其直接结果是，采矿废石，选矿尾矿排放量大，其中所含有用组分和有用矿物较高，从而也相应形成我国矿山二次资源的巨大潜力。

采矿废石和围岩是矿山开发中产出最多的矿山废弃物。除了有一些矿山企业将这些废石用于回填采空区或筑路以外，基本上没有再利用。

我国现有2000多座矿山尾矿库，尾矿积存量约50亿吨。其中，铁矿尾矿26亿吨，有色金属尾矿21亿吨，金矿尾矿2.7亿吨，化工尾矿0.3亿吨。目前对尾矿的利用率仅8.2%。据中国工程院最近的研究表明，我国12种大宗矿产每年尾矿排放量约3亿吨。

许多尾矿中有用组分含量较高。我国铜矿山尾矿中平均含铜0.126%，其中江西武山0.69%，湖北铜绿山0.44%；又如，广西壮族自治区南丹地区五份尾矿资源详查地质报告揭示，在南丹境内已控制的尾矿资源量中，尾矿中锡的平均品位（0.58%）要比云锡公司原矿地质品位0.546%还要高。辽宁省建昌八家子铅锌矿的尾矿中，含银69.94g/t，硫2.335%，铅0.19%，锌0.187%，铜0.027%。

矿山开采过程产生大量矿坑水，各种选矿工艺也产生大量选矿废水。据专家测算，目前我国开采1万吨矿石要产生矿坑水13.16万吨，每年产生的矿坑水至少在2000亿吨以上。同时，产生的选矿废水也在350亿吨以上。而对采矿产生的废水利用率仅4.2%。

煤矸石是采煤过程中产生的固体废弃物。全国有1900座煤矸石山，堆存煤矸石达35.6亿吨，其利用率为43%。随着煤矿开采，每年向大气中排放的瓦斯达194亿立方米，目前利用率最高估计只有25%。

全国重点铁矿选矿厂的技术经济指标显示，铁矿尾矿中平均铁品位为10%（其中，磁性矿为 7.93%，弱磁性矿为 21.05%，多金属铁矿为 15.76%）。在堆存的 26 亿吨铁矿尾矿中，至少含有 2.6 亿吨铁。按全国铁精矿平均品位 63.25% 折算，相当于 4.1 亿吨铁精矿。按国土资源部《矿产资源储量规模划分标准》，铁矿尾矿中蕴藏的铁金属量相当于 8 座大型（矿石储量不小于 1 亿吨）贫铁矿（按我国铁矿石平均品位 32% 折算为矿石）。而在 2.7 亿吨金矿尾矿中，蕴藏金储量 116.1t，相当于 5 座大型（金储量不小于 20t）金矿。

不难看出，我国矿山二次资源中的尾矿资源潜力是很大的。在大力推进矿产资源循环经济的过程中，努力开展技术创新活动，这些人工矿床就可望得到开发和利用。而且其开发利用的成本，显然要远远低于寻找同类型矿床投入的地勘费用。另外，如果它们不被资源化，不仅浪费了资源，还会污染环境和产生灾害。所以说矿山二次资源是矿业二次资源的重要组成部分。

5.2　矿山废石处理工程

矿山开采过程中，因剥离或掘进时产生的未达工业价值的矿床围岩或矿体夹石均称为废石。我国矿山废石的利用率很低，一般被选作建筑材料，总利用率不足 5%。大量矿山废石被堆放在荒郊野外，既占用大量土地，又破坏了生态环境。

5.2.1　矿山废石的一般处理方法

5.2.1.1　废石的排弃方法

根据矿山废石量的大小及矿山自然条件的特点，排弃废石的方法有以下几种：

（1）人工排弃。中小型矿山废石量不大，一般采用窄轨铁路和小型矿车，由矿车牵引或人力推送，将废石倒向选定的废石场。

（2）推土机排弃。绝大部分矿山均采用推土机排弃。此法可以节省大量劳动力，提高工作效率，露天开采场排弃废石适于采用此法。

（3）推土犁排弃。采用准轨铁路运输，推土犁排弃，移道机移道，适用于坚硬岩石、排弃量不太大且有足够场地的矿山。

（4）电铲排弃。效率高，堆置高度大。部分大型露天矿适于此法。

5.2.1.2　废石的堆积处置

废石中所含有用组分较少，没有回收价值，故一般采用堆积或填埋方法处置。废石山堆放，即由采矿场运出的废石经卷扬机提升，沿斜坡道逐步向上堆弃，形成一锥体形的废石场。目前中小型的露天金属矿山、大型井采金属矿山广泛采用堆积方法。堆积法可以减少占地和运输，便于管理。堆积场地要选用低凹宽阔的地方，防止坍塌和泥石流。

填埋法是利用自然坑洼地或人工坑凹填埋废石。用填埋法处理废石可使坑凹地变为平地。需要注意的是，填埋地上不宜修造建筑物和构筑物，并要采取措施防止雨水浸泡填埋后对地下水可能产生的污染。该法一般投资不多，节约运输，且可以造出平地，为矿山提供一些用地。

5.2.1.3　废石堆的覆土造田

虽然有时可将废石堆到采空区内实现复田，但更常见的复田办法是就地处置废石堆。

这样需要考虑重整坡度和再种植二者之间的密切关系。重整坡度是为降低废石堆高度和减小边坡角，使复田后方便种植和水土保持。在重整废石堆坡度的过程中，扬尘可能造成一种严重的危害，这就需要进行喷水以减少扬尘，在特别干旱的季节内应停止平整作业。大型剥离区，也可采用交替循环复田的方法，把后续采掘区的废石和表土回填到已采空的地段。

5.2.1.4　废石用作井下充填料

用废石回填矿山井下采空区是经济而又常用的方法。回填采空区有两种途径：一是直接回填法，上部中段的废石直接倒入下部中段的采空区，可以节省大量的提升费用，不须占地，但要对采空区有适当的加固措施，大多数矿山都部分采用了这种回填方法，从而减少了提升废石量；二是将废石提升到地表后，进行适当的破碎加工，再用废石、尾矿和水泥拌和回填采空区，这种方法安全性好，也可减少废石占地，但处理成本较高。我国山东招远金矿、焦家金矿，采用拌和水泥回填采空区的方法，并已积累了成套经验。

为了将废石和尾矿用于井下充填，要在矿山建立一套充填系统，通常包括废石、尾矿的分级和储存，浆料的地面和井下管道输送，充填工作面脱水，充填水的沉淀和排泥等。

5.2.2　废石和尾矿复田实例

矿山的废石和尾矿纯系无机砂物，不具有基本肥力，必须采取覆土、掺土、施肥等方法才能用于种植各种作物。现将已有的成功实例分述如下。

5.2.2.1　三九公司种植试验

三九公司选矿厂利用尾矿层种植农作物进行了试验，具体方法是：将浮选尾矿在戈壁滩上铺厚约 50cm 作为土壤层，种上农作物，用生活污水进行浇灌。结果表明，白菜长势良好，棵重 0.75kg。来年种"白大头"小麦，种植面积 0.7 亩地（466.7m²），施硫酸铵化肥 1kg，灌水四次，收割小麦 2.23kg，折合亩产 375～400kg。同时，种水稻、土豆、向日葵、豆荚、香菜、萝卜等均获得了成功。

5.2.2.2　鞍山黑色金属矿山设计院对一些矿山的调查

在尾矿粉地上种植水稻约有 200 亩，亩产达 250～400kg，有的种植高粱、玉米、土豆、青椒、红薯等作物，还有的种植杨树，效果都很好。在这些农林作物中，有的是种植在早年淤填的尾矿上，有的是种在当年堆存的尾矿上，有的是种在全尾矿上，也有的是种在掺拌有 10%～20% 泥土的尾矿上。值得注意的是，尾矿含有某些微量元素组分或有毒药剂，种植农作物要进一步研究这些组分的积累效果，特别是对人畜有害组分的积累问题，需进一步研究探讨。

5.2.2.3　坂潭矿覆土造田

坂潭矿属河流冲积型砂矿，下盘为风化花岗岩，在矿层上部覆盖 5～10cm 的砂质黏土，剥离系数 0.5～1.5，地面除河流外，均为水田和村庄。该矿自 1957 年建矿，生产初期没有考虑利用尾矿复田，造成了黄泥浆流入河中 11 万余立方米，污染 29km，沿河三个乡镇 2850 多亩农田受害。矿山为赔偿农民损失，从 1958～1963 年五年内就亏损 380 多万元。1963 年开展复田工作，到 1975 年已复田 1800 余亩，为总征用田亩的 75%。综合回收的产品产值占企业总产值的 64%，从 1964 年至今除购买 10 台推土机、铲运机等复田设备外，还增添了一大批采矿和选矿设备，实现了矿山开采机械化，为国家赢利 180 多万元，既复田支农，又发展了矿山生产。

新复的田第一年种花生，亩产可达100kg以上；第二、三年种水稻，亩产可达150～200kg；四五年以后水稻就可以恢复到开采以前的生产水平。在复田过程中，创造出一整套尾矿沉淀池的水力堆砌技术，只用很少的人力和资金，就可以做到安全堆砌上百万立方米大型尾矿沉淀池，使尾矿和黄泥浆水经过沉淀后变成清水，重新循环用于生产，与农业用水不发生矛盾，并防止了泥浆淤塞河流和淹没农田，使河床逐年下降，河水清澈透明。

由澳大利亚提供援助的"矿山废物管理研究"项目已于1993年正式启动。1994年，中澳矿山废物研究管理中心在中条山、铜陵公司两个矿区的复垦现场试验均已开展工作。中条山矿区试验面积10亩，复垦试验已经取得初步效果。

5.2.3 尾矿的综合开发利用

尾矿是采矿企业在一定技术经济条件下由于开采条件限制，或矿石品位较低（贫位矿）所放弃的或排出的"残留物"，但同时又是潜在的二次资源。当技术、经济条件允许时，可再次进行有效开发。据统计，2000年以前，我国矿山产出的尾矿总量为50.26亿吨。其中，铁矿尾矿量为26.14亿吨，主要有色金属的尾矿量为21.09亿吨，黄金尾矿量为2.72亿吨，其他为0.31亿吨。2000年我国矿山年排放尾矿达到6亿吨，按此，现有尾矿的总量为80亿吨左右。目前我国矿山有大中型尾矿库1500多座，如加上各种小型尾矿库，总计超过1万座。专家预计，金矿尾矿中一般含金0.2～0.6g/t；铁矿山尾矿的全铁品位8%～12%；铜矿尾矿含铜0.02%～0.1%，铅锌矿尾矿含铅锌0.2%～0.5%。尾矿中赋存的资源可观，利用价值很大。

特别是自2001年以来，黄金价格从255美元/oz上升到目前的600美元/oz左右，白银由4美元/oz上升到12美元/oz左右；铜由15000元/t上升到71000元/t左右；铅由4000元/t上升到13000元/t左右，锌由7200元/t上升到30000元/t左右；钼由不超过20000元/t上升到270000元/t以上。5年间，重要有色金属矿产品的价格翻了一番还多。全球矿产品价格持续上涨，增加了矿产品需求企业的生产成本，同时又加大了资源安全压力，利用尾矿有效地开发这些"二次资源"就成为企业挖潜升级的一大亮点。

2005年，黄金行业从尾矿及"废石"中提取的黄金近10t，一些大型有色、黑色金属矿山也开展了尾矿、"废渣"等资源的二次开发工作，取得了较好的成效。故此，应重视以下利用途径：

（1）从尾矿中回收有价金属和矿物。可以通过采用新技术使选矿厂将矿石破碎、筛分、研磨、分级，再经重选、浮选、氰化或生物浸提等工艺流程分级分批选出有价金属。其剩余部分，在有价金属成分含量很低的情况下可用作水泥或其他建材矿石。

（2）尾矿的整体利用。如本钢歪头山铁矿，利用再选后的尾矿生产彩色地面装饰砖、承重砌块，建成了年产10万平方米面砖和10万立方米砌块能力的两条生产线，年产值可达1300万元，成功地实现了矿山转产战略。江西德兴铜矿利用尾矿制成紫砂美术陶瓷和沙锅、酒具等日用陶瓷，制成外墙砖和锦砖，以及525号水泥和325号无熟料水泥。山东龙头旺金矿将尾矿分成三部分处理，大粒矿渣作铺路材料，细泥作为副产品出售，其余尾矿用作制砖材料，并于1991年建成一座年产1700万块的砖厂。山东焦家金矿于1996年投资200万元，引进国外"双免"砖生产技术，建成4条生产线，每年可利用尾矿6万吨。

（3）尾矿的无害化处置与利用。尾矿可作井下充填料或填坑铺路，也可对尾矿库复垦造田、绿化造林。尾矿坝就是指采用当地土、石或混凝土等建筑材料及尾矿，借助山谷地形条件堆筑起来，形成一定容积，用以堆存尾矿和储水的坝体，通常尾矿坝包括初期坝（又称基本坝）和堆积坝（又称后期坝）。利用尾矿坝技术建造生态公园、体育娱乐场地有很大的商业开发前景。

5.3　尾矿处理工程

我国矿种繁多，冶金、煤矿规模很大，其中锡、汞、铅、锌等有色金属的产量处于世界前列，但是对于有色金属矿山积累的大量尾矿处理率却很低。随着有色金属矿保有储量的不断减少，以及选矿技术的不断提高，尾矿的深度开发利用正在不断深入探索。

5.3.1　目的金属组分的分布特征和利用

5.3.1.1　有色金属企业开发的目的金属相对单一

一般有色金属矿山的目的金属开发只有一种，但也有两三种甚至更多种的。受限于技术，各矿山对目的金属的提取程度不高，所产生的尾矿中还有大量目的金属，有待新技术进行进一步提取。

一般来说，矿山越老，选矿技术越落后，所产生的尾矿中含有的目的金属和伴生金属的数量就越高。在贵州有一处铅锌矿，其尾矿不少，其中锌的含量大于9%；云锡公司已积存的选锡老尾矿，含锡量平均达0.15%；河南是全国产金大省之一，由于选金技术水平比较低，尾矿中含金量达0.8~1.2g/t，这样的含金品位，在一些发达国家是可以当成提金矿石使用的。

目的金属也可由于其原始赋存状态不同而被滞留下来。例如，锡在矿石中往往有几种存在形式，即氧化物、硫化物、硫酸盐等形式，而选矿中常常只考虑了分选其氧化物形式，其他形式的锡就可能被滞留下来。

尾矿中的目的金属组分具有重要的回收价值，不仅品位可观，而且不需到地下开采。处理尾矿时，必须首先考虑将其回收。云南锡业公司建立了一个回收处理50t/d的再选试验车间，1971~1985年共处理老尾矿112万吨，获锡金属量1268t。自20世纪80年代以来，该公司已进行了大量以再选锡为目标的选矿试验，一些尾矿库再选锡多已获得成功。其工艺流程为：尾矿—脱泥分级—螺旋溜槽预富集—摇床选矿。该工艺可获含锡20%、回收率达36.78%的毛锡精矿，再经浮选脱硫，最终获得精锡55%~61%、含锡34%~35%的成品锡精矿。

5.3.1.2　伴生有价金属的组成及利用

伴生有价金属是与目的金属伴生或共生在一起的金属组分，在数量上往往远少于目的金属，但是却存在着潜在价值甚至大于目的金属的价值金属。如我国铅锌矿尾矿中的伴生有价金属组分种类繁多，以伴生金、银的回收效益最好。

有色金属矿山矿石中的伴生非金属矿物种类很多，石英、云母、方解石、萤石、重晶石、绿泥石、绿帘石、高岭石等在选矿中多当作废物残留在尾矿中，其中萤石和重晶石的工业价值较大。

5.3.1.3　黄铁矿的回收利用

黄铁矿是有色金属矿石中最常见的硫化物，有色金属选矿时，常将其弃于尾矿之中。黄铁矿是生产硫酸的主要原料，同时它还常常是金的载体矿物，其回收价值不容忽视。黄铁矿的价值较低，一般都是在再选其他有价金属组分时顺便选出来作为有价副产品。

我国早期选金水平较低，尾矿中的含金量普遍偏高，多数金矿山的尾矿可以进行金的再选。地质矿产部郑州矿产综合利用研究所的研究表明，根据尾矿中金的产出特点，可以采用再磨－浮选－氧化、重选－内混汞、浮选－再磨－氰化、强磁选一再磨－氰化四种工艺，从尾矿中回收黄金。河南省洞波金矿与澳大利亚玻格材料资源公司合作，用新技术回收尾矿中的金，使该矿产量翻了番，产值达 2 亿元以上。陕西双土金矿采用重－浮选联合流程选出含量达 91.3g/t 的硫金精矿，经计算，金矿区金的产值可达 3.4 亿元。

5.3.2　尾矿的分类及其特征

5.3.2.1　尾矿的类型

（1）以石英为主的高硅型尾矿，可直接用作建筑材科。尾矿的矿物成分主要为石英，SiO_2 含量大于 80%，这类尾矿可以直接用来作为建筑材料，如作混凝土的掺和料生产硅酸盐水泥和硅酸盐制品等。当 SiO_2 含量超过 90% 时，还可直接生产玻璃。

（2）以长石、石英为主的富硅型尾矿，可作为生产玻璃的配料。其矿物成分主要为长石和石英，SiO_2 的含量为 60%～80%，$Na_2O + K_2O$ 的含量可达 4%～9%，这类尾矿可作为生产玻璃的配料，也可用于生产其他普通玻璃的制品。

（3）以方解石为主的富钙型尾矿，可用作水泥生料生产普通硅酸盐水泥。其矿物成分以方解石或石灰石为主，CaO 的含量可达 30%，这类尾矿可用作水泥生产普通硅酸盐水泥。

（4）成分复杂型尾矿，可用于生产铸石或陶粒制品。除上述类型外的尾矿可归为此类，矿物成分复杂，化学成分种类多，含量特征不突出。当其中金属氧化物含量高时，可用于生产铸石或陶瓷制品。

5.3.2.2　尾矿的主要化学组成

矿山尾矿由于来源不同，其物理化学组成与性质十分复杂。一般颗粒较细的尾矿与粗尾矿化学成分的区别如表 5－2 所示。其相应的物理力学性质见表 5－3。

表 5－2　尾矿主要化学成分组成

名称	组成/%								酸碱度
	Al_2O_3	Fe_2O_3	S	SiO_2	Au	P_2O_5	CaO	C	
尾矿	4.95	17.84	1.56	22.87	0.12	0.08	23.94	6.67	pH > 10
粗尾矿	4.07	22.00	7.01	21.33	0.22	0.10	21.72	5.60	pH > 10

表 5－3　尾矿物理力学性质

项目	密度 /t·m^{-3}	容重 /t·m^{-3}	最大粒径/mm	中值粒径/mm	平均粒径 /mm	不均匀系数	渗透系数/cm·s^{-1}	孔隙率 /%	水下休止角/(°)
尾矿	3.0	1.53	0.5	0.04	0.061	3.9	3.7×10^{-3}	38.1	22
粗尾矿	3.05	1.68	0.5	0.07	0.0792	3.89	8.6×10^{-2}	46.9	29

5.3.3　尾矿的综合处理与利用

尾矿处理是矿山生产的重要环节，也是选矿厂运营的重要组成部分。近年来，迫于环境和安全的压力，解决传统的尾矿地表堆存处理方法存在的环境、安全和占用土地等诸多问题，不断开发安全、高效的尾矿处理新技术，逐步得到了工业化应用。

5.3.3.1　尾矿综合处理与利用的一般原则

矿山尾矿既是一种可能影响环境的固体废物，又是一种具有开发利用价值的宝贵资源，因此要合理处理和利用尾矿，必须遵循以下几个基本准则。

（1）选择最佳的技术方案。一方面要做到物尽其用，最大地发挥其资源效益，另一方面要尽量减少处理时环境的污染，实现这一目标，就必须首先确定最佳的处理、处置方案，无论是处置还是利用，都应该采用最先进的技术和设备。同时保证能耗最低，危害最小，使尾矿能得到最完美的利用。

（2）既要有经济效益，又要有环境效益。选择处理方法和技术方案，首先要保证有良好的经济效益。在社会主义市场经济的条件下，只有良好的经济效益才能使尾矿的开发利用得以推广实施。当然，绝不能依靠牺牲环境来换取经济效益，对于严重污染环境的尾矿，必须毫不犹豫地进行合理处置，即便没有经济效益，也应该为保护环境而进行必需的投入处理。

（3）优先开发利用尾矿中的有价组分，提高经济效益和社会效益。尾矿中的有价组分，特别是一些稀散的有价组分，过去无法选出利用，而在今天的技术条件下完全可以回收和利用。在尾矿处理过程中要优先考虑把这些组分回收，使这些废弃资源得到利用，确保资源的可持续发展。要防止对尾矿的滥用，绝不可轻易丢失尾矿中经济价值较高的宝贵组分。

（4）先利用后处置的原则。无论是提取尾矿中的有价组分，还是对尾矿进行整体利用，这些思路均应优先予以考虑。而填埋、堆放等处置方法，只有在无法利用时才选择。

（5）处理开发尾矿要首先对尾矿进行勘查评价。对尾矿进行勘查评价包括确定尾矿的规模、尾矿的组分特征等。近代测试手段和高科技选冶方法，为尾矿勘查评价提供了良好的条件。昔日在矿山建立尾矿坝就是期盼今天能充分利用其中剩下的矿产资源。

5.3.3.2　尾矿综合利用的主要途径

（1）企业生产工艺中对废渣的充分利用。目前，大多数有色冶炼厂的生产工艺，除了对主要目的金属提取外，还对矿石中伴生的多种金属组分进行回收。大部分废渣也设法在本厂范围内被转移到后续工艺中加以利用，或生产多种副产品，只有少量终渣被堆放或填埋。

（2）对尾矿中的有价金属进行回收。有色金属矿山尾矿中往往含有多种有价金属。过去选矿技术落后，可能有 5% ~ 40% 的目的组分留在尾矿中。矿石中还有一些重要的伴生组分，当初选矿时就没有进行回收。表 5 - 4 列出了我国铜矿尾矿回收利用主要成果。

表 5-4　我国铜矿尾矿回收利用主要成果一览表

单位名称	回收组分	效果	回收方法
大冶有色公司	硅灰石等	较好	常规选矿手段
新冶铜矿	钨精矿，硫、铁精矿	很好	重选-磁选-漂选联合工艺
封山涧铜矿	铜、硫、铁精矿等	较好	重选-磁选-漂选联合工艺
铜绿山铜矿	铁、金、铜精矿（Au（21g/t、34g/t），Ag（100g/t），Cu（16%、58%））	年产 8×10^4 t，年获利 3000 万元	强磁选浮选-重选-磁选
铜官山铜矿	铁、硫精矿	铜精矿 61.1×10^4 t钼精矿 83.5×10^4 t总利润 2500 万元	常规方法改进
狮子山铜矿	金精矿	总回收率提高　10%~15%	螺旋溜槽加摇床精选
德兴铜矿	钼精矿	年回收钼 9.2t、金 33.4kg、硫精矿 1000t，年产值 1300 万元	再选加工
永平铜矿	白钨矿、硫精矿	白钨精矿 399.3t/a、硫精矿 1584t/a，年产值 668.4 万元	重选-磁选-漂选-浮选-重选
金川公司	铜、镍、钴等	回收率分别达 80%、90% 和 60%	氨浸-褐煤吸附法
平水铜矿	重晶石、硫精矿	回收率达 84%	混合浮选两段浮选

（3）用尾矿回填矿山采空区。尾矿粒度细而均匀，加入水泥用作矿山采空场的充填料，具有输送方便、易于胶结等优点，尾矿回填后大大减少了占地。值得提醒的是，要防止某些有价金属组分被重新埋入地下。其地下回填装置如图 5-1 所示。

（4）利用尾矿生产高附加值的产品。利用尾矿进行深加工，可以制造具有各种功能的材料、复合材料、玻璃制品等。根据尾矿的化学成分、矿物成分及粒度特征，还可以制造微晶玻璃、玻化砖、建筑陶瓷、美术陶瓷、铸石及水泥等，使之附加值大幅度提高。

（5）用尾矿生产矿物肥料或土壤改良剂。尾矿中含有某些植物所需的微量元素时，将尾矿直接加工即可当作"微肥"使用，或用作土壤改良剂。如尾矿中的钾、磷、锰、锌、钼及铁组分，常常可能是植物的微量营养组分，这类尾矿就可以用于生产"微肥"。

（6）在尾矿堆积场上覆土造田。尾矿一般占地多为低洼沟地和荒地，而目前又因多种原因暂时不能综合开发利用，于是覆土造田是较好的方法之一，既可以保护尾矿资源，

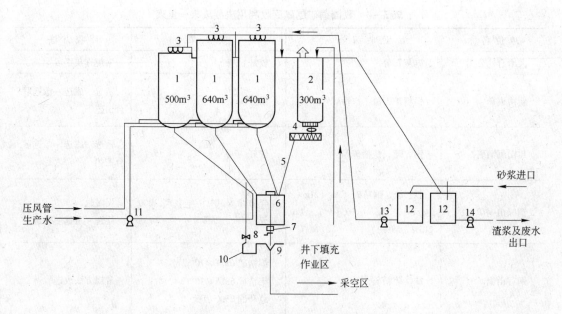

图 5–1 尾砂地下回填工艺示意图

1—立式砂仓；2—水泥仓；3—φ250 水力旋流器 ×3；4—双螺旋给料机；5—冲板流量计；6—φ2000×2200 高速搅拌机；
7—电磁流量计；8—γ 射线料浆浓度计；9—井下管路下料隔槽（开路）；10—事故池及渣浆泵；
11—高压造浆水泵；12—砂泵房来砂及排浆池；13—6/4D 渣浆泵 ×3；14—6/4E 渣浆泵 ×3

又可以治荒还田，创造新的经济财富与效益。特别是在采空区，加大覆土造田改造是企业难以推卸的职责。

5.4 尾矿综合利用的实例

5.4.1 尾矿再选

尾矿再选包括老尾矿再选利用、新产生尾矿的再选以及减少新尾矿的产生量。尾矿作为重要的二次资源，其再选利用可减少尾矿坝建坝及维护费，节省破碎、磨矿、开采、运输等费用，还可节省设备及新工艺研制的更大投资，因此受到越来越多的重视，获得了良好的经济效益。下面介绍尾矿再选的一些国内外实例。

5.4.1.1 铁矿尾矿再选

每选出 1t 铁精矿要排出 2.5～3t 尾矿，铁尾矿再选已引起钢铁企业重视，并已采用磁选、浮选、酸浸、絮凝等工艺从铁矿尾矿中再回收铁，有的还补充回收金、铜等有价金属，经济效益更好。鞍山式铁矿浮选尾矿脱泥筛分后，+75μm 组分经强磁 – 反浮选产出品位 61.29%、回收率 53.05% 的铁精矿，–75μm 组分经强磁 – 酸洗产出含 98.10% SiO_2 的硅粉，经济效益每年可达数百万元，还使最终尾矿的排放和堆存量减少 30% 以上，占地减少和环境效果十分显著。梅山铁矿重介质选矿后 – 0.5mm 的细粒铁尾矿再磁选，产出品位为 63.29%、产率 20.13% 的铁精矿，磁选尾矿经螺旋溜槽 – 浮选回收硫铁矿精矿，最终尾矿用于各类砖的生产，从而实现无尾矿目的。莱芜矽卡岩型铁矿的磁选尾矿含有金、铜、钴等有价金属，经重－浮联合流程再选，获得金和铜的精矿，年处理铁尾矿 22 万吨，获利 137.56 万元。

5.4.1.2 铜矿尾矿再选

铜矿石品位日益降低，每产出 1t 铜精矿就有 400t 废石和尾矿产生。德兴铜矿每年尾矿达 1 千万吨以上，尾矿中含铜、银、金，经再选加工获得含 Cu 22% ~24% 的铜精矿，其铜中加工厂一年回收铜 9.2t、硫 1000t、金 33.4kg，产值 1300 万元，为矿山高标准利用铜尾矿开创了良好前景。金川公司采用氨浸－褐煤吸附法从含 Cu 0.2%、Ni 0.24%、Co 0.013% 的铜镍矿尾矿中回收了铜、镍、钴，回收率分别为约 80%、90%、60%。云锡大屯选厂用浮选从铜尾矿中回收了含 95% ~97 CaF$_2$、回收率 35% ~55% 的萤石精矿。白银公司再选铜尾矿获得含硫 35% 的硫精矿。大冶新冶铜矿再选铜尾矿，获得含WO$_3$ 74.5%、回收率 61.5% 的白钨精矿。柏坊铜矿采用细菌浸出法浸出尾矿中的铜已投入生产。美国密歇根州将铜矿尾矿再磨和浮选（或氨浸），处理 8200 万吨，产出铜 33.8 万吨。

目前，用浸出法从铜尾矿回收铜获得很大成功。一般认为，用硫酸浸出铜尾矿建厂投资少、时间短、污染小，可利用冶金企业副产的硫酸，成本低，尾矿数量大时更为经济。美国亚利桑那州莫伦西铜厂，即用硫酸处理堆存的氧化铜尾矿，铜回收率 73.8%，年产 5 万吨阴极铜，占该厂铜产量的 13%。智利丘基卡马采用大浸出槽硫酸浸出－电解，以每年产出 5.25 万吨铜的速度从堆存多年的大量老尾矿中已累计回收了 90 万吨铜。

5.4.1.3 铅锌尾矿再选

八家子铅锌矿选矿尾矿堆存量 300 万吨以上，其中银含量较高，达 69.94g/t，将其再磨至 91.6% －0.053mm 解离银，用碳酸钠作调整剂（3000g/t），丁铵黑药（53g/t）和黄药（63g/t）作捕收剂，2 号油（8g/t）作起泡剂，栲胶（100g/t）作抑制剂，浮选出含银精矿，品位达 1193.85g/t、回收率 63.74%。广东粤西、粤北地区多处铅锌浮选尾矿采用螺旋溜槽重选，获得品位 39.75% ~44%、回收率 58% ~74% 的硫铁矿精矿，矿山经济效益提高，环保要求也易达到。俄罗斯别洛乌索夫铅锌选厂的锌浮选尾矿含有锌、铅、铜、铁的硫化物及重晶石，采用浮选再选，产出含铜、铅、锌的硫化物混合矿，含S 39% ~40%、回收率 87.7% 的黄铁矿精矿以及含 88% ~90% BaSO$_4$、回收率 48.2% ~61.6% 的重晶石精矿。

5.4.1.4 钨矿尾矿再选

钨常与许多金属矿和非金属矿共（伴）生，已有 8 个钨选厂从选钨尾矿中回收钼，如漂塘钨矿重选尾矿含 0.0992% MoO$_3$，磨矿后浮选获得含 47.83% MoO$_3$ 的钼精矿，回收率 83%，回收钼的产值占选厂总产值的 18%，再选铋的回收率达 34.46%。荡平钨矿白钨矿选矿尾矿含 17.5% 萤石，经浮选获得含 CaF$_2$ 95.67%、回收率 64.93% 的萤石精矿。湘东钨矿选钨尾矿含 0.18% Cu，再磨后浮选铜获得含 Cu 14% ~15% 的精矿。九龙脑黑钨矿重选尾矿含 BeO 0.05%，占原矿含铍量的 92.96%，采用碱法粗选、酸法精选，浮选产出含 BeO 8.23%、回收率 63.34% 的绿柱石精矿。

5.4.1.5 金矿尾矿再选

据认为，金尾矿中有 50% 以上都是可以再回收金的。因我国金矿早期选冶水平低，尾矿中金含量偏高，甚至包括采金船的重砂尾矿也如此。从金尾矿中再选冶回收金一般效益均较好，且工艺成熟易掌握，所以受到较多重视。应该指出的是，从金尾矿中除再选回收金以外，还可回收其他金属矿组分，而更多的是还能再选回收脉石组分，研究其矿物组成与粒度特性等，作为非金属矿再选应用。例如双王金矿尾矿再选提纯产出钠长石精矿，使矿山做到无尾矿产出，经济及环境效益均称上乘。

5.4.1.6　非金属矿选矿尾矿再选

从非金属矿选矿尾矿中可以再选金属矿，也可以再回收非金属矿，其领域十分广泛，这是近 10 年才受到重视的领域。例如南墅石墨矿浮选石墨的尾矿含 S 4.5%，主要是黄铁矿和磁黄铁矿，若排放既不经济又不安全，后经重 - 浮流程再选，获得含 S 45% 以上的一级品硫铁矿精矿，回收率 48.65%，浮硫尾矿再经重 - 磁 - 电联合流程再选，获得金红石精矿；最终尾矿可安全排放。江苏吴县青山高岭土矿经水力旋流器多段选别，溢流为高岭土产品，沉砂尾矿经再选产出含 S 大于 32% 的硫铁矿精矿，产出的中矿再浮选又可产出高岭土产品用于陶瓷，实现了无尾矿作业。

5.4.2　尾矿的直接应用

尾矿的直接应用，就是根据其化学和矿物成分、机械和物理性质、粒度及其分布等特征，将尾矿分类、归结为与某一类或一种非金属矿相近的范畴，采取像非金属矿应用一样的步骤和方法。因此，尾矿的直接应用前景是良好的，范围很广，效益可观，而且有非金属矿应用的理论和成功实践为指导，为尾矿利用奠定了坚实的基础。事实上，我国尾矿的直接应用也和尾矿再选一样取得了一些进展，具备了大力发展的条件。

5.4.2.1　金属矿选矿尾矿的直接应用

这类尾矿包括两个部分：一是经再选回收金属矿或部分非金属矿后的最终尾矿，也称二次尾矿；二是不经再选就直接应用的尾矿，也称为一次尾矿。它们的主要矿物成分是非金属矿物，如石英、长石、方解石、白云石、矽卡岩矿物、黏土矿物等，这类尾矿作为非金属矿直接应用已有不少成功经验。

（1）主要成分为石英、长石的尾矿。例如双王金矿，经重 - 浮流程选别硫金精矿后堆存的尾矿，其中主要含钠长石，将其湿式强磁选除铁后，钠长石含量由 63% 提高到 90%，含 Na_2O 9.5%、Fe_2O_3 0.65%、Au 0.1g/t，用于生产日用陶瓷、卫生陶瓷坯及釉、建筑陶瓷胚、电瓷、玻璃、玻纤等，其价值比单纯选金高 30 ~ 60 倍。又如栾川钼矿选钼尾矿含 SiO_2 73.78%、Al_2O_3 12.89%；K_2O 6.92%、Na_2O 1.62%、Fe_2O_3 1.25%，其中钾长石占 40%、石英占 33%。该尾矿脱泥后浮选产出长石和石英精矿，再分别磁选除铁后，长石精矿含 K_2O 12.24%、Na_2O 1.76%、SiO_2 65.00%、Fe_2O_3 0.50%，用于瓷釉和玻璃配料；石英精矿含 SiO_2 92.76%、K_2O 1.48%、Na_2O 0.50%、Fe_2O_3 0.15%，用作粗瓷骨料、玻璃原料及玻纤配料。整个矿山利用石英和长石的价值达 20 多亿元，为利用主金属钼的 2.13 倍，而且经济效益高，更为可喜的是使选钼尾矿的数量减少 70% 以上，对环境保护的贡献也很大。又如江西宜春钽铌矿重选尾矿经浮选回收锂云母后的最终尾矿脱泥脱水后，含 SiO_2 70.7%、Al_2O_3 15% ~ 16%、$Na_2O + K_2O$ 6.7%、Fe_2O_3 小于 2.5%、Li_2O 不小于 0.5%，属高硅铝质的非金属矿长石的应用范畴，用于瓶罐玻璃、釉面砖、马赛克生产。由于尾矿中含少量的 Li、Rb、Cs，可降低熔化温度 20℃、节省能耗，节约纯碱 40%，降低成本 20%，深受厂家的欢迎。

（2）主要成分为钙镁质的尾矿。我国有的铅锌矿主要脉石矿物是白云石，浮选铅锌矿后的尾矿含 19.8% MgO、28.6% CaO、0.44% SiO_2，达到熔剂和耐火材料用的一级白云石产品要求，成为直接应用有色金属矿选矿尾矿的代表。此类尾矿还可直接用于建材、水泥等行业，获得良好效益。

（3）主要成分为铁硅质的尾矿。某些铁矿尾矿含铁和硅较高，可先再选，产出磁性铁矿物和硫铁矿，最终尾矿直接应用。江苏梅山铁矿粗粒级尾矿直接用于铺路和回填地基，细粒尾矿含 Fe 24.50%、S 1.14%、SiO_2 24.55%、CaO 8.95%、MgO 2.27%、Al_2O_3 6.24%，先用磁选选出品位 63.92% 的磁性铁精矿，再浮选硫铁矿，最终尾矿直接用于烧结黏土砖、免烧法生产饰面砖及地砖，即采用浇注、机压、涂装、表面金属化工艺技术，生产出建材系列产品各类砖。其特点是：1）尾矿可直接利用；2）产品消耗尾矿量大，而且不磨、不烧，节约能源；3）产品分低、中、高三个档次，性能达到同类产品的标准，成本低廉；4）设备投资低，经济效益高。梅山铁矿实现了无尾矿生产。

5.4.2.2 非金属矿选矿尾矿的直接应用

随着非金属矿利用向超细、高纯、高科技、高增值方向发展，不少非金属矿都要经过选矿，获得并利用其中的一种或几种主要矿物，因此，产生了非金属选矿尾矿，也就成为尾矿利用的一个重要方向。

（1）高岭土尾矿。江苏青山高岭土矿生产造纸用高岭土后的尾矿，用摇床和浮选再选硫铁矿，降硫后的最终尾矿含 SiO_2 40.88%、Al_2O_3 39.17%、CaO 0.24%、MgO 1.18%、S 0.47%、LOI 16.72%、烧结白度 85.30、干燥收缩 3.20%，可塑性指数 9.8，其成分和性质与普通陶瓷高岭土尾矿类似，直接用于陶瓷工业，是我国第一个高岭土尾矿应用代表，矿山实现了无尾矿工艺。

（2）磷矿尾矿。江苏锦屏磷矿浮选尾矿累计堆存已达 1500 万吨，且每年还以 50 万吨的速度增加，这种尾矿含磷已很低，除利用回填矿山外，还用其配入粉煤灰、海砂、珍珠岩等制成微晶玻璃大理石，是选磷尾矿直接应用并取得良好经济效益和环境效益的证明。

（3）花岗岩尾矿。中国地科院尾矿利用中心及其试验基地，利用东北某地的"杜鹃红花岗岩"尾矿石粉，研究烧制出了优于一般花岗岩的"杜鹃红微晶玻璃花岗岩"。该产品耐酸、耐碱、可塑性高，是目前国内外高级建筑装饰材料之一，在国际上具有较强的竞争力。

此外，他们还利用首钢某铁矿的尾矿砂，研究烧制出优美的黑棕色工艺陶瓷和日用陶瓷，同时还为该铁矿层的围岩开发利用途径牵线搭桥，用于铁路的铺轨石。

5.5 尾矿综合利用的现状、对策及发展方向

当前科学技术的进步，尤其是选矿、冶金及非金属材料在各个领域广泛的应用，都为尾矿利用奠定了坚实的技术基础。尾矿的综合利用主要包括两方面：一是尾矿作为二次资源再选，再回收有用矿物，精矿作为冶金原料，如铁矿、铜矿、锡矿、铅锌矿等矿的尾矿再选，继续回收铁精矿、铜精矿、锡精矿、铅锌精矿或其他矿物精矿。二是尾矿的直接利用，是指未经过再选的尾矿直接利用，即将尾矿按其成分归类为某一类或几类非金属矿来

进行利用，如利用尾矿筑路、制备建筑材料、作采空区填料、作为硅铝质、硅钙质、钙镁质等重要非金属矿用于生产高新制品。

尾矿利用的这两个途径是紧密相关的，矿山可根据自身条件进行选择，也可二者结合共同开发，即先综合回收尾矿中的有价组分，再将余下的尾矿直接利用，以实现尾矿的整体综合利用。

从目前国内外尾矿利用成果看，应该说还停留在少量尾矿的利用上，尚无法实现大幅度减少或免除尾矿的排放，因此，立足长远，应着手进行无尾矿工艺的研究。实现无尾矿排放的基本路线是：先分离出尾矿中的粗中粒级物料，用其代替碎石、黄砂作为建筑用骨料使用；对余下的细粒尾矿进行再选，综合回收尾矿中的有价金属、非金属成分，再对剩余部分固化处理，生产出不同档次的建筑材料或固化块体充填塌陷区或尾矿土地复垦。

5.5.1　尾矿综合利用的现状

在矿冶领域里，世界上工业发达国家已把无废料矿山作为矿山的开发目标，把尾矿综合利用的程度作为衡量一个国家科技水平和经济发达程度的标志。其利用目的不仅仅是追求最大经济效果，而且还从资源综合回收利用率、保护生态环境等综合加以考虑。

前苏联、美国、加拿大等矿业发达国家尾矿的综合回收工作做得较好。例如，前苏联克里沃罗格磁铁石英岩，仅回收磁铁矿，每年便可多产铁品位 65% 的铁精矿 200 万吨。美国国际矿产和化学公司综合回收明尼苏达州铜、镍尾矿中的铅，每年可得 60 万吨铅金属。前捷克斯洛伐克最大的重晶石－菱铁矿矿床选厂尾矿库约存 800 万吨尾矿，该尾矿含铁 17% ~22%、重晶石 3.5% ~12%。采用强磁选机磁选，可获得品位 34.6%、回收率 70% 的菱铁矿精矿；回收率 65% ~70%、$BaSO_4$ 含量为 95% 的重晶石精矿。

随着科技的发展和学科间的相互渗透，尾矿利用的途径越来越广阔。国外尾矿的利用率可达 60% 以上，欧洲一些小国已向无废物矿山目标发展。前苏联将尾矿用作建筑材料的约占 60%，现已能用铁矿尾矿制造微晶玻璃、耐化学腐蚀玻璃制品和化工管道等；保加利亚把从尾矿中回收的石英用作水泥惰性混合料和炼铜熔剂；原捷克的一些矿山将浮选尾矿的砂浆、磨细的石灰和重晶石加入颜料压制成彩色灰砂砖。

尾矿的利用问题是一项系统工程，涉及的相关知识较多，如地质、选矿、材料、玻璃、陶瓷、建筑等，需多学科联合攻关才能在短期内出效果。前苏联已建立了从矿物原料、选矿、化学和非金属工艺实验室至实验厂这样的联合体，专门研究处理矿物废料问题。前苏联矿物原料综合利用率也从 20 世纪 60 年代的 30% ~50% 提高到现在的 50% ~70%。

我国的尾矿综合利用研究起步较晚，近几年发展迅速。其原因一方面和国家重视有关，另一方面和我国的资源特点及利用状况有关。我国的金属矿产资源贫矿多、伴生组分多、中小型矿床多，目前不少矿山进入中晚期开采，资源紧张加上开采成本越来越高，经济效益日趋降低，形势已逼迫一些矿山不得不走多种矿物产品共同开发和综合利用的路子。

20 世纪 80 年代以来，随着尾矿矿物学及工艺矿物学研究的深入，对许多尾矿中可以利用的矿物组分，研究了它们的再选性质，对不可再选或再选技术经济效果较差的尾矿，研究了将它们作为非金属整体应用的性能及适当的分类，为尾矿综合利用开辟了新的前景。在尾矿再选方面，选矿技术有了较全面的完善和提高，为细粒微细粒、品位低下、结构复杂的尾矿研制出了一些再选别的有效方法，如浮选、重选、高梯度磁选，甚至堆浸及选冶联合工艺。对不可再选的尾矿，根据它们的矿物和化学成分、物理性质分别按相近的各类非金属矿应用方法开辟应用途径。

近几年，一些研究院所、高等院校等单位与矿山企业紧密合作，在从尾矿中回收有价金属与非金属元素、尾矿制作建筑材料、磁化尾矿作土壤改良剂等方面已取得了一些实用性成果。多年来从矿山废渣中已回收铜 148 万吨、铝 8.7 万吨、铅 39 万吨、锌 15 万吨，分别占其消耗量的 19%、1%、11%、4%。尾矿综合利用搞得较早和较好的矿山有金川、攀枝花、梅山铁矿、白云鄂博等矿山企业。例如金川矿除镍外，已能综合回收钴、铂、钯、锇、铱等元素。

5.5.2 我国尾矿综合利用存在的问题与对策

5.5.2.1 存在的问题

我国在尾矿综合利用方面虽然取得了很大成绩，但远不能适应经济和社会可持续发展的要求。与国内其他领域工业固体废弃物的利用水平及国际先进水平相比，存在着较大差距：

（1）综合利用率低。我国目前矿产资源的总回收率只能达到 30% 左右，平均比国外水平低 20%。就采选的回收率而言，铁矿为 67%，有色金属矿为 50% ~60%，非金属矿为 20% ~60%。有益组分综合利用率达到 75% 的选厂只占选厂总数的 2%，而 70% 以上的伴生综合矿山，综合利用率不到 2.5%。更值得注意的是有些矿山的共（伴）生组分甚至超过矿产的价值，但这些共（伴）生组分在主矿产选矿时进入尾矿未得到利用。仅以有色矿山为例，每年损失在尾矿中的有色金属就达 20 万吨，价值在 20 亿元以上。国外尾矿的利用率可达 60% 以上，欧洲一些小国已向无废物矿山目标发展，而我国尾矿的利用率仅为 7% 左右，差距很大。

（2）高附加值产品少、缺乏市场竞争力。目前，我国尾矿在工业上的应用，大多仅停留在对尾矿中有价元素的回收上或直接作为砂石代用品（粗、中粒）销售。开发出的高档建材产品如微晶玻璃花岗石、玻化硅等，因工艺过程相对复杂，成本较高，而密度又较大，无法与市场上出售的各种装饰建材相竞争，因此，到目前为止，还基本上处于试验室及中试阶段，很难在工业上推广应用。

（3）投入不足，政策扶持力度有待加强。长期以来，尾矿利用项目在资金上得不到保证，投入严重不足。目前，我国没有专项资金支持资源综合利用，融资渠道没有解决，再加上矿山行业普遍效益较差，尾矿利用资金筹措非常困难。在政策扶持上，国家先后出台了资源综合利用减免所得税、部分资源综合利用产品企业减免增值税的优惠政策，但尚没有具体制定针对尾矿利用的鼓励性政策。

（4）资源意识、环境意识不高。资源利用的法律、法规建设落后，尾矿利用基础管理薄弱，缺少尾矿利用的基础资料等，皆成为制约尾矿利用的影响因素。

5.5.2.2 尾矿利用的对策与建议

在第二次工业污染防治工作会议上国家强调："综合利用，变废为宝，既保护了国家的资源，又充分利用了国家资源，同时又净化了环境，可谓一举多得。"报告高度概括了资源综合利用的必要性和迫切性。在面向 21 世纪新的历史发展阶段，我国有限的资源将承载着超负荷的人口、环境负担，仅靠拼资源、外延扩大再生产的经济增长，是不可能持续的。结合尾矿利用的现状以及大量尾矿所带来的诸多问题，尾矿利用工作应当进一步引起有关部门、矿业企业的高度重视，应从政策、经济、法律以及技术等方面采取切实可行的措施。

（1）进一步转变观念，提高尾矿利用意识。国家有关部门应确定尾矿利用在资源综合利用中的重要地位，矿山企业应当树立长远观念，要把尾矿利用作为实现矿业持续发展的必要措施。要运用各种手段和形式，加强尾矿利用的宣传教育，使全行业真正认识到尾矿利用对节约资源、保护环境、提高矿山经济效益、促进经济增长方式的转变、实现合理配置资源和可持续发展，有着重要的意义。

（2）完善法律和政策体系，强化政策导向作用。1986年我国颁布了《矿山资源法》，对矿产资源的合理开发和有效保护起到了积极的保护作用。仅这项法规还不能完全适应新形势的要求，希望尽快出台《资源综合利用法》、《再生资源综合利用法》，使资源综合利用包括尾矿综合利用工作能够纳入到法制化轨道，同时继续贯彻现有的一些鼓励资源综合利用的政策，如《国务院批转国家经贸委等部门关于进一步开展资源综合利用意见的通知》，财政部、国家税务总局《关于继续对部分资源综合利用产品实行增值税优惠政策的通知》等。

（3）强化管理工作，增加对尾矿利用的投入。尾矿利用是社会性公益事业，除充分发挥市场机制的作用外，还应加强综合部门的宏观管理，将尾矿利用纳入国家、行业发展规划和制订分步实施的计划。矿山企业要对尾矿利用工作统筹规划，要设立或指定具体的管理机构，加强企业内部尾矿利用的管理与协调。

鉴于尾矿利用是集环境、社会、经济效益于一体的长期性、公益性事业，国家应当加大科技投入的力度，建立工程化研究基地和示范工程。建议国家设立资源综合利用专项基金，在政策性银行设立资源综合利用贷款专项，并给予贴息、低利率、延长还款期等方面的信贷优惠政策，引导企业增加对尾矿利用的投入，使我国尾矿利用工作走上健康发展的道路。

（4）加强尾矿资源的调研工作，加大尾矿利用科技攻关力度。由于我国的尾矿量大、分布广、性质复杂，因此加强对尾矿资源的调研工作，摸清基本情况，找出存在的问题以对症下药，是推进尾矿利用的重要基础。通过调研，摸清现有尾矿堆存的数量、年排出量、尾矿的基本类型、粒度组成、各种有用金属矿物和非金属矿物含量、有害成分的含量等，根据地域和不同类型尾矿的特点，从技术，经济上指出其合理利用的途径。

搞好尾矿综合利用，还有许多技术问题需要解决，因此，必须加大科技攻关的力度，应重点解决尾矿中伴生元素的综合回收技术，经济地生产高附加值以及大宗用量的尾矿产品的实用技术等，开展尾矿矿物工艺学的研究。国家应大力支持尾矿利用科技攻关工作，通过科技攻关及成果的推广，使我国尾矿利用率由目前的7%提高到30%左右，逐步提高我国工业固体废弃物综合利用的整体水平，缩小与世界先进水平的差距。

5.5.3　尾矿利用的发展方向

（1）尾矿利用朝着不断实现无尾矿工艺的方向发展。

（2）尾矿利用向深度、广度方向发展。尾矿利用由粗放、低值向精细、高值方向发展，由尾矿一次利用向二次利用、多次利用方向发展，尾矿由本国利用向跨国利用方向发展。尾矿的直接应用，已由利用尾矿中砂、废石（尾矿粗砂）铺路、混凝土骨料→作水泥原料、制砖→微晶玻璃高级装饰材料→复合材料（新材料）的方向发展。利用尾矿制成的高级材料如微晶玻璃花岗岩，具有精细、高度抗蚀、不吸水、比天然岩石更坚硬轻盈、可塑性高易造型等优点，其物理、化学等性能比人造大理石和天然大理石、天然花岗石还要优越。

本 章 小 结

　　矿山二次资源是指矿床开采和选矿过程中产生的、仍然堆存或遗留在矿区范围内的废石、尾矿、煤矸石、矿坑水、选矿废水等各种废弃物的总称，主要有：（1）矿床开发经人工和机械扰动产生的各种固体废弃物；（2）矿床开采过程中虽经人工扰动，却没有位置移动而保留在原地的废弃物；（3）矿床开发过程中产生的液态和气态物质三种类型。

　　矿山二次资源的特点：（1）化学成分和物质成分基本上继承了一次资源的特点；（2）具有资源利用和环境整治的双重特点；（3）具有多用途性。

　　尾矿的综合开发利用应重视以下利用途径：（1）从尾矿中回收有价金属和矿物；（2）尾矿的整体利用；（3）尾矿的无害化处置与利用。

　　尾矿综合处理与利用的一般原则：（1）选择最佳的技术方案；（2）既要有经济效益，又要有环境效益；（3）优先开发利用尾矿中的有价组分，提高经济效益和社会效益；（4）先利用后处置的原则；（5）处理开发尾矿要首先对尾矿进行勘查评价。

　　我国尾矿综合利用存在的问题：（1）综合利用率低；（2）高附加值产品少，缺乏市场竞争力；（3）投入不足，政策扶持力度有待加强；（4）资源意识、环境意识不高。对策：（1）进一步转变观念，提高尾矿利用意识；（2）完善法律和政策体系，强化政策导向作用；（3）强化管理工作，增加对尾矿利用的投入；（4）加强尾矿资源的调研工作，加大尾矿利用科技攻关力度。

　　尾矿利用的发展方向：（1）尾矿利用朝着不断实现无尾矿工艺的方向发展；（2）尾矿利用向深度、广度方向发展。

复习思考题

1. 什么是矿山二次资源，其主要类型有哪些？
2. 试述矿山二次资源的特点。
3. 我国矿山二次资源综合利用的潜力。
4. 什么是矿山废石？简述矿山废石的一般处理方法。
5. 简述用废石回填矿山井下采空区的方法。
6. 简述尾矿的综合利用途径。
7. 简述尾矿的类型。
8. 尾矿综合处理与利用的一般原则是什么？

9. 什么是尾矿的直接应用?

10. 简述我国尾矿综合利用存在的问题及其对策。

11. 试述尾矿利用的发展方向。

❖—❖

参 考 文 献

[1] 胡应藻. 矿产综合利用工程 [M]. 长沙:中南工业大学出版社,1995.

[2] 杨建设. 固体废物处理处置与资源化工程 [M]. 北京:清华大学出版社,2007.

[3] 张锦瑞,等. 金属矿山尾矿综合利用与资源化 [M]. 北京:冶金工业出版社,2002.

6 其他工业固体废弃物综合利用

6.1 概 述

6.1.1 工业固体废物的产生

工业固体废物是指在工业、交通等生产活动中产生的采矿废石、选矿尾矿、燃料废渣、化工生产及冶炼废渣等固体废物，又称工业废渣或工业垃圾。

我国是一个发展中国家，也是一个工业固体废物的产生大国。长期以来，我国经济发展为资源消耗型模式，随着城市化和工业化进程的加快，工业固体废物的产生量也迅速增长。目前，我国每年产生固体废物 10 亿多吨，据申报，1995 年工业固体废物的年产生量为 6.45 亿吨，主要类别为冶炼渣、化学及化工废物等；2000 年，全国工业固体废物产生量为 8.2 亿吨；2002 年，全国工业固体废物产生量为 9.5 亿吨，比上年增加 6.5%；工业固体废物排放量为 2635.2 万吨。目前工业固体废物的综合利用率只有 45%，其余大都堆存在城市工业区和河滩荒地上，风吹雨淋使之成为严重的污染源，并使污染事件不断发生，造成严重后果。

从产生工业固体废物的不同行业来看，以矿业、电力蒸汽热水生产供应业、黑色金属冶炼及压延加工业、化学工业、有色金属冶炼及压延加工业、食品饮料及烟草制造业、建筑材料及其他非金属矿物制造业、机械电气电子设备制造业等行业的产生量最大，合计占总量的 95% 左右。其中，尤其以矿业和电力蒸汽热水生产供应业的产生量为主，约占总量的 60%。

根据生产工艺和废物形态，工业固体废物的产生有连续产生、定期批量产生和事故性排放等多种方式。

（1）连续产生。固体废物在整个生产过程中被连续不断地产生出来，通过输送泵站和管道、传送带等排出，如热电厂粉煤灰浆。这类废物在产生过程中，物理性质相对稳定，化学性质则有时呈现周期性变化。

（2）定期批量产生。固体废物在某一相对固定的时间段内分批产生，如食品加工废物。这是比较常见的废物产生方式，通常定期批量产生的废物，批量大体相等。同批产生的废物，物理化学性质相近，但批间有可能存在着较大的差异。

（3）一次性产生。多指产品更新或设备检修时产生废物的方式，如催化剂设备清洗废物。这类废物的产生量大小不等，有时常混杂有相当数量的车间清扫废物和生活垃圾等，所以组成成分复杂，污染物含量变化无规律。

（4）事故性排放。指因突发性事故或因停水、停电使生产过程被迫中断而产生的报废原料和产品等废物，这类废物的污染物含量通常较高。

6.1.2　工业固体废物的分类

工业固体废物是大规模工业生产的副产品，产品的生产过程就是废物的产生过程。根据不同的分类标准，可将工业固体废物分为不同的类别。

按工业固体废物的危害状况，可将工业固体废物分类如下：

（1）一般工业固体废物。包括粉煤灰、冶炼废渣、炉渣、尾矿、工业水处理污泥、煤矸石及工业粉尘。

（2）危险废物。指易燃、易爆、腐蚀性、传染性、放射性等有毒有害废物外，半固态、液态危险废物在环境管理中通常也划入危险废物一类进行管理。

按产生工业固体废物的行业类别，可将工业固体废物分类如下：

（1）冶金固体废物。主要指在各种金属冶炼过程中或冶炼后排出的所有残渣废物。高炉矿渣、钢渣，各种有色金属渣，各种粉尘、污泥等。

（2）采矿固体废物。在各种矿石、煤的开采过程中，产生的矿渣数量极大，涉及的范围很广，如矿山的剥离废石、掘进废石、煤矸石、选矿废石、废渣、各种尾矿等。

（3）燃料固体废物。燃料燃烧后所产生的废物，主要有煤渣、烟道灰、煤粉渣、页岩灰等。

（4）化工固体废物。化学工业生产中排出的工业废渣，主要包括硫酸矿渣、电石渣、碱渣、煤气炉渣、磷渣、汞渣、铬渣、盐泥、污泥、硼渣、废塑料以及橡胶碎屑等。

（5）放射性固体废物。在核燃料开采、制备以及辐照后燃料的回收过程中，都有固体放射性废渣或浓缩的残渣排出。

（6）玻璃、陶瓷固体废物。

（7）造纸、木材、印刷等工业固体废物。如刨花、锯末、碎木、化学药剂、金属填料、塑料、木质素。

（8）建筑固体废物。主要有金属、水泥、黏土、陶瓷、石膏、石棉、砂石、纸、纤维。

（9）电力工业固体废物。主要有炉渣、粉煤灰、烟尘。

（10）交通、机械、金属结构等工业固体废物。主要有金属、矿渣、砂石、模型、陶瓷、边角料、涂料、管道、绝缘材料、黏结剂、废木、塑料、橡胶、烟尘等。

（11）纺织服装业固体废物。主要有布头、纤维、橡胶、塑料、金属。

（12）制药工业固体废物。主要指药渣。

（13）食品加工业固体废物。主要有肉类、谷物、果类、菜蔬、烟草。

（14）电器、仪器仪表等工业固体废物。主要有金属、玻璃、木材、橡胶、塑料、化学药剂、研磨料、陶瓷、绝缘材料等。

6.1.3　工业固体废物的综合利用价值

工业固体废物是人们在生产过程中利用了矿物等原材料中对特定工艺有益的物质而剩下来的部分，其中仍蕴藏有大量资源。

首先，部分工业固体废物中仍含有非常高含量的贵金属等。表6-1～表6-4中列出了一些典型工业固体废物中的化学成分。

表 6-1　典型砷碱渣的化学成分　　　　　　　　　　　　　　　　（%）

名　称	Sb	As	Na_2CO_3	Na_2SO_4	Na_2S	H_2O	其他
砷碱渣	40.72	24.9	27.95	6.01	2.57	2.44	<0.5

表 6-2　典型赤泥的化学成分　　　　　　　　　　　　　　　　（%）

名　称	Al_2O_3	SiO_2	CaO	Fe_2O_3	Na_2O	TiO_2	K_2O	P_2O_5	B
烧结法赤泥（1）	5~7	19~22	44~48	8~12	2~2.5	2~2.5			
联合法赤泥（2）	5.4~7.5	20~20.5	44~47	6.1~7.5	2.8~3.0	6.0~7.7	0.5~0.7		
拜耳法赤泥（3）	21.6	14.0	31.0	3.1	4.5				
赤泥（4）	7.0	28.0	48.0	8~10	2.5	2.5	0.5	0.5	0.03

表 6-3　铜阳极泥的化学成分　　　　　　　　　　　　　　　　（%）

厂别	Au	Ag	Cu	Pb	Bi	Ni	Se	Te	SiO_2	As	Sb
1	0.60	10.6	21.6	10.0	0.62		3.5	0.51		4.2	20.6
2	0.80	18.8	0.5	12.0	0.77	2.8	1.3	0.50	11.5	3.1	11.5
3	0.49	15.5	15.0	4.5	2.3	1.6	3.1	0.03		6.5	10.2
4	0.19	17.5	12.8	9.3	0.41		2.1	0.91	15.05		
5	0.24	12.5	27.4			1.6	12.8	0.21			
6	0.02	7.0	29.0	4.0	0.50	0.05	0.75		2.5	2.0	1.5

表 6-4　铅阳极泥的化学成分　　　　　　　　　　　　　　　　（%）

厂别	Pb	Bi	Au	Ag	Te	Sb	Cu	As	Sc
1	8~10	5~8	0.32	15.4	0.43	45~55	0.60	2~3	微~0.2
2	8~10	约12	0.05	10.3	0.43	20~30	0.83	12~13	0.2
3	20	10	0.02	5.0		18	0.80	<1	

　　由表 6-1~表 6-4 可以看出，有关废渣的主要化学组成为原生矿石的伴生组分以及不同冶炼方法需要所加入的溶剂组分。这些废渣中普遍含有有用的金属组分或者富含某些非金属组分。废渣中主要组分的含量变化，随着生产厂家的不同而不同。可以认为，大多废渣具有一定的资源化价值，关键是看是否有合适的技术可以进行再生利用。一些废渣中的金属元素含量甚至比该种金属的矿石品位还高，很有利用价值。例如，一些铝锌废渣中银的含量可达每吨数十克，一些铜渣中金的含量远远超过矿石的品位。

　　这些废渣的主要矿物成分除了与原生矿物中的矿物组成有关外，更主要的是在冶金过程中存在复杂的物理化学反应可能使之生成新的矿物。在高温条件下，成分复杂的原生矿石和材料彼此化合可以生成新的物质。

　　其次，由于目前生产工艺尚不够先进，废渣的产量是非常大的。如前所述，各种矿山开采的剥离层，坑道掘进的渣、石，如碎石、煤矸石等数量巨大。煤矸石是采煤和选煤过程中的排弃物，通常占采煤量的 5%～20%。我国每年煤矸石的排放量在 1.4 亿吨，历年的积存量已超过 20 亿吨。此外，我国是世界上第三大粉煤生产国，仅电力工业的年粉煤灰排放量已逾亿吨，但目前的利用率仅在 38% 左右。

如果能对其加以利用，可以获得非常可观的环境效益和经济效益，如我国鞍钢的矿渣山经多年堆放，存积钢铁渣近 1 亿吨。这些废渣占地挤河，污染环境。为使渣山变废为宝，1985 年初，鞍钢将原来 8 个零散的渣山合并成立矿渣开发公司，改造了 8 条小型旧式磁选加工流水线，新建了 35 万吨、50 万吨和 240 万吨 3 条破碎磁选加工线，每年可回收钢铁原料 30 万吨，每年创利 200 多万元。

6.1.4　工业固体废物的综合利用途径

资源短缺与生态环境恶化是当前人类社会发展的两大主要问题，受到普遍的关注与重视。环境污染归根结底是资源未能得到充分合理的利用。解决资源短缺和环境污染的根本出路在于使资源得到充分合理的利用，实现无废或少废的清洁生产工艺。然而，目前的工业生产中大多只利用资源的主要有用组分，其他被弃之为"废物"。因此，现阶段资源综合利用的主要表现形式是废弃物的再资源化。固体废物常被称为"放错地方的原料"，尤其在自然资源日趋匮乏的今天，将固体废物作为再生资源进一步利用，具有很好的社会效益、环境效益和经济效益。

开展资源综合利用是我国国民经济与社会发展的一项重大经济技术政策和长远的战略方针，是节约资源、治理污染、保护环境、实现可持续发展的现实选择与重要措施，是提高经济增长、促进经济增长方式转变、实现资源优化配置的有效途径，也是实现固体废物资源化与减量化的最重要手段。

工业固体废物的综合利用是防止环境污染的最根本的方法。综合利用就是通过回收、加工、循环使用等方式，从工业固体废物中提取或者使它转化为可以利用的资源、能源和其他材料的活动，如利用工业固体废物制作建筑材料，从工业固体废物中回收能源、回收有用的物资等，这是当前和今后大力发展的方向。特别是近 20～30 年来，环境问题日益尖锐，资源日益短缺，工业固体废物综合利用越来越引起人们的重视。

鉴于目前我国的财力有限，要办的事很多，短期内国家不可能拿出大量资金用于废弃物资源化。因此，要使废弃物资源化能在较短的时间内有一个较大的提高，在综合利用途径和项目的选择上必须遵循的原则是：投资少、用废量大、见效快；技术上成熟、易于掌握和推广应用；用量虽小，但具有明显的经济效益；产品具有市场竞争能力或明显社会环境效益。

目前消纳和综合利用固体废物的途径主要有以下几种。

（1）生产建材。工业固体废物的成分大部分为硅酸盐、铝酸盐、硫酸盐、碳酸盐等类物质，而建筑材料大多是由硅酸盐、碳酸盐、硫酸盐、铝酸盐物质制成的材料。因此，通过科学的方法和途径，大部分工业固体废物具备生产建筑材料的潜能。

各类工业废渣如粉煤灰、煤矸石、矿渣、炉渣、页岩等废弃物均可作为基料，制造空心砖、实心砖、砌块等产品以取代黏土砖，或采取不同的处理方式制造生态水泥。这两种方式可以大量消耗固体废物，且技术易于掌握，造价较低，有利于大规模推广应用。当然在固体废物的处置上增加技术含量、提高产品价值，提高性能是发展的重要方向。

利用固体废弃物生产建材前景非常广阔，优点是：

1）耗渣量大，具有较好的社会与经济效益。例如，贵州省1990年生产各类建筑用砖26.42亿块，其中黏土砖为2.83亿块，若有1/3的黏土砖即9亿块掺用30%的粉煤灰，则全年用灰62.1万吨，即可少毁农田162亩（平均按取土深5m计），节约标煤4.5万吨以上。

2）投资少，见效快，产品质量高，市场前景好。

3）能耗低，节省原材料，不产生二次污染。

4）可生产的产品种类繁多，如作水泥原料与配料、掺和料、缓凝剂、墙体材料、混凝土的混合料与骨料、加气混凝土、砂浆、砌块、装饰材料、保温材料、矿渣棉、轻质骨料、铸石、微晶玻璃等。

（2）回收或利用其中的有用组分。开发新产品，取代某些工业原料，如煤矸石沸腾炉发电，洗矸泥炼焦，作工业或民用燃料，钢渣作冶炼熔剂，硫铁矿烧渣炼铁，赤泥塑料，开发新型聚合物基、陶瓷基与金属基的废弃物复合材料，从烟尘和赤泥中提取Ca与K等，能起到节约原材料、降低能耗、提高经济效益的目的。

（3）提取各种有价金属。有色金属渣中往往含有其他金属，如金、银、钴、镍等，有的金属含量可达到工业矿床的品位，甚至超过很多倍，有些矿渣回收稀有贵重金属的价值超过主金属的价值。把这些有价金属提取出来是固体废物重要的利用途径。

（4）筑路、筑坝与回填。投资少、用量大、技术成熟、易推广。美国、英国、法国、德国、波兰等国在这方面的粉煤灰综合利用量占50%～70%，我国不少地方也做得比较好，筑1km公路用灰可达几万吨。有的地方回填后覆土，还可开辟为耕地、林地或进行住宅建设。贵阳发电厂由于在这方面做得好，被评为全国粉煤灰综合利用先进单位。只要在经济上可行的运输距离范围内，应大力提倡。

（5）生产农肥和土壤改良。许多工业固体废物含有较高的硅、钙以及各种微量元素，有些还含磷和其他有用组分，可作为农业肥料使用。如利用粉煤灰、炉渣、钢渣、黄磷渣和赤泥及铁合金渣等制作硅钙肥，铬渣制造钙镁磷肥等，施于农田均具有较好的肥效，不但可提供农作物所需的营养元素，还有改良土壤的作用，使作物增产，同时还可改善植物吸收磷的能力。有的固体废物可作为石灰的补充来源，但必须注意的是要严格检验这些固体废弃物是否有毒，另外施用废渣要因地制宜，避免农田板结。

6.2　钢铁冶金工业固体废物综合利用

钢铁冶金工业固体废物是指在铁、钢冶金生产过程中产生的固体、半固体或泥浆废物。其特点是：（1）量大面广，处理工作量大；（2）可综合利用价值大；（3）有毒废物少。钢铁冶金工业迅猛发展，目前我国钢铁年产量已经达到4.1878亿吨规模（2006年的钢铁产量相当于日、美、俄、韩、德、印6国之和）。随之而来的是其固体废物产生量、累积库存量日益增大，中国钢铁工业固体废物年产量约1.7亿吨，综合利用率为44.7%。占地多，污染周围环境，浪费资源，大量的中小型钢铁企业面临被淘汰和转型。国家资源综合利用奖励政策鼓励：（1）通过技术改造，减少废物产生；（2）采用新技术对固体废物进行开发综合利用。其废物产生和利用情况如表6-5所示。

表6-5　钢铁工业固体废物产生量和利用率（2001）

种类项目	尾矿	冶炼渣				尘泥	粉煤灰与炉渣	工业垃圾
		高炉矿渣	钢渣	铁合金渣	化铁炉渣			
产生量/万吨	7500	4980	2090	90	60	1660	540	360
利用率/%	7	85	42	90	95		40	45

6.2.1　高炉渣

高炉渣是高炉冶炼生铁过程中，由铁矿石中的脉石、焦炭燃料中的灰分和助熔剂等炉料中排出的非挥发组分的废物。当炉温达1400~1600℃时，炉料熔融，杂质以硅酸盐和铝酸盐为主的熔渣浮在铁水的上面，被称为高炉渣。采用贫铁矿炼铁时，生产1t的生铁可排出1~1.2t的高炉渣；采用富铁矿炼铁时，生产每吨生铁排出0.25t的高渣炉。

6.2.1.1　废渣来源

高炉渣是高炉炼铁过程中，由矿石中的脉石、燃料中的灰分和助熔剂（石灰石）等炉料中的非挥发组分形成的废物。

6.2.1.2　主要类型

（1）按照来源分类，高炉渣可分为铸造生铁排出的矿渣、炼钢生铁排出的矿渣及含有其他金属的铁矿石熔炼生铁所排出的矿渣三类。

（2）按照物理化学性质分类，高炉渣可分为碱性渣、酸性渣和中性渣三类。

碱度：指矿渣中碱性氧化物（CaO、MgO）和酸性氧化物（SiO_2、Al_2O_3）的含量比，通常用M_0表示，即

$$M_0 = \frac{w(CaO) + w(MgO)}{w(SiO_2) + w(Al_2O_3)} \begin{cases} M_0 > 1 & 碱性渣 \\ M_0 < 1 & 酸性渣 \\ M_0 = 1 & 中性渣 \end{cases}$$

当炉渣中Al_2O_3和MgO含量变化不大时，炉渣碱度用$w(CaO)/w(SiO_2)$之比来表示，比值大于1为碱性渣，小于1为酸性渣，等于1为中性渣。此时也用总碱度$w(CaO + MgO)/w(SiO_2)$来表示。

6.2.1.3　矿物组成

碱性高炉渣多被视为钙铝黄长石和钙镁黄长石［Ca(Mg)O-Al_2O_3-SiO_2］复杂固熔体，还有硅酸盐二钙（$2CaO \cdot SiO_2$）、硅灰石（$CaO \cdot SiO_2$）、钙长石（$CaO \cdot Al_2O_3 \cdot 2SiO_2$）、钙镁橄榄石（$CaO \cdot MgO \cdot SiO_2$）等。

6.2.1.4　化学组成

高炉渣有Ca、Mg、Al、Si、Mn的氧化物等15种以上化学成分，但主要成分CaO、MgO、SiO_2和Al_2O_3约占总重的95%；SiO_2和Al_2O_3来自矿石中的脉石和焦炭中的灰分；CaO和MgO主要来自熔剂。

6.2.1.5　物化特性

高炉渣的物理化学性能依赖于高炉渣的处理方法，如图6-1所示。所谓处理是将液态的熔渣处理成固态渣。常用的熔渣处理方法有水淬法（急冷法）、半急冷法和热泼法

（慢冷法）。所对应的成品渣分别为水淬渣（酸性高炉渣
当快速冷却时全部冷凝成玻璃体）、膨胀渣和重矿渣
（特别是弱酸性的高炉渣在缓慢冷却时往往出现结晶的
矿物相，如黄长石、假灰石、辉石和斜长石等）。重矿
渣是高温熔渣在空气中自然冷却或淋少量的水慢速冷却
而形成的致密块渣，其物化性质与天然碎石相近，块渣
容重多在 1900kg/m³ 以上，具有良好的抗压、耐磨、抗
冻、抗冲击性能。

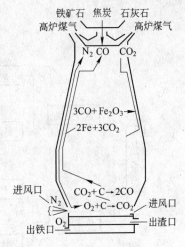

图 6-1　高炉和炉内的化学变化
过程示意图

高钛高炉渣主要矿物为钙钛矿、钛辉石、巴依石、
尖晶石等；锰铁高炉渣主要矿物为锰橄榄石（2MnO·
SiO_2）。从表 6-6 所示的高炉渣的化学成分和矿物组成
看，属于硅酸盐材料系列，适合加工制作水泥、碎石、
集料等建材。

表 6-6　我国高炉渣的化学成分（质量分数）　　　（%）

名称	CaO	SiO_2	Al_2O_3	MgO	MnO	Fe_2O_3	TiO_2	V_2O_3	S	F
普通渣	38~49	26~42	6~17	1~13	0.1~1	0.15~2	—	—	0.2~1.5	—
高钛渣	23~46	20~35	9~15	2~10	<1	—	20~29	0.1~0.5	<1	—
锰铁渣	35~47	21~37	11~24	2~8	5~23	0.1~1.7	—	—	0.3~3	—
含氟渣	35~45	22~29	6~8	3~7.8	0.1~0.8	0.15~0.19	—	—	—	7~8

6.2.1.6　高炉渣的综合利用

我国高炉渣主要处理工艺及利用途径如图 6-2 所示。

A　水淬渣作建材

我国高炉渣主要用于生产水泥和混凝土。由于矿渣能吸收水泥熟料水化时所产生的
$Ca(OH)_2$，所以高炉渣能在水泥生产中起到改进性能、扩大品种、调节标号、增加产量、
保证水泥安定性合格等作用。

（1）矿渣硅酸盐水泥。由 80% 左右的水淬渣，加入 15% 左右的石膏和少量硅酸盐水
泥熟料（5%~8%）或石灰（3%~5%）混合磨细制得，是一种水硬性胶凝材料，亦称
矿渣硫酸盐水泥。具有较好的抗硫酸盐侵蚀性质，但早期强度低，易风化起砂，需加强
养护。

（2）钢渣矿渣水泥。由 45% 左右的钢渣，加入 40% 左右的高炉水渣及适量石膏磨细
而成。为改善性能，可适当加入硅酸盐水泥熟料，以钢渣为主要原料，投资少，成本低，
但早期强度偏低。

（3）矿渣混凝土。以水渣为原料，配入激发剂（水泥熟料、石灰、石膏），放入轮碾
机中加水碾磨与骨料拌和而成。具有良好的抗渗性和耐热性，可用于水利工程作防水混凝
土，也可用于 600℃ 以下的热工工程中。其配比情况如表 6-7 所示。

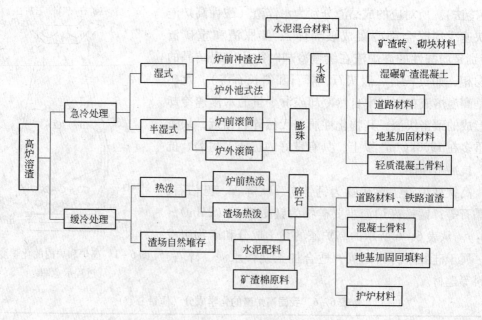

图 6 - 2   高炉渣处理工艺及利用途径示意图

表 6 - 7   矿渣混凝土配合比

项　　目	不同强度等级混凝土的配合比			
	C15	C20	C30	C40
水泥	—	—	≤15	20
石灰	5 ~ 10	5 ~ 10	≤5	≤5
石膏	1 ~ 3	1 ~ 3	0 ~ 3	0 ~ 3
水	17 ~ 20	16 ~ 18	15 ~ 17	15 ~ 17
水灰比	0.5 ~ 0.6	0.45 ~ 0.55	0.35 ~ 0.45	0.35 ~ 0.45
砂浆细度	≥25	≥30	≥35	≥40
浆：矿渣（质量比）	(1:1) ~ (1:1.2)	(1:0.75) ~ (1:1)	(1:0.75) ~ (1:1)	(1:0.5) ~ (1:1)

注: 1. 表中配合比以砂浆为 100。

    2. 水泥以 400MPa 硅酸盐水泥为准。

B　膨珠作轻骨料

膨珠有质轻、面光、自然级配好、吸声、隔热等优良性能，可以制作内墙板、楼板等，也可以用于承重结构。用作混凝土骨料可节约 20% 左右的水泥，生产轻质混凝土密度为 1400 ~ 2000kg/m³，较普通混凝土轻 1/4 左右；同时具有良好的力学性能，抗压强度为 9.8 ~ 29.4MPa。

C　重矿渣作骨料和道渣

矿渣碎石的物理性能与天然岩石相近，其稳定性、坚固性、撞击强度以及耐磨性、韧度均满足工程要求。安定性好的重矿渣，经破碎、分级，可以代替碎石用作骨料和道渣。

（1）重矿渣作骨料配制混凝土。重矿渣碎石混凝土的抗压强度与灰水比的关系和普通混凝土相近，并具有与普通碎石混凝土相当的物理学性能和良好的保温隔热抗渗性能，在防水、抗渗、抗振、耐热等特殊工程中广泛采用。

（2）重矿渣碎石作道渣。矿渣碎石具有缓慢的水硬性，适合修整公路矿渣碎石含有许多小气孔，对光线的漫反射性能好，摩擦系数又大，用之铺成的沥青路面明亮，制动距离短。重矿渣具有良好的坚固性、抗冲击性及抗冻性，能适当吸收行车时产生的振动和噪声。

D　高炉渣的其他应用

（1）生产矿渣棉。以高炉渣为主要原料，加入白云石、玄武岩等成分及燃料一起加热熔化后，采用高速离心法或喷吹法制成矿渣棉，具有质轻、保温、隔声、隔热、防震等性能，可用于加工各种板、毡、管壳等。矿渣棉的物化性质如表6-8和表6-9所示。

表6-8　矿渣棉的化学成分　　　　　　　　　　（%）

化学成分	SiO$_2$	Al$_2$O$_3$	CaO	MgO	S
含量	32~42	8~13	32~43	5~10	0.1~0.2

表6-9　矿渣棉的物理性质

容积密度 /kg·m^{-3}	导热系数 /W·m^{-3}·K^{-1}	烧结温度 /℃	纤维直径 /μm	使用温度 范围/℃	渣球（直径小于0.5%） 含量/%
一级<100	<0.044	800	<6	-200~700	<6
二级<150	<0.046	800	<8	-200~700	<8

高炉渣生产矿渣棉的工艺流程如图6-3所示。

图6-3　喷吹法生产矿渣棉的工艺流程

（2）利用高钛矿渣作护炉材料。高钛矿渣的主要矿物成分是钙钛矿、安诺石、钛辉矿及TiC、TiN等。利用高钛矿渣钛的低价氧化物高温难熔性和低温时增加析出等特点，在高温冶炼过程中溶解，并在低温时自动析出沉积于侵蚀严重部位，缓减侵蚀作用。

（3）生产微晶玻璃。微晶玻璃是一种用途广泛的新型无机材料。62%~78%的高炉渣、22%~38%的硅石或其他非铁冶金渣、5%~10%的氟化物、磷酸盐和铬、锰、钛、锌等多种金属氧化物作晶核剂，送入炉中熔融成液体，然后用吹、压等一般玻璃成型方法成型，并在730~830℃下保温3h，最后升温到1000~1100℃保温3h，使其结晶、冷却即为成品。微晶玻璃比高钛钢硬，比铝轻，绝缘、耐磨、抗腐蚀。加热或冷却速度应低于5℃/min。常见微晶玻璃生产配方的化学组成如下：SiO$_2$为40%~70%；Al$_2$O$_3$为5%~15%；CaO为15%~35%；MgO为2%~12%；Na$_2$O为2%~12%；晶核剂为5%~10%。

高炉渣还可以用来生产陶瓷、铸石等。

6.2.2　钢渣

钢渣主要是炼（轧）钢金属炉料中各元素被氧化后生成的氧化物。炼钢基本原理与炼铁相反，它是利用空气或氧气氧化除去生铁中的碳、硅、锰、磷等元素，并在高温下与石灰石、萤石、硅石等（造渣剂）起反应，形成熔渣。

世界各国的冶金工业，每生产 1t 粗钢都会排放约 130kg 的钢渣、300kg 含铁粉渣及其他废料。全世界每年排放钢渣量约 1 亿 ~ 1.5 亿吨，中国积存钢渣已有 1 亿吨以上，且每年仍以数百万吨的排渣量递增，钢渣的利用率较低，约为 10%。若不处理和综合利用，钢渣会占用越来越多的土地，污染环境，并造成资源的浪费，影响钢铁工业的可持续发展。因此，有必要对钢渣进行资源化和高价值综合利用的研究。

6.2.2.1　钢渣来源

钢渣主要来源于铁水与废钢中所含元素氧化后形成的氧化物，金属炉料带入的杂质，加入的造渣剂如石灰石、萤石、硅石等，以及氧化剂、脱硫产物和被侵蚀的炉衬材料等。

6.2.2.2　钢渣分类

按炼钢方法，钢渣可分为转炉钢渣、平炉钢渣和电炉钢渣；按不同的生产阶段，平炉钢渣可分为初期渣和末期渣，电炉钢渣分为氧化渣和还原渣；按钢渣性质，钢渣分为碱性渣和酸性渣。

（1）转炉钢渣：转炉吹氧炼钢生产周期短，大都一次出渣，是现代炼钢的主要方法。我国转炉炼钢比例已达 60% 以上，转炉钢渣约占钢渣总量的 70%，每吨转炉钢产渣量目前基本上是 130 ~ 240kg。

（2）平炉钢渣：平炉炼钢周期比转炉长，分氧化期、精炼期和出渣期，并且每期都出渣，其中初期渣占 60%、精钢渣 10%、出钢渣 30%，每吨平炉钢出渣量 170 ~ 210kg。

（3）电炉钢渣：电炉炼钢以废钢为原料，主要生产特殊钢，生产周期长，分氧化期和还原期，分期出渣，其中氧化渣占 55%，目前每吨电炉钢出渣量为 150 ~ 200kg。

6.2.2.3　物化性质

钢渣是一种多矿物组成的固熔体，其性质如表 6 - 10 所示。

表 6 - 10　中国某些钢厂钢渣的化学成分

成分/%		SiO_2	Fe_2O_3	Al_2O_3	CaO	MgO	MnO	FeO	P_2O_5	S	fCaO	碱度
转炉钢渣	马钢	15.55	5.19	3.84	43.15	3.24	2.31	19.22	4.02	0.35	4.58	2.19
	本钢	16.36	1.49	2.56	50.44	1.22	2.06	11.50	0.56	0.34	1.57	2.98
	鞍钢	8.84	8.79	3.26	45.37	7.98	2.31	21.38	0.75	0.26	6.95	4.74
	武钢	16.24	3.18	3.37	58.22	2.28	4.48	7.90	1.17	0.35	2.28	3.34
	首钢	12.26	6.12	3.04	52.66	9.12	4.59	10.42	0.62	0.23	6.024	4.08
平炉钢渣	马钢	12.10 ~ 16.30	2.7 ~ 7.24	2.7 ~ 6.83	43.97 ~ 52.74	6.93 ~ 12.43	0.62 ~ 2.51	10.19 ~ 18.53	0.33 ~ 4.67		0.64 ~ 4.20	1.82 ~ 3.00
	鞍钢	16.64 ~ 32.77	1.79 ~ 7.02	1.10 ~ 9.64	16.52 ~ 37.79	11.15 ~ 12.42	1.04 ~ 3.96	3.97 ~ 36.92	0.13 ~ 1.00		—	0.37 ~ 1.80
电炉钢渣	氧化渣	21.3	—	11.05	41.60	13.48	1.39	9.14		0.04	—	1.18
	还原渣	17.38	—	3.44	58.53	11.34	1.79	0.85		0.10	—	3.60

注：1. fCaO 为游离氧化钙。
　　2. 碱度 = $w(CaO)/w(SiO_2 + P_2O_5)$。

可以看出，钢渣基本呈黑灰色，外观像结块的水泥熟料，其中夹带一些铁粒，硬度大，密度为 1700 ~ 2000kg/m³。钢渣的主要化学成分为：CaO、SiO_2、Al_2O_3、FeO、

Fe_2O_3、MgO、MnO、P_2O_5，有的还含有 V_2O_5 和 TiO_2 等。钢渣的特点是 Fe 的氧化物以 FeO 和 Fe_2O_3 形式存在，而以 FeO 为主，总量在 25% 以下。钢渣中一般均含有 P_2O_5，其在钢渣矿物形成中起重要作用。

钢渣由于化学成分的组成，决定了其在碱性、活性、稳定性、耐磨性以及其他方面的一些显著特点，表现如下：

（1）碱性。指钢渣中的 CaO 与 SiO_2、P_2O_5 含量比。

有低碱度钢渣、中碱度钢渣和高碱度钢渣之分。

低碱度钢渣　$R = 1.3 \sim 1.8$

中碱度钢渣　$R = 1.8 \sim 2.5$

高碱度钢渣　$R > 2.5$

（2）活性。当钢渣碱度大于 1.8 时，含有 60% ~ 80% 的 C_2S（$2CaO \cdot SiO_2$ 缩写方式）和 C_3S（$3CaO \cdot SiO_2$ 缩写方式，为活性矿物，具有水硬胶凝性）。因此，高碱度的钢渣具有高活性，可作水泥生产原料和制造建材制品。

（3）稳定性。含 $fCaO$、MgO 等的常温钢渣是不稳定的，只有 $fCaO$、MgO 基本消解完后才会稳定，含 $fCaO$ 高的钢渣不宜做水泥、建材及工程回填材料。

（4）耐磨性。把标准砂的耐磨指数作为 1，则高炉渣为 1.04，钢渣为 1.43，钢渣比高炉渣耐磨，因而，钢渣宜做路面材料。

（5）其他物理性质。钢渣含铁量较高，密度比高炉渣的大，一般在 $3.1 \sim 3.6 g/cm^3$。

钢渣还可用作高炉炼铁熔剂。钢渣中含有 10% ~ 30% 的 Fe，40% ~ 60% 的 CaO，2% 左右的 Mn。若把钢渣加工成 $10 \sim 40mm$ 粒渣，可用作炼铁熔剂，不仅可以回收钢渣中的 Fe，而且可以把 CaO、MgO 等作为助熔剂，从而节省大量石灰石、白云石资源。钢渣中的 Ca、Mg 等均以氧化物形式存在，不需要经过碳酸盐的分解过程，因而还可以节省大量热能。

6.2.2.4　钢渣综合利用技术

A　生产钢渣水泥

钢渣中含有与硅酸盐水泥熟料相似的硅酸二钙（C_2S）和硅酸三钙（C_3S），高碱度转炉钢渣中二者的质量分数在 50% 以上，中、低碱度的钢渣中主要为硅酸二钙（C_2S）。钢渣的生成温度在 1560℃ 以上，而硅酸盐水泥熟料的烧成温度在 1400℃ 左右。钢渣的生成温度高，结晶致密，晶粒较大，水化速度缓慢，因此，可将钢渣称为过烧硅酸盐水泥熟料；以钢渣为主要成分，加入一定量的其他掺和料和适量石膏，经磨细而制成的水硬性胶凝材料称为钢渣水泥。生产钢渣水泥的掺和料可用矿渣、沸石、粉煤灰等。为了提高水泥的强度，有时还可加入质量不超过 20% 的硅酸盐水泥熟料。根据加入掺和料的种类，钢渣水泥可分为钢渣矿渣水泥、钢渣浮石水泥和钢渣粉煤灰水泥等。钢渣水泥的生产工艺简单，由原料破碎、磁选、烘干、计量配料、粉磨和包装等工序组成。各种钢渣水泥的配比如表 6 - 11 所示。

B　作为水泥掺和料

钢渣中含有硅酸三钙、硅酸二钙等物质，具有水硬胶凝性，同时还含有较高的 Fe_2O_3，很适合替代铁矿粉用于水泥生产的掺和料。一般作水泥掺和料的钢渣粒度小于 $12mm$，为入磨粒度，掺入量小于 10%。目前，国内很多钢厂都在分选小于 $12mm$ 的钢渣作水泥掺和料，上海、江苏、浙江、湖南等地应用较好。

表 6 –11　各种钢渣水泥的配比

品　　种	强度等级/级	配比/%				
		熟料	钢渣	矿渣	沸石	石膏
无熟料钢渣矿渣水泥	27.5 ~ 32.5	—	40 ~ 50	40 ~ 50		8 ~ 12
少熟料钢渣矿渣水泥	27.5 ~ 32.5	10 ~ 20	35 ~ 40	40 ~ 50		3 ~ 5
钢渣沸石水泥	27.5 ~ 32.5	15 ~ 20	45 ~ 50	—	25	7
钢渣硅酸盐水泥	32.5	50 ~ 65	30	0 ~ 20		5
钢渣矿渣硅酸盐水泥	32.5 ~ 42.5	35 ~ 55	18 ~ 28	22 ~ 32		4 ~ 5
钢矿高温型石膏白水泥	32.5		20 ~ 50	30 ~ 55		12 ~ 20

C　替代部分水泥作混凝土掺和料

采用磨细钢渣掺和料完全可取代部分水泥应用在泵送混凝土中。该掺和料不仅对水泥适应性好，同时还可改善泵送混凝土拌合物黏聚性、减小摩擦力、降低泵压等；同时，可提高硬化混凝土的密实性、强度和抗渗性、抗冻性、抗碳化性及混凝土耐久性等。另外，钢渣粉可取代部分水泥，与粉煤灰、水泥和粗集料钢渣形成的混凝土，当配比选择适宜，完全可替代常规混凝土，用于建筑工程和基础工程，从而降低工程造价。

D　钢渣配烧水泥熟料

利用钢渣配烧水泥熟料，不仅熟料 fCaO 下降，强度提高，且水泥安定性合格率和立窑台时产量均提高。另外，利用钢渣作混凝土的耐磨集料，可提高混凝土耐磨性能 35% 以上，并使混凝土的抗压、抗折强度以及抗折弹性模量也有一定的提高，混凝土的使用寿命延长。抚顺水泥有限公司与东北勘测设计研究院联合开发的抗冲耐磨水泥，同时具有抗冻、抗渗、抗冲击、韧性强等特点，可用于水电工程中的溢洪道的流面、输水隧洞、导流隧洞、排沙洞等过水建筑物的抗冲耐磨部位。该水泥采用工业废渣（钢渣、尾矿渣、熔渣）作水泥原料及混合材，不但具有良好的特性，且利用废渣的比例达到 30% 以上。

E　生产钢渣微粉

钢渣是水泥的良好替代品。研究表明，钢渣粉可等量代替 10% ~ 40% 的水泥，可降低混凝土的成本，这是钢渣综合利用的一条有效途径。但是，钢渣中含有的 5% ~ 6% 游离氧化钙（fCaO）是导致钢渣矿渣水泥体积安定性不良的主要因素。将钢渣尾料磨细成表面积为 $400 ~ 550 m^2/kg$ 的微粉，其游离 CaO 易在水化过程中释放 $Ca(OH)_2$，从而使水泥体积安定性得到改善，且可提高水泥的强度。首钢钢渣微粉厂、武钢冶金渣环保工程公司、涟钢钢渣公司等单位建成了钢渣粉生产线，消化了大部分的钢渣，具有良好的社会效益和经济效益。

F　生产钢渣砖和砌块

钢渣可作胶凝材料或骨料，用于生产钢渣砖、地面砖、路缘石、护坡砖等产品；钢渣经磨细和加入添加剂，可降低 CaO 的不安定性，适合作建筑材料。用钢渣生产钢渣砖和砌块，主要利用钢渣中的水硬性矿物，在激发剂和水化介质作用下进行反应，生成系列氢氧化钙、水化硅酸钙、水化铝酸钙等新的硬化体。该工艺简单、成本低、能耗省、性能好、生产周期短、投产快。在低活性钢渣中加入无机胶凝材料以激发钢渣活性，研制出钢渣混凝土空心砌块，钢渣掺用量为 50%。在空心率为 35% 的条件下，砌块抗压强度大于

20MPa，制品具有强度高、工艺简单、成本低、废物利用率高等特点。

G　钢渣作为地基材料

粉煤灰已被广泛用于墙体材料、公路和铁路路堤、土工结构填方工程、地基处理等方面（如 CFG 桩复合地基），然而，钢渣因受其自身特有的材料化学特性制约，其开发利用还落后于前者。结合工程实践，近年来开发出了一种新型的水泥粉煤灰钢渣桩（CFS），由水泥、粉煤灰及钢渣按一定比例配合而成，凝结后具有相当的黏结强度，其力学性能介于刚性－半刚性之间，与桩间土及褥垫层共同组成复合地基。

H　作钢铁冶炼烧结熔剂

转炉钢渣一般含40%～50%的 CaO，1t 钢渣则相当于 0.7～0.75t 石灰石。将其磨细至 8mm，可替代部分石灰石作烧结熔剂。钢渣作烧结熔剂不仅可以回收其中的钢粒、氧化铁、氧化钙、氧化镁、氧化锰和稀有元素（V、Nb、……），而且显著提高烧结矿的产量和质量。作高炉或化铁熔剂替代部分石灰石和萤石，钢渣中含 10%～30% 的 Fe、40%～60% 的 CaO、2% 的 Mn，直接返送到高炉做熔剂，就能回收铁，并把 CaO、MgO 等作助燃剂，节省了大量的石灰石、白云石资源，这些氧化物无须经过碳酸盐的分解过程，还节约了大量热能。

I　作筑路与回填工程材料

钢渣容重大、强度高、表面粗糙、耐蚀与沥青结合牢固，因而特别适于在铁路、公路、工程回填、修筑堤坝、填海造地等方面代替天然碎石使用。但由于钢渣内可能含有游离 CaO，它的分解会造成钢渣碎石体积膨胀，出现碎裂、粉化，所以不能作为混凝土骨料使用。用作路材时，也必须对其安全性进行检验并采取适当措施，促使游离 CaO 完全分解。例如将钢渣堆放半年到一年或破碎到 300mm 以下粒径，是一种降低游离 CaO 含量的简便方法。

J　作农肥和酸性土壤改良剂

含磷生铁炼钢时产生的钢渣含有一定量的磷、镁、硅、锰等元素，可以直接加工成钢渣磷肥。例如中国马鞍山钢铁公司的钢渣含磷达 4%～20%（以 P_2O_5 计），生产出的磷肥 P_2O_5 含量可达 16% 以上。钢渣磷肥特别适用于酸性土壤和缺磷的碱性土壤，具有一定的增产效果。同时，钢渣含有大量的硅，将 SiO_2 含量大于 15% 的钢渣磨细到 0.246mm（60目）以下，可作硅肥用于水稻生产（水稻需要大量的硅元素以强秆）。每亩施用 100kg，增产 10% 左右。钢渣中的钙、镁、锰等元素可以中和酸性土壤，增强了作物抗逆能力。

K　回收废钢

钢渣一般含 7%～10% 废钢及钢粒，加工磁选后，可回收其中 90% 的废钢。

6.3　有色冶金工业固体废物综合利用

我国是有色金属的生产大国之一。1993 年 10 种有色金属的产量比 1982 年净增 217.45×10⁴t，平均每年递增 9.71%。目前，我国有色金属总产量在国际上排名第四位。有色冶金（nonferrous metallurgy）工业废渣是指各种有色金属冶炼或加工过程中所产生的废渣、废泥的统称，例如矿山提取铜、铅、锌、锑、铝、锡、汞等目的金属后排放出来的固体废物。以有色金属渣、泥为主，其重点排放污染源情况如表 6-12 所示。

表 6 – 12　有色金属渣、赤泥的重点污染源

类别	地区	企业	生产量 /10^4t	排放量 /10^4t	利用量 /10^4t	处置量 /10^4t	堆存量 /10^4t	占地面积/万亩
有色 金属渣	甘肃省	金川有色金属公司	41. 91	41. 91			411. 65	27. 00
	辽宁省	沈阳冶炼厂	29. 17		29. 17			
	湖南省	株洲冶炼厂	17. 30	11. 02	6. 28		111. 10	3. 87
	云南省	云南冶炼厂	54. 50	11. 86	2. 64		215. 50	7. 50
赤泥	山东省	山东铝厂	59. 21		27. 29	31. 92	11. 45	50. 00
	河南省	郑州铝厂	43. 74		1. 13	42. 61	497. 86	71. 40
	江苏省	苏州硫酸厂	10. 84		10. 84			

注：1 亩 = 666.6m^2。

(1) 有色冶金工业固体废物的来源。

1) 冶炼废渣；2) 加工渣；3) 含金属烟尘；4) 金属粉尘；5) 金属泥。

(2) 有色冶金工业固体废物的常用分类。

1) 按照固体废物的形态特征可分为废渣和尘泥，前者包括冶炼加工渣，后者包括烟尘、金属粉尘（泥）和金属泥。2) 按照冶炼目的金属的不同可分为铜渣、锌渣、锑渣、钨渣、锡渣等。3) 按照冶炼目的金属的主要设备不同可分为反射炉渣、闪烁炉渣、鼓风炉渣、电炉渣、烟化炉渣、回转窑炉渣等。4) 按照废渣中残余的特殊代表性组分不同，可分为砷碱渣、砷钙渣、砷铁渣、铜镉渣、银铅烟灰等。5) 按照生产工艺和成渣方法的不同，可分为拜尔法赤泥、烧结法赤泥、联合法赤泥、水淬铜渣、铜撇渣、浸出渣等。6) 按照废渣中含铁量可分为含铁炉渣和脱铁渣。一般有色冶金炉渣中均含铁，称含铁炉渣。含铁炉渣经脱铁后成为脱铁渣。7) 按照渣的产生过程不同可分为一次渣、二次渣和终渣。一次渣是矿石或精矿经过一次熔炼所产生的炉渣；二次渣是对一次渣进一步处理后排出的渣；终渣是经过多次处理后最终排放的渣。8) 按照废渣的危害程度，可分为有毒渣、无毒渣、放射性渣等。

(3) 有色冶金工业固体废物的组成特征。

1) 化学成分特征。有色冶金工业企业中常见的几种固体废物的化学成分如表 6 – 13 和表 6 – 14 所示。

表 6 – 13　铜渣的化学成分　　　　　　　　　　　　　　　　　（%）

名　称	Al_2O_3	SiO_2	CaO	MgO	Fe	Zn	Cu	C	S
反射炉铜渣 (1)	2 ~ 3	33 ~ 38	8 ~ 10	1. 1 ~ 5	27 ~ 36	2 ~ 3	—	0. 2 ~ 0. 5	—
反射炉铜渣 (2)	—	38. 74	9. 62		34. 01		0. 30		—
反射炉铜渣 (3)	2. 84	31. 58	4. 80	1. 02	35. 05	3 ~ 3. 5	0. 59		3. 46
鼓风炉铜渣 (1)	2. 01	33. 82	4. 84	1. 57	37. 6	2. 41		0. 4	
鼓风炉铜渣 (2)	2. 60	33. 8	13. 51	1. 48	33. 8	0. 25	0. 29		0. 79
鼓风炉铜渣 (3)	5. 0	36 ~ 38	9 ~ 11	4. 0	30. 0		0. 3		1

注：(1)、(2)、(3) 代表不同厂家的渣，下列表中标注义类同。

表6-14　铅、镍、锌渣的化学成分　　　　　　　　　　　　　（％）

名　称	Al_2O_3	SiO_2	CaO	MgO	Fe	Zn	Pb	Ni	Cu
铅渣（1）	—	20～29	14～18	—	21～28	8～14	＜2	—	—
烟化炉铅渣（2）	—	22	18	—	21	2.3	0.5	—	0.5
镍渣（1）	—	42～43	1～3	16～18	24～25	—	—	0.1～0.2	—
电炉镍渣（2）	2.78	46.42	4.94	14.64	19.67	—	—	0.11	0.07
锌渣（1）	5.0	18～25	5.0	2.0	25～30	1.13	—	—	—
挥发窑锌渣（2）	—	31	4.5	—	34	2.0	0.5	—	0.7

从上述列表不难看出，有关冶金废渣的化学组分主要为原生矿石的伴生组分以及不同冶炼方法需加入的熔剂组分。这些废渣中都含有有用的金属组分或者富含某些非金属组分。

2）矿物组成特征。有色冶金废渣中的矿物成分除了与原生矿石中的矿物组成有关外，更主要的是在冶炼过程中，复杂的物理化学反应可能使之生成新的矿物。在高温条件下，成分复杂的原生矿石和材料彼此化合反应可以生成新的物质。

图6-4是1600℃高温环境的三组分相图，说明温度一定时，矿石的原始组成决定了废渣中新矿物的特征。

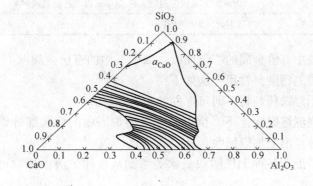

图6-4　$CaO-SiO_2-Al_2O_3$系等 CaO 活度曲线（1600℃）组成（摩尔分数）

（据张子青、周继程等）

（4）有色冶金工业固体废物的处理原则和方法。

1）处理原则。

①有色冶金废渣是一种宝贵的资源，应该充分予以开发和利用。

②在现有技术条件允许的情况下，有色冶金废渣可以采用先进的冶金炉进行二次冶炼，重新提取其中的有用组分，也可根据废渣的特点或有用组分的存在形式采用新的工艺技术，如堆浸、电磁分选等，来回收其中的金属。

③终渣的利用也要做到物尽其用。

④废渣的处理要防止对环境的二次污染。

⑤运用经济杠杆，合理选择有色冶金工业废渣的处理方法。

⑥处理废渣，要达到大幅度减少废渣占地面积的目的。有了土地，实际上就是产生了经济效益，处理废渣后，使之占地面积减少，就为工业企业提供了更多的用地，或为农业提供了耕地，其经济效益一般很好。

2）常用处理方法。

有色冶金工业固体废物的处理方法因来源不同、性质差异，综合利用方法也有很大的不同。主要依据企业的技术条件和能力，表现为：

① 企业生产工艺中对废渣的充分利用。表 6 - 15 是某有色冶炼厂废渣的处理利用情况。

表 6 - 15　废渣的处理利用情况

渣种类	渣 来 源	处 理 去 向
铜渣	铜鼓风炉	垫铁道路基，建筑回填用，部分堆存
	铜转炉	送铜鼓风炉，提高透气性，回收铜
	连续吹炼炉	送铜鼓风炉回收铜
铅渣	铅鼓风炉	送回转窑，处理回收铅、锌
	回转窑	送铜鼓风炉回收铜、金、银
	铅反射炉	送铜鼓风炉回收铜
锌渣	回转窑	10cm 以上块状送铜鼓风炉，10cm 以下送铅鼓风炉
	铜镉渣	送铜鼓风炉回收铜

②有色冶金废渣中有价金属的综合回收。回收其中的有价金属除有直接经济效益外，还能减轻它们对环境的污染。常用方法如下：

浮选法。即采用浮选药剂将不同可浮性的矿物分离。

硫化法。指在高温熔融状态下，借助硫化剂使炉渣中的铜和部分铁形成低熔点的冰铜，使之从渣液中分离出来加以回收。

浸出法。通过借助于各种无机酸或氨水等溶剂从固体炉渣中提取可溶成分加以回收利用。

还原制炼粒铁法。即利用回转窑生产粒铁而综合利用废渣的一种方法。

烟化法。为了回收湿法炼锌浸出残渣中的有用组分、铅鼓风炉和锡反射炉渣中的挥发性金属，将这些废渣送入回转窑或烟化炉中加热熔炼，使其中挥发性金属铅、锌、锡等挥发进入烟气，然后捕集烟气中的金属和金属氧化物进行回收。

6.3.1　铜渣

铜渣中含有大量的可利用的资源。现代炼铜工艺侧重于提高生产效率，渣中的残余铜含量增加，回收这部分铜资源是现阶段处理铜冶炼渣的主要目的。当然，渣中的大部分贵金属是与铜共生的，回收铜的同时也能回收大部分的贵金属。

6.3.1.1　铜渣组成

铜渣中的主要矿物为含铁矿物（见表 6 - 16），铁的品位一般超过 40%，远大于铁矿石 29.1% 的平均工业品位。铁主要分布在橄榄石相和磁性氧化铁矿物中，可以用磁选的方法得到铁精矿。显然,针对铜渣的特点,开展有价组分分离的基础理论研究,开发出能实现有价组分再资源化的分离技术,为含铜炉渣产业化利用提供技术依据,对国民经济和科技发展具有重要的现实意义。

表 6 – 16　各种冶炼方法的铜渣组成　　　　（%）

铜冶炼方法	SiO_2	FeO	Fe_3O_4	CaO	MgO	Al_2O_3	S	Cu
密闭鼓风炉	31 ~ 39	33 ~ 42	3 ~ 10	6 ~ 19	0.8 ~ 7.0	4 ~ 12	0.2 ~ 0.45	0.35 ~ 2.4
转炉	16 ~ 28	48 ~ 65	12 ~ 29	1 ~ 2	0 ~ 2	5 ~ 10	1.5 ~ 7.0	1.1 ~ 2.9
诺兰达法	22 ~ 25	42 ~ 52	19 ~ 29	0.5 ~ 1.0	1.0 ~ 1.5	0.5	5.2 ~ 7.9	3.4
瓦纽柯夫法	22 ~ 25	48 ~ 52	8	1.1 ~ 2.4	1.2 ~ 1.6	1.2 ~ 4.5	0.55 ~ 0.65	2.53
三菱法	30 ~ 35	51 ~ 58	—	5 ~ 8		2 ~ 6	0.55 ~ 0.65	2.14
艾萨法	31 ~ 34	40 ~ 45	7.5	2.3	2	0.2	2.8	1
Inco 闪速熔炼	33	48 ~ 52	10.8	1.73	1.61	4.72	1.1	0.9
闪速熔炼	28 ~ 38	38 ~ 54	12 ~ 15	5 ~ 15	1 ~ 3	2 ~ 12	0.46 ~ 0.79	0.17 ~ 0.33
特尼恩特转炉	26.5	48 ~ 55	20	9.5	7	0.8	0.8	4.6

6.3.1.2　利用途径

A　铜渣的火法贫化

返回重熔和还原造锍是铜渣火法贫化的主要方式。随着技术的进步,一些新的贫化方式也不断出现,主要有:

(1) 反射炉贫化炼铜渣。反射炉是过去长时间使用的炉渣贫化法,炉顶采用氧/燃喷嘴的反射筒形反应器来贫化炉渣。将含铜和磁性氧化铁矿物高的炉渣分批装入反应器内。

第一步是通过风口喷粉煤、油或天然气进入熔池,还原磁性氧化铁矿物,使渣中磁性氧化铁矿物含量降低到10%。这一步与火法精炼铜的还原阶段相似,降低了炉渣的黏度。

第二步停止喷吹,让熔融渣中冰铜和渣分离。

这种方法至今仍在日本小名浜冶炼厂、智利的卡列托勒斯炼铜厂应用。

(2) 电炉法。用电炉贫化可以提高熔体温度,使渣中铜的含量降到很低,有利于还原熔融渣中氧化铜、回收熔渣中细颗粒的铜粒子。电炉贫化不仅可处理各种成分的炉渣,而且可以处理各种返料。熔体中电能在电极间的流动产生搅拌作用,促使渣中的铜粒子凝聚长大。

(3) 真空贫化法。真空贫化的优点在于迅速消除或减少 Fe_2O_3 的含量,降低渣的熔点、黏度和密度,提高渣锍间的界面张力,促进渣锍的分离。真空有利于迅速脱除渣中的 SO_2 气泡,由于气泡的迅速长大上浮,对熔渣起着强烈的搅拌作用,增大了锍滴碰撞合并的几率。主要存在的问题是成本较高,操作比较复杂。

(4) 渣桶法。用渣桶作为额外的沉淀池,这是通用的降低废渣含铜的一种最简便的方法。此法的关键是用一个大的渣桶保持桶内炉渣的温度,回收桶底富集的部分渣或渣皮再处理。渣桶法主要利用渣的潜热来实现铜滴的沉降和晶体的粗化。

(5) 熔盐提取。熔盐提取是基于铜在渣中与铜锍中的分配系数的差异,利用液态的铜锍作为提取相,使其与含铜炉渣充分接触,从而有效提取溶解和夹杂在渣中的铜。

另外,火法贫化法还有直流电极还原、电泳富集等方式。

B　炉渣选矿法

炉渣选矿法主要有浮选法和磁选法两种。依据有价金属赋存相表面亲水、亲油性质及磁学性质的差别，通过磁选和浮选分离富集。渣的黏度大，阻碍铜相晶粒的迁移聚集，晶粒细小，铜相中硫化铜的含量下降，铜浮选难度大。弱磁性的铁橄榄石所占比例越大，磁选时精矿降硅就越困难。炉渣中晶粒的大小、自结晶程度、相互关系及主要元素在各相中的分配与炉渣的冷却方式有着密切的关系。缓冷过程中，炉渣熔体的初析微晶可通过溶解－沉淀形式成长，形成结晶良好的自形晶或半自形晶，聚集并长大成相对集中的独立相。采用选矿法可以回收其中的有价金属。

C　湿法浸出

湿法过程可以克服火法贫化过程的高能耗以及产生废气污染的缺点，其分离的良好选择性更适合于处理低品位炼铜炉渣。有以下几种方式：

（1）湿法直接浸出。浸出过程的反应可简述如下：

$$Me + H_2SO_4 + 1/2O_2 = MeSO_4 + H_2O \tag{1}$$

$$MeS + 1/2O_2 + H_2SO_4 = MeSO_4 + S\downarrow + H_2O \tag{2}$$

$$(MeO) + H_2SO_4 = MeSO_4 + H_2O \tag{3}$$

$$2FeSO_4 + H_2SO_4 + 1/2O_2 = Fe_2(SO_4)_3 + H_2O \tag{4}$$

$$Fe_2(SO_4)_3 + 3H_2O = Fe_2O_3\downarrow + 3H_2SO_4 \tag{5}$$

式中（MeO）为结合状态氧化物，Me 为 Cu、Ni、Co、Zn 等金属。反应（2）在高于硫的熔点（120℃）浸出时，有如下反应：

$$S + 3/2O_2 + H_2O = H_2SO_4 \tag{6}$$

（2）间接浸出。适当的预处理可以将铜渣中的有价金属赋存相进行改性，使之更易于回收及分离。氯化焙烧和硫酸化焙烧就是典型的例子，焙烧产物直接水浸，金属收率主要取决于预处理效果；用酸性 $FeCl_3$ 浸出经还原焙烧的闪速炉渣及转炉渣，镍钴浸出率可提高到95%和80%。

（3）细菌浸出。细菌浸出由于能够浸溶硫化铜，并具有一系列优点，故发展很快，但细菌浸出的最大缺点是反应速度慢，浸出周期长。最近的研究有加入某些金属（如 Co、Ag）催化加快细菌氧化反应的速率，其机理在于上述金属阳离子取代了矿物表面硫化矿晶格中原有的 Cu^{2+}、Fe^{3+} 等金属离子，增加了硫化矿的导电性，故加快了硫化矿的电化学氧化反应速率。

D　铜渣在建筑行业的应用

经多次提取回收后的废物，可用于制作水泥或作建筑材料使用，比如作替代砂配制混凝土和砂浆，用作修整铁路和公路的路基材料，在水泥生产中作配料使用等。有的还用铜渣磨料作防腐除锈剂，广泛用于船舶、桥梁、石油化工、水电部门。还可以用铜渣生产矿渣棉，用于采矿业中的填充料，或者用于生产砖瓦、小型混凝土砌块、隔热板墙等。其综合用途和性能如表6-17所示。

表6-17　铜渣的综合用途和性能

用　途	性　能
代替砂配制混凝土和砂浆	铜渣混凝土力学性能之间的关系和普通混凝土力学性能之间的关系基本一致，铜渣碎石混凝土比铜渣卵石混凝土力学性能优，力学性能也随铜渣混凝土标号增加而成比例提高

用　途	性　能
修筑铁路、公路路基	利用炼铜炉渣作铁路、公路路基，必须掺配一定的胶结材料，如石灰、石灰渣或电石渣等，不能单独使用
在水泥生产中的应用	以炼铜渣为主要原料，掺入少量激发剂（石膏和水泥熟料）和其他材料细磨而成。具有后期强度高、水化热低，收缩率小、抗冻性能好等特点，符合 GB 164—82275 的 275 号和 325 号标准
生产铜渣磨料作防腐除锈剂	铜渣磨料为最佳除锈材料，可代替黄砂石，降低成本，应用于船舶、桥梁、石油化工、水电等部门，这种磨料在国内外市场上有广阔的应用前景
其他利用途径	生产矿渣棉，采矿业中作充填料，应用于砖、小型砌块、空心砌块和隔热板制作

6.3.2　冶锌废渣

当前锌的生产一般采用两种方法。一是火法冶金即蒸馏法，二是湿法冶金即电解法。而我国大部分厂家采用湿法炼锌。在火法炼锌过程中产生大量废锌渣，渣率一般在 10% 以上，有的甚至达到 25%。这些废锌渣量大且成分复杂，没有得到充分利用，在近几年才被开发生产低档锌盐。特别是锌渣中的镉，因在自然矿物中主要是硫镉矿（部分为菱镉矿），但它在自然界并无单独矿床，常以类质同象形式存在于闪锌矿中，故其综合利用对于矿山而言，无需改变工艺流程，增加生产成本。镉的价值较高，每吨金属中镉价相当于数吨铅、锌，镉的回收率可达到近 90%。

6.3.2.1　锌渣中提取镉的常用方法

A　液膜结晶法提取镉

锌、镉同属周期表中 II_B 族，其物理、化学性质相似，相互之间分离较为困难。而分离锌、镉的方法研究较多的是溶剂萃取，其中大部分情况是优先萃取锌。1994 年 J. S. Preston 发现，以 3，5 – 二异丙基水杨酸（DIPSA）为萃取剂及三烷基硫化磷（TIBPS）为协萃剂，在硫酸盐介质中对镉有显著的协萃作用，使镉明显优于锌而先被萃取出来。

B　锌粉置换镉

在锌渣中沉淀铜后按镉含量再加入吹制锌粉（理论量的 1.15 ~ 1.2 倍）置换镉，其温度为 40 ~ 50℃，时间为 1h，镉置换率较高，达到 97% 以上。如果用水洗涤除去夹带的硫酸锌溶液，海绵镉品位可达 75%。

C　萃取法提镉

利用硫酸溶解锌渣生成硫酸溶液，再经化学萃取。其工艺流程如下：

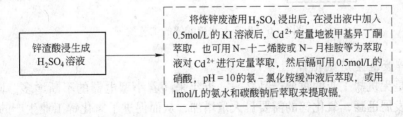

锌渣酸浸生成 H_2SO_4 溶液 ⟶ 将炼锌废渣用 H_2SO_4 浸出后，在浸出液中加入 0.5mol/L 的 KI 溶液后，Cd^{2+} 定量地被甲基异丁酮萃取。也可用 N–十二烯胺或 N–月桂胺等为萃取液对 Cd^{2+} 进行定量萃取，然后镉可用 0.5mol/L 的硝酸，pH = 10 的氨 – 氯化铵缓冲液后萃取，或用 1mol/L 的氨水和碳酸钠后萃取来提取镉。

6.3.2.2 锌渣中回收锌的常用方法

A 电沉积回收锌

废锌渣中锌的存在形式以氧化锌及锌粒为主，以硫酸锌、铁酸锌等为辅。氧化锌及锌粒易溶于稀硫酸，而以锌离子的形式进入溶液，在锌进入溶液的同时，部分杂质如铁等也进入溶液。因此必须对溶液进行净化，除去各种有害杂质。待溶液纯度达到电解锌的要求后进行电解，使锌在阴极上沉积出来，这样就可获得高质量的锌，对其进行熔锭而得到成品锌。工艺流程如图 6－5 所示。

锌渣 — 酸浸出 — 净化提纯 — 电解 — 熔锭 — 成品

图 6－5 锌渣回收锌工艺流程

B 从冶锌灰渣中提取锌

烟道灰中有约 30% 的锌和氧化锌，而它们都能与硫酸反应，从而以锌离子的形式进入溶液，同时部分杂质也进入溶液。经过滤除杂质后，以碳酸钠饱和溶液作沉淀剂，使锌生成碱式碳酸锌沉淀与溶液分开。其反应方程为

$$3Zn + 3CO_3^{2-} + 2H_2O = ZnCO_3 \cdot 2Zn(OH)_2 \downarrow + 2CO_2 \uparrow$$

$$ZnCO_3 + ZnCO_3 \cdot 2Zn(OH)_2 = 4ZnO + 2CO_2 \uparrow + 2H_2O$$

C 冶锌废渣生产七水硫酸锌

冶锌废渣最重要的用途是制取七水硫酸锌。七水硫酸锌作为一种重要工业原料，在农业、化学制造、电镀、人造纤维、水处理、制造立德粉和锌盐、木材及皮革防腐、骨胶澄清、果树防虫及锌肥等方面有广泛用途。我国年产七水硫酸锌约 6 万吨，30% 以上出口。

从冶锌废渣中生产七水硫酸锌，既解决了企业生产原材料及效益问题，又达到了变废为宝、化害为利的目的。冶锌废渣中生产七水硫酸锌的工艺流程如图 6－6 所示。

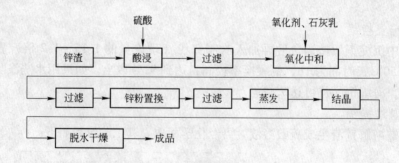

图 6－6 生产七水硫酸锌的工艺流程

D 冶锌废渣生产氯化锌

氯化锌是无机盐工业的重要产品之一。近年来随着小型电器的不断增多，同时石油、有机合成的发展迅猛，氧化锌的需要量大量增加，从而促进了氯化锌工业生产的发展。但因为锌及氧化锌价格的不断上涨，使生产成本日益提高。美国早在 20 世纪 70 年代初期就

开始用含锌废渣通过盐酸法来生产氯化锌，还研究低品位的含锌矿石以氯化处理制备氯化锌的方法。法国则进行用萃取法由含非氯化锌的锌盐制取氯化锌的研究。日本则研究通过喷雾干燥方法来干燥氯化锌溶液，以提高干燥效率。

而我国则从 20 世纪 80 年代中后期开始直接对冶锌废渣、电镀、电池等行业的锌浮渣进行研究以生产氯化锌。这样既节省了能源，又降低了生产成本，工艺流程简单，产品质量也达到了国家标准，是一种变废为宝、减少环境污染的有效措施，也是对冶锌废渣综合开发的方法之一。

6.3.2.3 锌渣中回收铜的常用方法

A 氨水 - 碳铵浸出法

锌渣中铜的提取先用碱洗球磨，以水淘洗晾干后结成团块，压碎后筛分其粒级，即可满足浸出需要。湿磨的主要目的不是磨碎，故磨的时间不必太长。用 1mol/L 的 NaOH 溶液，固液比 1:3，球磨 20min，球磨浆料过滤，少量水洗后滤渣进一步进行氨浸试验。为了强化浸出，试验采用机械搅拌和空气搅拌联合进行，利用空气中的氧来氧化渣中的铜以加快反应速度，提高浸出率。浸出的最佳条件为：$w(NH_3):w((NH_3)_2CO_3)$ 为 1:2.5，固液比 8:1，浸出时间 3h，NH_3 的浓度为 3mol/L。

氨浸出液经过滤和充分澄清后，加热到 98 ~ 100℃沸腾，使铜氨配合离子分解成氧化物和碱式碳酸盐沉淀，放出 NH_3 和 CO_2 气体。气体用水吸收后返回浸出配料。铜的沉淀用一定浓度的硫酸溶液或电解废液及结晶母液溶解，配制适合铜电积的硫酸铜溶液，调整铜和游离酸浓度即进行电解而得到铜。

B 乳状液膜法

Lix984 作为新型的酮肟 - 醛肟混合类型萃取剂，具有动力学速度快、选择性好、性能稳定、适应 pH 值范围较广和无需添加剂等特点。液膜法提取锌渣中铜的主要步骤为：

(1) 铜离子与 Lix984 反应萃合物 B 进入膜相，同时释放出氢离子。

(2) 萃合物 B 在膜相中向右迁移。

(3) 萃合物 B 在膜相与内相界面上与氢离子反应，铜离子进入内水相，同时释放出 Lix984（Lix984 是体积比为 1:1 的 5 - 十二烷基水杨醛肟和 2 - 羟基 - 5 - 壬基乙酰苯酮肟的混合物。该试剂不含调节剂，能很好地从含有可溶性硅或很细的固体颗粒的溶液中萃取铜）。

(4) Lix984 在膜相中向左迁移，铜离子迁移的动力是氢离子从内水相高浓度向外水相低浓度的迁移。因此，膜两侧氢离子浓度差越大，扩散推动力越大，传质速度越快，分离速度就越快。

C 冶锌废渣生产 $CuSO_4 \cdot 5H_2O$

在冶锌废渣酸浸后，废渣中的铜离子大部分以 $CuSO_4$ 形式进入溶液中。最佳酸浸条件为：液固比为 2:1，配料比 0.3:1，在 85℃搅拌浸出 2h。实验结果表明，在最佳实验条件下，浸出液中 Cu 的浓度大于 86g/L，废渣中铜的浸出率大于 97.5%。在常压条件下，加热，搅拌浸铜液，将它蒸发至含铜约 160g/L，再用自来水冷却，并在搅拌条件下结晶硫酸铜，约 80% 的铜进入产品硫酸铜中，经分析硫酸铜含量达 24%，符合工业二级品要求，而硫酸铜结晶母液可直接返回浸铜工序。为了不影响含量还要除铁，利用铁的电极电位较铜为负，废铁来源广泛，价格低等，再用废铁置换母液中的铜离子而生成海绵铜，从而使铜离子达到微量标准而排放。

6.3.2.4　锌渣中回收铅的常用方法

A　电沉积法提铅

锌渣样品是铅锌矿冶炼提取锌之后产生的废渣。而铅的污染比较大，加上铅的用途比较广，对锌渣中铅的提取方案也比较多，主要采用酸液（10%的HCl）在高温高压下的浸提和超声波条件下的浸取。

锌渣样品中铅以不同的时间超声波处理后浸取结果如表6-18所示。由此可见，在60min时铅已基本浸溶出来，120min时则完全浸取出来。再经过滤，除杂后用电解法或碳还原法得到铅。

表6-18　不同时间超声波处理后锌渣中铅的浸取率　　　　　　　　（%）

时间/min	1	2	3
15	82.0	83.9	82.0
30	90.1	88.2	89.0
60	99.4	100.0	99.6
120	100.0	98.8	99.4

B　冶锌废渣提取硬脂酸铅

用含铅锌渣来生产硬脂酸铅具有投资小、见效快、生产简单、效益高的特点，具有很大的推广价值。

用硫酸浸取含铅废渣时，铅以硫酸铅的形式存在于酸浸渣中，首先利用碳酸铵与硫酸铅反应，生成碳酸铅沉淀，用稀醋酸溶解碳酸铅，得到醋酸铅溶液。将滤液加入硬脂酸钠溶液，生成硬脂酸铅沉淀，洗涤、分离沉淀，干燥即可得产品硬脂酸铅。

6.3.3　钼渣

钼属稀有金属，在地壳中含量稀少、分散，不易富集成矿，且与多种金属如钨、钽、铌、锆、钡、钛、铼等高熔点金属混生在一起，难以进行冶炼提取。一般从稀有金属原料到生产出高纯金属都要经过原料分解、稀有金属纯化合物的提取、用纯化合物生产金属或合金、高纯金属的精制等几个阶段。由于其提取纯化环节多，各冶炼过程都会产生大量废渣和废液。采用火法冶炼时有大量的还原渣、氯化挥发渣、氧化熔炼渣、浮渣、废熔盐及烟尘等；采用湿法冶炼则有酸浸渣、碱浸渣、中和渣、铜钒渣、铝铁渣、硅渣等。

6.3.3.1　钼渣成分

以湖南株洲硬质合金厂为例，采用20%左右的钼精矿（辉钼矿MoS_2）作原料，将辉钼矿煅烧成三氧化钼，在用氢或铝热法还原生产各种钼酸盐、钼氧化物、纯金属粉和制品过程中，排出钼渣。其组成为：15%~20% Mo中，可溶性Mo占4%~6%；不溶性Mo占11%~14%，多以$PbMoO_4$、$CaMoO_4$、$FeMoO_4$等形式存在。

6.3.3.2　回收方法

常用的钼渣处理方法有苏打焙烧法和酸分解法、高压碱浸法、苏打直接浸出法等。苏打焙烧法因工序复杂、辅助材料消耗多、能耗高、金属回收率低等缺点应用较少。而酸分解法工艺流程短、金属回收率高、产品品质好、劳动强度和生产条件较好，故应用较多。这里介绍酸分解法和热球磨苏打法处理氨浸钼渣工艺。

A 酸分解法回收钼

用盐酸分解钼渣中难溶的钼酸盐使钼酸沉淀；再用硝酸将其中的 MoS_2 氧化分解成钼酸沉淀，从而与其他杂质分离，得到粗钼酸，加氨水溶解后得钼酸铵。其工艺流程如图 6－7所示。

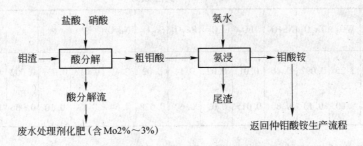

图 6－7 酸分解法处理钼渣工艺流程示意图

其化学反应过程如下：
$$CaMoO_4 + 2HCl \longrightarrow H_2MoO_4 \downarrow + CaCl_2$$
$$Fe_2(MoO_4)_3 + 6HCl \longrightarrow 3H_2MoO_4 \downarrow + 2FeCl_3$$
$$PbMoO_4 + 2HCl \longrightarrow H_2MoO_4 \downarrow + PbCl_2$$
$$MoS_2 + 9HNO_3 + 3H_2O \longrightarrow H_2MoO_4 \downarrow + 9HNO_3 + 2H_2SO_4$$

酸过量时，部分钼会转化为氧氯化钼，溶液进入酸分解液。
$$CaMoO_4 + 4HCl \longrightarrow MoO_2Cl_2 + CaCl_2 + 2H_2O$$
$$CaMoO_4 + 5HCl \longrightarrow HMoO_2Cl_3 + CaCl_2 + 2H_2O$$
$$CaMoO_4 + 6HCl \longrightarrow MoOCl_4 + CaCl_2 + 3H_2O$$

为了降低酸分解液中的含钼量，分解后需用氨水中和浆料，使溶液中的钼完全以钼酸形式沉淀析出。
$$MoO_2Cl_2 + 2NH_3 \cdot H_2O \longrightarrow H_2MoO_4 \downarrow + 2NH_4Cl$$
$$HMoO_2Cl_3 + 3NH_3 \cdot H_2O \longrightarrow H_2MoO_4 \downarrow + 3NH_4Cl + H_2O$$
$$MoOCl_4 + 4NH_3 \cdot H_2O \longrightarrow H_2MoO_4 \downarrow + 4NH_4Cl + H_2O$$

酸分解后，滤饼中的钼酸可被氨水溶解，生成钼酸铵进入溶液，并与不溶的固体杂质分离，该过程称为氨浸。
$$H_2MoO_4 + 2NH_3 \cdot H_2O \longrightarrow (NH_4)_2MoO_4 + 2H_2O$$

B 热球磨苏打法处理氨浸钼渣工艺

国内研究采用热球磨苏打法浸出，其最佳工艺为：$x(Na_2CO_3):x(Mo)$（摩尔比）= 1.5 ~ 1.6，温度为 130 ~ 140℃，时间为 1.5 ~ 1.6h。钼浸出率可达90%以上。该工艺生产成本低，浸出条件良好，操作易于控制。当氨浸渣中的钼主要以不溶性的钼酸盐形式存在时，其浸出效果较好，且溶出的杂质少。

6.3.4 钨渣

以湖南株洲硬质合金厂为例,采用苏打烧结工艺生产半成品三氧化钨。后进行改造,用碱压煮工艺生产钨酸铵(APT)及蓝钨,提高了金属回收率和产品质量。用碱压煮工艺生产钨酸铵(APT)及蓝钨,每生产1t钨的氧化物要排出钨渣0.5t以上。排放钨渣的化学成分见表6-19。

表6-19 钨渣成分

成分	Fe	Mn	WO_3	Ta_2O_3	Nb_2O_3	ThO_2	UO_2	Re_2O_3	Se_2O_3	Na_2O	S	P	As	Ti	SiO_2	CaO
含量/%	33.5~35.4	14.6~18.8	3.25~5.00	0.092~0.13	0.46~0.80	0.01~0.015	0.02~0.03	0.14~0.60	0.02~0.028	3.47~4.54	0.013~0.13	0.037~0.10	0.002~0.006	0.31~0.46	5.69~6.5	3.40~4.99

火法-湿法联合处理钨渣工艺流程如图6-8所示。

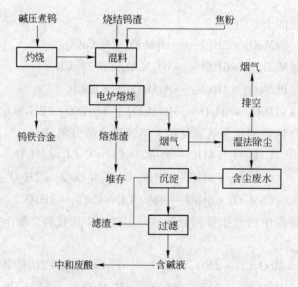

图6-8 火法-湿法联合处理钨渣工艺流程

主要工艺控制条件:焦粉用量为钨渣的13%~15%;钨渣水分不大于10%;钨渣和焦粉混合时间为30min;每炉熔炼时间为5h;熔炼温度为1500~1600℃;工作电压为75~115V。

熔炼1t钨渣可产0.45~0.5t钨渣铁合金,钨渣铁合金是一种用途广泛的中间合金,可用于耐磨金属器件,提高其力学性能和耐磨性能。如添加到钨锰铌钽耐磨合金材料生产中,吨生产成本比高锰钢材料要低100元,使用寿命比高锰钢延长0.5~2.0倍。除回收钨酸铵(APT)及蓝钨、钨渣铁合金外,副产的熔炼渣0.3t,富含铀、钍、钪。湿法处理后可回收氧化钪、重铀酸铵、硝酸钍等产品,且体积仅剩13%,固化后便于安全堆放。

6.3.5 其他废渣

6.3.5.1 铅渣

A 铅废渣成分

含铅废渣（料）主要由炼铜转炉烟灰、制酸系统产出的铅滤饼及阳极泥系统产出的分银氰化尾渣所构成。其化学构成如表 6-20 和表 6-21 所示。

表 6-20 烟灰成分

单位	铜/%	铅/%	锌/%	铋/%	镉/%	金/g·t^{-1}	银/g·t^{-1}	砷/%
金隆公司	20~25	13~17	4~6			0.8	170	3.5~5
金昌	5	20~25	7~10	2~3		5		
一冶	2.5~4	8~11	11~14	1.2~2	0.4~0.6			2~3

表 6-21 烟灰物相成分 （%）

成分	硫酸盐	氧化物	砷酸盐	硫化物	金属	其他
Pb	91.30	1.30	5.5	1.0	0.9	
Zn	92.20	2.20	5.60	2.4	1.9	
As	22.7	48.9				
In	0.60	19.20				80.20

B 铅渣的资源化技术

（1）采用浸出熔炼－电解－阳极泥火法粗精炼流程处理烟灰，回收其中的铜、锌、铅、铋、金和银。

我国安徽省金隆公司运用此法生产硫酸铜、硫酸锌、精铋、精铅、冰铜，并富集其中的金、银。熔炼、电解、阳极泥处理与铅铋渣处理共用。

收集的烟灰用硫酸浸出，板框压滤机过滤，滤渣即为铅渣送鼓风炉处理。滤液先氧化除铁，再用 TL88 萃取铜，硫酸反萃。反萃液蒸发—浓缩—结晶生产得到一级硫酸铜；萃铜余液用 TL89 萃取锌，硫酸反萃，锌板置换，蒸发—浓缩—结晶生产得到一级硫酸锌。萃锌余液输送至废水处理池集中处理后排放。

（2）采用鼓风炉熔炼－电解阳极泥火法粗精炼流程处理铅渣和铅滤饼。安徽省金昌冶炼厂将铅渣、铅滤饼、一冶铅渣、铅泥和本厂处理金隆公司烟灰浸出后所得铅渣运至料场加入生石灰机械混捏后制团入鼓风炉熔炼。还原剂和燃料为焦炭，熔剂为萤石，置换剂为铁屑。熔炼产出铅铋合金送往电解工序，采用硅氟酸电解，产出电铅进一步碱性精炼成精铅。电解残极出槽后，人工铲下表层附着的阳极泥，送阳极泥火法精炼工序。阳极泥火法精炼工序主要工艺过程有：熔化与低温熔炼—氧化脱砷锑—加锌除银—通氯除铅锌—最终精炼—铸锭等，布袋尘出售。铅渣与铅滤饼处理工艺流程如图 6-9 所示。

（3）采用鼓风炉熔炼－电解－阳极泥火法粗精炼流程处理含银尾渣。安徽省金隆铜业公司运用此法回收其中的铜、铅、锡、铋和金、银。先将鼓风炉与铅渣（饼）处理共用，交叉生产粗铅锡、粗铅铋合金；为此，专门新建了相应的铅锡铋合金电解系统生产铅锡合金；同时，采用合理配置，共用了扩建后的阳极泥处理系统。其烟灰处理工艺流程如图 6 – 10 所示。

（4）废铅渣生产硬脂酸铅。其工艺流程如图 6 – 11 所示。

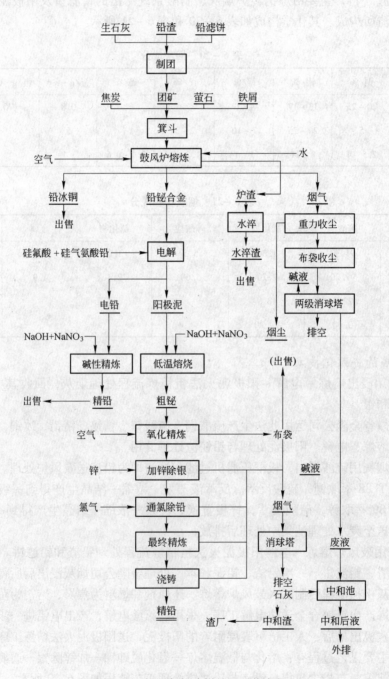

图 6 – 9　铅渣与铅滤饼处理工艺流程

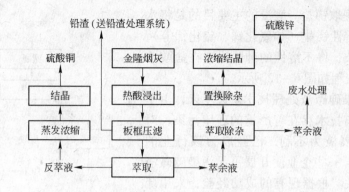

图6-10 金隆铜业公司烟灰处理工艺流程

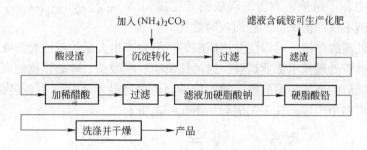

图6-11 利用废铅渣生产硬脂酸铅工艺流程

6.3.5.2 砷渣

A 砷碱渣危害

砷碱渣一般是锑冶炼过程中反射炉产生的危险固体废物,一直采用堆存的方式进行处理。锑冶炼砷碱渣的综合回收利用,一直是锑冶炼的一大难道。目前大的工厂采用库房堆积,有一部分小厂乱堆乱放,甚至露天堆放,更为严重的是砷碱渣中锑提取后,将含砷很高的废水排入江河中,污染水资源,构成重大安全隐患,已发生多起砷碱渣泄漏造成中毒的事故。如1996年湖南省冷水江市七里江铁矿附近的几家私营锑冶炼厂,由于乱堆乱放砷碱渣,致使山下的井水被污染,造成附近300多名居民中毒,幸亏发现及时,才未造成严重的恶果;2001年5月18日,贵州独山县中南选冶厂炼锑砷碱渣泄漏,导致334名村民发生砷中毒。

砷碱渣中含有溶于水的砷剧毒化合物以及可回收利用的金属锑和砷,成分复杂,不能随便丢弃,但难以直接进行二次冶炼。国内处理砷碱渣的方法主要有火法和湿法。火法由于投资大,二次污染严重,早已不被采用。湿法包括钙沉淀法和砷酸钠混合盐法。钙沉淀法的主要缺点是,会产生有毒的且不易处理的砷钙渣,而砷酸钠混合盐法由于能耗高、产品无法销售等缺点也被迫停产。大量堆积的砷碱渣对企业的发展和周边环境构成了严重的威胁。

B 砷渣的回收利用技术

(1) 水浸提取 Na_3AsS_3。根据焦锑酸钠及亚锑酸钠难溶于水而 Na_3AsS_3 溶于水的性质,选择水作浸出剂,以实现砷和锑的分离。因此,在水浸过程中,要使砷的浸出率升高而锑的浸出率降低。在工业应用中,可采用湿式球磨,边磨边浸,以提高工作效率。

（2）酸浸提取锑盐。酸浸的主要目的是将水浸渣转化为可溶性锑盐（如氯化锑、硫化锑等），并进行初步除杂，将不溶性的砷除去。在盐酸溶液中溶解工艺流程如图6-12所示。

（3）无污染砷碱渣处理技术。近年来，由于砷碱渣酸浸分离技术存在着严重的环境污染，对企业可持续发展极为不利，已经成为该行业的"瓶颈"。因此，一些企业便开展了无污染砷碱渣处理技术的攻关。根据现有的成功经验，采用硫代硫酸钠处理砷碱渣浸出脱锑液，由于采用硫酸或亚硫酸处理中和了碱液，大量的碳酸钠转化成硫酸钠，硫酸钠不仅产值低，而且回收时能耗高；

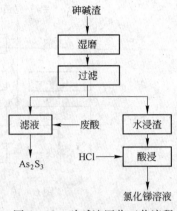

图6-12　砷碱渣回收工艺流程

采用石灰乳液处理脱砷液，可以沉淀出硫酸钙，但会产生大量的碱性脱钙液。

无污染砷碱渣处理技术工业试验，通过锑精矿、碳酸盐、砷硫化物的回收，逐步解决了锑冶炼中砷碱渣的环境污染问题。无污染砷碱渣处理技术工艺，主要包括脱锑、脱碱、脱砷、脱硫酸根四个工序。其工艺流程如图6-13所示。

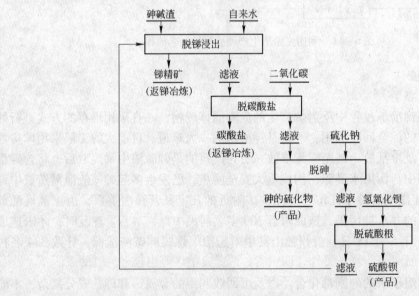

图6-13　无污染砷碱渣处理技术工艺流程

6.3.5.3　汞渣

A　汞渣的概况

汞渣是工厂、矿山等生产过程中排出的含汞固体废料，如汞矿、冶炼厂排出的含汞矿石烧渣；化工生产系统排出的含汞盐泥、含汞污泥、汞膏、汞触媒、活性炭、解汞粒；军工生产上的引爆材料雷酸汞、电器工业上的废汞弧整流器、废水银灯；机械工业上的水银真空泵的氧化汞（HgO）、仪表工业上的碎玻璃水银温度计、碎大气压力表、废电池等统称为汞渣。

这些汞渣一般含汞大于$10mg/m^3$，排放在山涧、厂矿区内外，有的排于江、河、湖、海之中，造成天空、陆地、海洋的严重污染，给人类的生命、财产造成严重的危害和损失。如日本1974年前曾经由盐泥排放到海洋中的汞就达150t/a。我国水银法烧碱年产10万吨以上，每年耗汞50t以上。塑料工业聚氯乙烯生产中，采用氯化汞触媒，其氯化汞、氯化亚汞质量分数为10%~15%，我国每年有1000t以上废触媒排放。因此汞渣治理是环境保护的重要课题。

B 汞渣的处理方法

由于汞渣的种类繁多，所含成分各不相同，所以汞渣的治理方法也不同。国内外普遍采用焙烧法，此外，还有固型法、氧化法等。

焙烧法的机理是在高温下焙烧汞渣使其所含多种形式的汞在高温下分解，产生汞蒸气，再通过冷凝汞蒸气得到金属汞。当汞渣中含有氯化汞（$HgCl_2$）时，因在高温焙烧时将生成氯化汞蒸气，故需先用碱或铵浸预处理，使它转化为氧化汞，再焙烧分解成汞蒸气回收。氧化法又分为化学法和电化学法两种。化学法使用的氧化剂有次氯酸盐、硝酸、双氧水、氯气及其他氯系氧化剂等。电化学氧化法是以汞渣为阳极的恒电位溶出法。

固型化法是将含汞盐泥或污泥与水泥按1∶(3~8)的比例加水混合均匀，再送入模具振捣成型后，送入蒸汽养生槽在60~70℃下养护24h固化成块，送入公海或深埋地下。

6.4 煤矸石的综合利用

煤矸石是混在煤炭蕴藏矿中的各种造岩矿物，在尾矿开采或煤炭洗选过程中产生的废渣，包括掘进时排出矸石（约占45%），采煤巷道产生矸石（约占35%），以及洗煤过程中排出洗矸石（约占20%）。

煤矸石是成煤过程中与煤层伴生的一种含碳量较低、含硫高、比较坚硬的黑色岩石，由含碳物和岩石组成，其中的C、H、O是燃烧时能产生热量的元素，而硫则是形成酸雨的主要祸源。表6-22列出了我国一些高硫煤矸石的产地。由于煤的品种和产地不同，各地煤矸石的排出率不同，平均约占煤炭开采量的20%。煤矸石在堆放过程中，由于其中的可燃组分缓慢氧化、自燃，故有自燃矸石与未燃矸石的区分。煤矸石的产地分布和原煤产量有着直接关系。目前，我国煤矸石利用率不到20%，大部分以堆积存放为主，综合利用前景广阔。我国煤矸石年排放量超过400万吨的有东北、内蒙古、山东、河北、陕西、山西、安徽、河南、新疆。另外，四川省、西藏自治区等也排放大量的煤矸石。煤矸石产量按原煤产量的15%计，每年煤矸石至少增加1亿吨。按照化学构成所划分的煤矸石类型见表6-23。

表6-22 我国一些高硫煤矸石产地 (%)

高硫矸石产地	S	高硫矸石产地	S
贵州六枝矿务局凉水井矿夹矸	11.46~16.08	南桐和干坝子选煤厂选矸	9.31~18.93
贵州六枝矿务局木岗矿夹矸	11.58~12.59	陕西韩城下峪口选矸	8.39
内蒙古乌达矿务局跃进矿矸石山	8.58~12.40	江西丰城矿建新矿手选矸	12.53

表6-23 煤矸石主要化学成分和类型

主要化学成分	矸石的岩石类别	主要化学成分	矸石的岩石类别
SiO_2 40%~70%、Al_2O_3 15%~30%	黏土岩矸石	Al_2O_3 >40%	铝质岩矸石
SiO_2 >70%	砂岩矸石	CaO >30%	钙质岩矸石

6.4.1　煤矸石化学成分和矿物组成

6.4.1.1　煤矸石的化学成分

煤矸石煅烧以后分析得到的化学成分是有机物和无机物组成的混合物。前者含量少，大部分低于1%，主要由碳、氢、氮、硫与氧所构成，可燃。后者含量大，主要由氧、硅、铝、铁、钙、镁、钾、钠、钛、钒、钴、镍、硫、磷等组成，前8位元素占煤矸石总量的98%以上，不可燃。SiO_2一般占40%~60%，少数达80%；Al_2O_3占15%~30%，高者超过40%；铁小于10%。其化学组成见表6-24。

表6-24　煤矸石化学成分　　　　　　　　　　　　(%)

序号	SiO_2	Al_2O_3	Fe_2O_3	CaO	MgO	SO_3	燃烧量
1	59.5	22.4	3.22	0.46	0.76	0.12	10.49
2	57.24	25.14	1.86	0.96	0.53	1.78	12.75
3	52.47	15.28	5.94	7.07	3.51	1.99	13.27

6.4.1.2　煤矸石的矿物组成

由成矿母岩演变而来的煤矸石矿物就成因而言，有原生矿物（各种岩浆岩的碎屑物，如硅酸盐类、氧化物类、硫化物类和磷酸盐类）和次生矿物（原生矿物风化后形成的新矿物，如简单盐类、三氧化物类和次生铝硅盐的黏土矿物类）之分。煤矸石主要由高岭土、石英、伊利石、石灰石、硫化铁、氧化铝等组成。

6.4.1.3　煤矸石的危害

（1）我国堆放的煤矸石已有10亿吨，占用大量土地资源；且每年还在排放1.5亿吨以上，年产20万吨煤矸石的企业有百家，治理任务相当大。

（2）煤矸石所含硫化物在空气中不断氧化，会加大空气和水源的污染，造成严重危害；特别是硫铁矿易被空气氧化，甚至自燃放出大量热量，产生大量酸臭气味和烟雾，增加了附近居民患慢性气管炎和气喘病的潜在危险。导致周围的树木落叶，庄稼减产，造成经济损失。

（3）煤矸石的大量堆积常受雨水冲刷，造成附近河流淤塞。因此，应当加大治理力度，转害为利，实现资源化。

6.4.2　煤矸石的处理方法

根据煤矸石的组成特点和各种环境条件的限制，对煤矸石的处理方法一般有：（1）综合利用；（2）对难以综合利用的某些煤矸石可充填矿井、荒山沟谷和塌陷区或覆土造田；（3）暂时无条件利用的煤矸石山可覆土植树造林。

6.4.3　煤矸石的利用途径

6.4.3.1　煤矸石代替燃料

煤矸石含有一定数量的固定碳和挥发分，一般烧失量在10%~30%，发热量可达1000~3000kcal/kg(1cal=4.1868J)。当可燃组分较高时，煤矸石可用来代替燃料。如铸造时，可用焦炭和煤矸石的混合物作燃料来化铁；可用煤矸石代替煤炭烧石灰，亦可用作生活炉灶燃料等。

（1）掺入发电：四川永荣矿务局发电厂用煤矸石掺入发电，五年间利用煤矸石

$22.4 \times 10^4 t$，相当于节约原料 $17 \times 10^4 t$。近 10 年来，煤矸石被用于代替燃料的比例相当大，一些矿山的矸石山甚至消失。

（2）烧沸腾锅炉：将煤矸石粉碎至 8mm 以下，送入沸腾锅炉（一种广泛适宜烟煤、无烟煤、褐煤和煤矸石的锅炉）料床上，用风吹起，呈一定高度的沸腾状燃烧。该床料层较厚，温度可达 $850 \sim 1050℃$，相当于一个大蓄热池，燃料仅占 5%。利用含灰分 70%、发热量仅 7.5MJ/kg 的煤矸石，使其运行正常。大大节约了燃料，降低了成本；但破碎量大、灰渣量大，沸腾层埋管磨损重，耗电多。

6.4.3.2 掺入化铁

铸造生产多用焦炭化铁。掺入发热量为 $7.5 \sim 11.3 MJ/kg$ 的煤矸石可替代 1/3 的焦炭，要求破碎为 $80 \sim 200mm$，勤通风眼，勤出渣，勤出铁水。

6.4.3.3 拌烧石灰

生产 1t 石灰需要燃煤 370kg 左右，煤破碎至 $25 \sim 40mm$，成本较高。加入 100mm 以下的煤矸石无需破碎，生产 1t 石灰需要煤矸石 $600 \sim 700kg$，质量好，成本低。

6.4.3.4 回收煤炭

利用浮选技术回收其中的煤炭资源，近年来在煤炭价格较高的情况下得到重视与发展。一般对含煤炭率大于 20% 的煤矸石采用浮选技术较为经济。多为水力旋流器和重介质分选工艺设备。

6.4.3.5 煤矸石生产砖、瓦

煤矸石经过配料、粉碎、成型、干燥和焙烧等工序可制成砖和瓦。除煤矸石必须破碎外，其他工艺与普通黏土瓦的生产工艺基本相同。黑龙江鹤岗等八个企业用煤矸石生产矸石砖、空心砖、矸石水泥瓦、陶粒、水泥等产品，使煤矸石的处理利用率达 87% 以上，经济效益十分明显。利用煤矸石可生产煤矸石半内燃砖、微孔吸声砖和煤矸石瓦。煤矸石瓦和砖生产工艺流程如图 6-14 和图 6-15 所示。

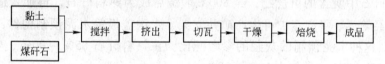

图 6-14 煤矸石瓦生产工艺流程

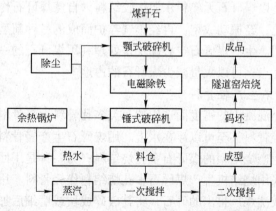

图 6-15 煤矸石烧结砖生产工艺流程

6.4.3.6 用煤矸石生产各种型号的水泥

煤矸石中二氧化硅、氧化铝及氧化铁的总含量一般在80%以上，它是一种天然黏土质原料，可代替黏土配料烧制普通硅酸盐水泥、快硬硅酸盐水泥、煤矸石炉渣水泥等。

（1）普通硅酸盐水泥：将石灰石（69%～82%）、煤矸石（13%～15%）、铁粉（3%～5%）混合磨成生料再与煤（13%）混拌均匀，加水（16%～18%）制成生料球，在1400～1450℃下烧结得到以硅酸三钙（50%以上，硅酸二钙10%以上，铝酸三钙5%以上，铁铝酸钙20%以上）为主要成分的熟料，再与石膏一起磨成。煤矸石按Al_2O_3含量分为低铝（约20%）、中铝（约30%）、高铝（约40%）三类。生产普通硅酸盐水泥的煤矸石Al_2O_3含量多在7%～10%（属于低铝煤矸石）。钙使水泥凝结硬化快。

（2）速凝早强特种水泥：利用中高铝煤矸石提供足够的Al_2O_3作掺和料和膨胀剂。其原料配比：石灰石67%、煤矸石16.7%、褐煤5.4%、白煤5.4%、萤石2%、石膏3.5%。其熟料化学成分控制范围：CaO 62%～64%、SiO_2 18%～21%、Al_2O_3 6.5%～8%、Fe_2O_3 1.5%～2.5%、SO_2 2%～4%、CaF_2 1.5%～2.5%、MgO含量小于4.5%。28天的抗压强度为49～69MPa，速凝早强特种水泥用于铁道、隧道、井巷作为抢修工程墙面喷覆材料，因其凝结快而能够缩短工期，防渗，强度高。

（3）无熟料水泥：它是以自燃煤矸石经过800℃煅烧后，与石灰（碱性激发剂与氧化硅、氧化铝在湿热条件下生成水化硅酸钙和铝酸钙，使水泥增强）、石膏（硫酸盐激发剂，与氧化铝反应生成硫铝酸钙，调节水泥的凝结时间，利于硬化）一起混合磨细制得，也可加入少量硅酸盐熟料或高炉渣。原料配比：煤矸石60%～80%、生石灰15%～25%、石膏3%～8%。若加入高炉渣25%～35%、煤矸石30%～34%、生石灰20%～30%、无水石膏10%～13%，该水泥的抗压强度可达30～40MPa。

6.4.3.7 用煤矸石生产预制构件

利用煤矸石中所含的可燃物，经800℃煅烧后成为熟料矸石，再加入适量磨细生石灰、石膏，经轮辗、蒸汽养护可生产矿井支架、水沟盖板等水泥预制构件，其强度可达20～40MPa。这种水泥预制的灰浆的参考配比为：熟料矸石85%～90%、生石灰8%～10%、石膏1%～2%，外加水18%～20%。

6.4.3.8 利用煤矸石生产空心砌块

煤矸石空心砌块是以煤矸石无熟料水泥作胶结料，自然煤矸石作粗细骨料，加水搅拌配制成半干硬性混凝土，经振动成型，再经蒸气养护而成的一种新型墙体材料。其规格可根据各地建筑特点选用。生产煤矸石空心砌块是处理利用煤矸石的一条重要途径，具有耗量大、经济、实用等优点，可以大量减少煤矸石的占地。

6.4.3.9 用煤矸石生产轻骨料

轻骨料是为了减小混凝土的密度而选用的一类多孔骨料。轻骨料应比一般卵石、碎石的密度小得多，有些轻骨料甚至可以浮在水上。用煤矸石生产轻骨料的工艺大致可分为两种：一种是用烧结机生产烧结型的煤矸石多孔烧结料；另一种是用回转窑生产膨胀型的煤矸石陶粒。国外大多采用烧结机生产煤矸石多孔烧结料作轻骨料。用煤矸石烧制轻骨料的原料最好是碳质页岩或洗煤厂排出的矸石，将其破碎成块或磨细后加水制成球，用烧结机或回转窑焙烧，使矸石球膨胀，冷却后即成轻骨料。

6.4.3.10 煤矸石生产化工产品

（1）生产铝盐：大多数地区的煤矸石均属于高岭黏土类，含 Al_2O_3 量可达 40% 左右，故可以用它作为生产铝盐的原料。煤矸石生产铝盐的工艺流程如图 6-16 所示。

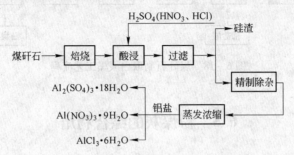

图 6-16 煤矸石生产铝盐的工艺流程

（2）生产氧化铝：其工艺流程见 6.5.2 节粉煤灰生产氧化铝工艺流程。

（3）制取水玻璃：水玻璃也称泡花碱，是一种可溶性硅酸盐，其反应方程式：

$$2NaOH + nSiO_2 \longrightarrow Na_2O \cdot nSiO_2 + H_2O$$

煤矸石生产水玻璃的工艺条件为：压力为 0.7MPa；酸溶渣与固体氢氧化钠比为 3:1，反应时间 3h。其生产工艺流程如图6-17所示。

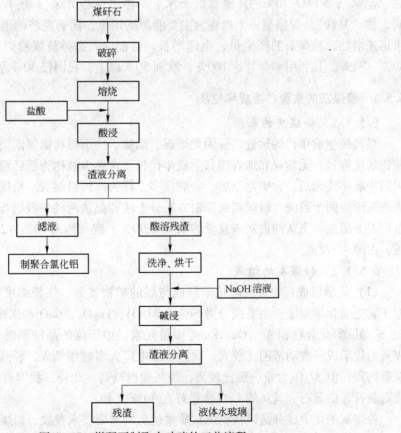

图 6-17 煤矸石制取水玻璃的工艺流程

（4）制取白炭黑：将水玻璃与稀盐酸进一步作用，可得到白炭黑，其工艺流程如图6－18所示。

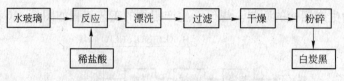

图6－18　煤矸石制取白炭黑工艺流程

6.5　粉煤灰的综合利用

　　燃煤电厂将运来的煤炭磨成100μm以下的细粉，用预热空气喷入炉悬浮燃烧，产生高温烟气，经捕集、排放的一种黏土类火山灰质材料就称为粉煤灰（也称飞灰）。电厂燃煤发电是粉煤灰产生和排放的主要来源，还有一些锅炉排放的锅炉渣。粉煤灰的形成是煤粉由高速气流喷入锅炉炉膛后，有机物成分立即燃烧形成细颗粒火团，充分释放热量。在800～1000℃下矿物杂质除石英外多被熔融，由黏土质矿物晶格转变成硅酸盐玻璃体，碳酸盐释放出CO_2，硫化物则排出SO_2和SO_3，而碱性物挥发。灰粒烧失后，在表面张力和外部压力等作用下形成水滴状，飘出锅炉，骤冷固结成玻璃微珠。能漂浮在水面上的微珠称"漂珠"；50%～70%的厚壁珠沉于水下，称"空心沉珠"；还有的黏连在一起形态不同，称"复珠"。我国是一个以煤为主要能源的国家，随着经济的迅速增长，对能源的要求迅速增加，粉煤灰的产生量也迅速增长。目前，固态排渣煤粉炉产灰量占总灰渣量的80%～90%。其利用率荷兰达100%，欧洲50%以上，我国仅30%左右，差距很大。

6.5.1　粉煤灰的来源、组成和性质

6.5.1.1　粉煤灰的来源

　　煤炭按生成年代的远近，分为无烟煤、烟煤、次烟煤和褐煤四类。电厂燃煤发电产生灰渣的统称是：无烟煤和烟煤因其生成年代长、含钙少被称为低钙粉煤灰；次烟煤和褐煤因其生成年代较短，含矿物杂质、碳酸盐多，称为高钙粉煤灰。粉煤灰收集包括烟气除尘和底灰除渣两个系统。粉煤灰的排输方法分干法和湿法两种，我国煤炭的70%用于发电，电厂多为湿法。飞灰约占灰渣总量的80%～90%，底灰约占10%～20%。排灰量达22亿吨，占地45万亩。

6.5.1.2　粉煤灰的组成

　　（1）化学组成：粉煤灰的化学组成与煤的矿物成分、煤粉细度和燃烧方式有关，类似于黏土的化学组成，主要成分为SiO_2、Al_2O_3、Fe_2O_3、CaO和未燃炭，另含有少量K、P、S、Mg等化合物和As、Cu、Zn等微量元素。由于煤的品种和燃烧条件不同，各地粉煤灰的化学成分波动范围比较大。我国燃煤电厂大多燃用烟煤，粉煤灰中CaO含量偏低，属低钙灰，但Al_2O_3含量一般比较高，烧灰量也较高。此外，我国有少数电厂为脱硫而喷烧石灰石、白云石，其灰的CaO含量都在30%以上。

　　粉煤灰的化学成分是评价粉煤灰质量优劣的重要技术参数。粉煤灰的实际应用中应充分重视其化学成分。1）根据粉煤灰中CaO含量的高低，一般将其分为高钙灰和低钙灰。

CaO 含量在 20% 以上的为高钙灰，其质量优于低钙灰。2）粉煤灰中 SiO_2、Al_2O_3、Fe_2O_3 的含量关系到用它作为建材原料的好坏。美国粉煤灰标准规定：F 级低钙粉煤灰用于水泥和混凝土，SiO_2、Al_2O_3 和 Fe_2O_3 的含量和必须占总量的 70% 以上；高钙粉煤灰（C 级）三者含量和必须占总量的 50% 以上。此外，MgO 和 SO_3 对水泥和混凝土来说是有害成分，对其含量要有一定限制，我国要求 SO_3 含量要小于 3%。3）粉煤灰的烧灰量可以反映锅炉燃烧状况，烧灰量越高，粉煤灰质量越差。

（2）矿物组成：粉煤灰中矿物来源于母煤。粉煤灰的矿物组成十分复杂，主要有无定形相和结晶相两大类。无定形相主要为玻璃体，约占粉煤灰总量的 50% ~ 80%，此外，未燃尽的碳粒也属于无定形相。结晶相主要有莫来石、石英、云母、磁铁矿、赤铁矿和少量钙长石、方美石、硫酸盐矿物、石膏、金红石、方解石等。这些结晶相大多是在燃烧区形成，又往往被玻璃相包裹。因此，粉煤灰中单独存在的结晶体极为少见，单独从粉煤灰中提纯结晶相极为困难。粉煤灰的矿物组成如表 6 – 25 所示。

表 6 – 25　粉煤灰的化学成分及其波动范围　　　　　（%）

成　分	波动范围	成　分	波动范围
SiO_2	40 ~ 60	MgO	0.5 ~ 2.5（高者 5 以上）
Al_2O_3	20 ~ 30	Na_2O 和 K_2O	0.5 ~ 2.5
Fe_2O_3	4 ~ 10（高者 15 ~ 20）	SO_3	0.1 ~ 1.5（高者 4 ~ 6）
CaO	2.5 ~ 7（高者 15 ~ 20）	烧失量	3.0 ~ 30

（3）颗粒组成：粉煤灰是一种复杂的细分散相固体物质。在其形成过程中，由于表面张力的作用，大部分呈球状，表面光滑，微孔较小；小部分因在熔融状态下互相碰撞而黏连，成为表面粗糙、棱角较多的集合颗粒。因而，粉煤灰颗粒大小不一，形貌各异。

1）球形颗粒。球形颗粒表面光滑，含量多者达 25%，少的仅 3% ~ 4%，粒径一般从数微米到数千微米，密度和容重均大，在水中下沉，也称"沉珠"。"沉珠"据化学成分可分为富钙和富铁玻璃微珠。前者富集了 CaO，化学活性好，后者富集了 FeO 和 Fe_2O_3，成赤铁矿和磁铁矿的铝硅酸盐包裹体，因其具有磁性，又称"磁珠"。

2）不规则多孔颗粒。不规则多孔颗粒包括多孔炭粒和多孔铝硅玻璃体。多孔炭粒属惰性组分，呈球粒状或碎屑，密度与容重均小，粒径和比表面积均大，有一定的吸附性，可直接作吸附剂，也可用于煤质颗粒活性炭。当粉煤灰用作建材时，多孔炭粒对其性能有不良影响。粉煤灰制品的强度和性能均随含炭量的增加而下降。

而多孔铝硅玻璃体富含 SiO_2、Al_2O_3，是我国粉煤灰中数量最多的颗粒，有的达 70% 以上。该颗粒具有较大的比表面积，粒径从数十微米到数百微米，其中有一种密度很小（小于 1 g/cm^3）、具有封闭性孔穴的颗粒能浮于水面上，称为"漂珠"。漂珠含量可达粉煤灰总体积的 15% ~ 20%，但质量仅为总质量的 4% ~ 5%，是一种多功能材料。

6.5.1.3　粉煤灰的物理化学特性

A　活性

粉煤灰的活性是指粉煤灰在和石灰、水混合后所显示的凝结硬化性能。具有化学活性的粉煤灰，其化学成分以 SiO_2 和 Al_2O_3 为主（占 75% ~ 85%），矿物组成以玻璃体为主，本身无水硬性，但在潮湿条件下，能与 $Ca(OH)_2$ 等发生反应，显示水硬性。粉煤灰的活性是潜在的，需要激发剂激发才能发挥出来，其主要激发方法和机理如下：

（1）石灰及少量石膏作激发剂。在水的参与条件下，石灰与粉煤灰的活性氧化硅、氧化铝作用，生成水化硅酸钙（CSH）、铝酸钙（CAH）凝胶：

$$mCaO + H_2O + SiO_2 + (n-1)H_2O \longrightarrow mCaO \cdot SiO_2 \cdot nH_2O$$
$$mCaO + H_2O + Al_2O_3 + (n-1)H_2O \longrightarrow mCaO \cdot Al_2O_3 \cdot nH_2O$$

铝酸钙（CAH）强度较低，在有石膏（$CaSO_4 \cdot 2H_2O$）存在的情况下，发生硫酸盐激发，可加速形成三硫型水化硫铝酸钙。若石膏含量不足，则生成单硫型水化硫铝酸钙，即

$$mCaO \cdot Al_2O_3 \cdot nH_2O + CaSO_4 \cdot 2H_2O \longrightarrow mCaO \cdot Al_2O_3 \cdot 3CaSO_4 \cdot (n+2)H_2O$$
$$3CaO \cdot Al_2O_3 \cdot 10H_2O + CaSO_4 \cdot 2H_2O \longrightarrow 3CaO \cdot Al_2O_3 \cdot CaSO_4 \cdot 12H_2O$$

在常温下，石灰－石膏－粉煤灰胶凝系统的水化产物需经 28～90 天才能达到制品强度要求。若用 800～900℃高温蒸汽养护，则水化反应过程加快，经 8～12h 后便能达到预期强度。

（2）水泥熟料及少量石膏作激发剂。水泥熟料的主要成分为硅酸三钙（C_3S）和硅酸二钙（C_2S）及部分铝酸三钙（C_3A），在水的参与下，C_3S、C_2S 水化生成 C_3SH 和 C_2SH 凝胶，同时析出 $Ca(OH)_2$。其后，粉煤灰中的活性 SiO_2、Al_2O_3 在水泥水化析出 $Ca(OH)_2$ 激发下，水化生成 CSH 和 CAH，当有石膏参与时，CAH 与石膏继续反应，生成水化硫酸钙。上述多步水化反应的不断进行，保证了硬化体的强度增长和耐久性。

（3）石灰和少量水泥作激发剂。在 CaO 水泥及少量石膏激发下，粉煤灰中活性 SiO_2、Al_2O_3 与 CaO、石膏、水共同作用，形成硅酸钙（CSH）、铝酸钙（CAH）、水化硫酸钙和水榴子石。为了提高粉煤灰活性组分的溶解度，促进水化反应的迅速进行，常采用高温高压、高温常压蒸汽养护。

粉煤灰活性的评定一般采用砂浆强度试验法，把粉煤灰与一定比例石灰或水泥熟料混掺，磨细到一定粒度，配成砂浆，做成一定尺寸试件，测定试件强度或与对比试件的强度比较，作为衡量粉煤灰的指标。我国制定的《用于水泥和混凝土中的粉煤灰》（GB 1596—79）国家标准中采用了此法。

B　物理性质

（1）外观和颜色：粉煤灰的外观似水泥，组分中的含炭量使其有着由乳白到灰黑等不同颜色，含炭量越高，颜色越深。由于炭粒是未充分燃烧的煤粉，其颗粒较粗，因而粉煤灰的颜色可在一定程度上反映粉煤灰的细度和质量。颜色越深，粒度越粗，质量越差。如图 6-19 所示。

（2）密度和容重：粉煤灰的密度与化学成分密切相关。低钙灰密度一般为 1.8～2.8g/cm³，高钙灰密度可达 2.5～2.8g/cm³。如果灰的密度改变了，其化学成分也就发生了变化；粉煤灰的容重在 600～1000kg/m³ 范围内，其压实容重为 1300～1600kg/m³，湿粉煤灰的压实容重随含水率增加而增加。

（3）细度和比表面积：粉煤灰粒径范围为 0.5～300μm。其中，玻璃微珠粒径为 0.5～100μm，大部分在 45μm 以下，平均为 10～30μm；漂珠粒径多在 45μm 以上。我国规定以 45μm 筛余百分数为粉煤灰的细度指标，其测定方法按 GB 146—90 规范的要求执行。当粉煤灰的细度为 45μm 时，筛余量一般为 10%～20%，比表面积为 2000～

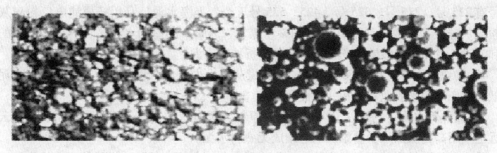

图6-19　粉煤灰的外观

$4000cm^2/g$，如表6-26所示。

表6-26　粉煤灰的物理性质

项　　目		范　　围	均　　值
密度/g·cm^{-3}		1.9~2.9	2.1
堆积密度/g·cm^{-3}		531~1261	780
密实度/g·cm^{-3}		25.6~47.0	36.5
比表面积/cm·g^{-1}	氧吸附法	800~195000	34000
	透气法	1180~6530	3300
原灰标准稠度/%		27.3~66.7	48.0
需水量/%		89~130	106
28天抗压强度比/%		37~85	66

6.5.2　粉煤灰综合利用技术

煤粉经燃烧后颗粒变小，孔隙率提高，比表面积增大，活性程度和吸附能力增强，电阻值加大，耐磨强度变高，三维压缩系数和渗透系数变小。粉煤灰具有良好的物理、化学性能和利用的价值，其中的 C、Fe、Al 及稀有金属可以回收，CaO、SiO_2 等活性物质可广泛用作建材和工业原料，Si、P、K、S 等组分可用作农业肥料与土壤改良剂，其良好的物化性能用于环境保护及治理。因此，粉煤灰资源化具有广阔的应用和开发前景。

6.5.2.1　粉煤灰作建筑材料

粉煤灰作建筑材料，是我国大宗利用粉煤灰的途径之一，它包括配制粉煤灰水泥、粉煤灰混凝土、粉煤灰烧结砖与蒸养砖、粉煤灰砌砖、粉煤灰陶粒等。

（1）粉煤灰水泥。粉煤灰水泥又称粉煤灰硅酸盐水泥，它是由硅酸盐水泥熟料和粉煤灰加入适量石膏磨细而成，是一种水硬性胶凝材料。粉煤灰中含有大量活性 Al_2O_3、SiO_2 和 CaO，当其掺入少量生石灰和石膏时，可生产无熟料水泥，也可掺入不同比例熟料生产各种规格的水泥。

1）普通硅酸盐水泥。它是以硅酸盐水泥熟料为主，掺入小于15%的粉煤灰磨制而成，其性能与一般普通硅酸盐水泥相似，因而统称普通硅酸盐水泥，此种水泥生产技术成熟，质量较好。

2）矿渣硅酸盐水泥。它是用硅酸盐水泥熟料配以50%以上的高炉水淬渣，并掺入不大于15%的粉煤灰磨细而成。该成品性能与矿渣水泥无大差异，故称为矿渣硅酸盐水泥。

3）粉煤灰硅酸盐水泥。它是以水泥熟料为主，加入20%~40%粉煤灰和少量石膏磨制而成，其中也允许加入一定量的高炉水淬渣，但混合材料的掺入量不得超过50%，其标号有 225 号、275 号、325 号、425 号、525 号五个。上海水泥厂利用杨树浦电厂粉煤灰生产粉煤灰硅酸盐水泥，利用 20% ~40% 粉煤灰、55% ~80% 的水泥熟料、2% ~8% 的石膏和0.5% ~2.5%碳酸钠生产 525 号高强抗折特种水泥。

4）砌块水泥。它是用 60% ~70% 的粉煤灰掺入少量水泥熟料和石膏磨成，该水泥标号低，能广泛用于农业水泥和一般民用建筑。

5）无熟料水泥。它是以粉煤灰为主要原料，配加适量石灰、石膏磨细而成，如云南开远电厂用高钙灰加入少量添加剂磨细成无熟料水泥。

除此之外，粉煤灰还可以代替黏土作配料，与石灰石、铁粉、煤粉等混合焙烧，冷却后添加石膏，经磨细制成普通硅酸盐水泥。用粉煤灰作配科，可节约燃料，减少破碎加工，降低生产成本。粉煤灰水泥水化热低，抗渗和抗裂性好，对硫酸盐侵蚀和水侵蚀具有抵抗能力。该水泥早期强度不高，但后期强度高，应用十分广泛。

（2）粉煤灰混凝土。粉煤灰混凝土是以硅酸盐水泥为胶合料，砂、石等为骨料，并以粉煤灰取代部分水泥，加水拌和而成。新中国成立以来，我国曾在刘家峡等大型水利大坝工程中采用了粉煤灰混凝土，实践表明，粉煤灰能有效改善混凝土的性能。主要表现为：

1）减少水化热。水泥熟料中铝酸三钙和硅酸三钙等水化时，放出大量热量，可使大体积混凝土温度升高，从而产生体积膨胀，引起混凝土裂纹。掺入水化热低的粉煤灰后，能有效降低混凝土的水化热，保证大坝等水工工程的整体性。

2）改善和易性。混凝土的和易性是指混凝土拌合物在拌合、运输、浇注、捣振等过程中保证质地均匀、各组分不离析并适于施工工艺要求的综合性能。掺入粉煤灰后，它能均匀分散于水泥、砂、石之间，有效减少吸水性，增加混凝土中胶凝物质含量和浆骨比。在工程施工中掺用 20% ~30% 粉煤灰，混凝土流动性好，利于泵送，节省捣振，便于施工且不收缩。

3）提高强度。粉煤灰混凝土后期强度高，经养护半年后，含 20% ~30% 粉煤灰混凝土强度高于普通混凝土，但是该混凝土早期强度低，可以通过磨细使早期强度提高。

4）减小干缩率、提高抗渗性。粉煤灰水化热低，其制成的混凝土水化热得到降低，从而减小干缩率，提高抗拉、抗裂强度，粉煤灰能改善混凝土的抗渗与防蚀性能。在大型水工工程中，粉煤灰混凝土具有良好的抗渗和抗侵蚀能力，但其抗冻性差，要加入少量添加剂加以改善。

（3）粉煤灰砖。粉煤灰的成分和黏土相似，可以替代黏土制砖，如蒸养砖、烧结砖等。

1）粉煤灰烧结空心砖。以粉煤灰、黏土为原料，经搅拌、成型、干燥、焙烧制成砖。其工艺流程如图 6 - 20 所示。

2）粉煤灰蒸养砖。以粉煤灰为主要原料，掺入适量骨料、生石灰及少量石膏，经消化、辗炼、成型、蒸气养护而成。其工艺流程如图 6 - 21 所示。

3）粉煤灰免烧免蒸砖。以粉煤灰拌以生石灰、骨料（炉渣、钢渣、尾矿等）及少量激发剂而成。除此之外，利用粉煤灰还可以生产空心砖，若掺入饱和湿锯末，还可以生产粉煤灰微孔夹心砖。

6.5.2.2 粉煤灰硅酸盐砌块

粉煤灰硅酸盐砌块以粉煤灰作原料，再掺入少量石灰（10% ~30%）、石膏及骨料，经蒸汽养护而成，具有轻质、高强、空心和大块等特点，与砖相比具有工效高、投资省等优点。粉煤灰或泡沫粉煤灰硅酸盐砌块要求成品中 Al_2O_3、SiO_2 含量高，含炭量低。

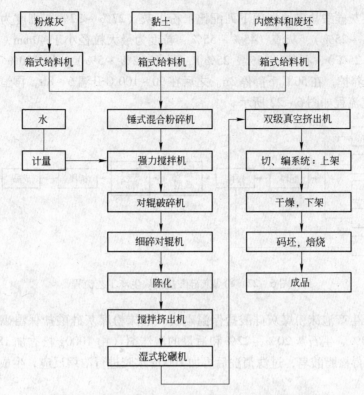

图 6-20 粉煤灰生产烧结空心砖工艺流程

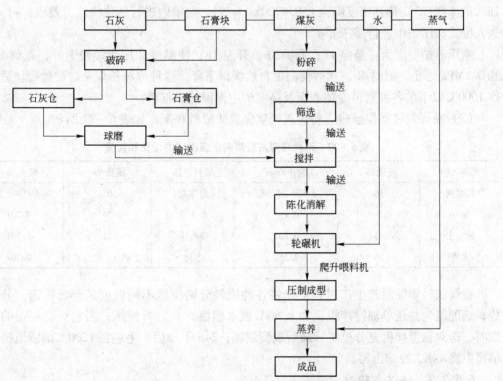

图 6-21 粉煤灰蒸养砖制作工艺流程

（1）粉煤灰硅酸盐砌块。用下列配比：粉煤灰（27% ~32%，细度为4900孔/m² 筛上筛余物 20% ~25%）、灰渣（45% ~55%，粒度为最大粒径小于40mm，1.2mm 以下的颗粒含量少于25%）、石灰（15% ~25%）、石膏（2% ~5%），水（30% ~36%）。成型后，常压蒸汽养护，在 50℃下静停 3h。之后在 90 ~100℃升温 6 ~8h，再恒温 8 ~10h，降温 3h。其工艺流程如图 6 - 22 所示。

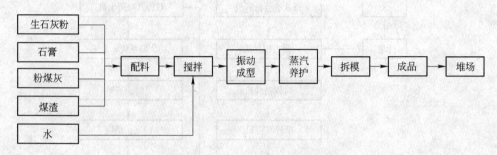

图 6 - 22   粉煤灰硅酸盐砌块生产工艺流程

（2）蒸压生产泡沫粉煤灰硅酸盐保温砌块。泡沫粉煤灰硅酸盐保温砌块配比为：粉煤灰 70% ~80%、生石灰 20% ~22% 和适量的泡沫剂（由 1000g 松香加 180 ~200gNaOH 进行皂化反应得松脂酸皂，过滤消洗后再加 1000g 水胶进行浓缩反应，生成母液再配上适量的水）。

泡沫粉煤灰硅酸盐保温砌块的生产过程是：1）将粉煤灰和生石灰按比例混匀；2）加入泡沫剂；3）待其密度降至 650 ~700kg/m³ 时，向模内进行低位浇注，盖板；4）最后送入卧式蒸压釜中进行蒸压养护。

蒸压养护制度为：静停 1h；养护 3h，升温 1h；使温度和压力缓慢上升，直到 185℃ 和 0.8MPa 为止，恒温 4h，然后使温度自然缓慢下降。这种泡沫粉煤灰硅酸盐砌块适合用作 1000℃ 以下的各种管道冷体表面及高温炉中保温绝热材料。

（3）粉煤灰轻质保温砖。粉煤灰轻质保温砖原料和配比如表 6 - 27 所示。

表 6 - 27   两种粉煤灰轻质耐火保温砖的配比和粒度

原料名称	配比/%	粒度/mm	原料名称	配比/%	粒度/mm
粉煤灰	36	4. 699 ~2. 362	粉煤灰	65	4. 699 ~2. 362
烧石	5	0. 991	紫木节	24	0. 701
软质土	43	0. 701	高岭土	11	0. 701
木屑	16	2. 362	木屑	1. 2m³/t（配合料）	2. 362

粉煤灰轻质保温砖生产过程：先将各种原料分别按照不同粒度破碎、筛选，分别存放；选配混匀并送单轴搅拌机，加入 60℃ 温水粗混，并进行捏炼；当它具有一定的可塑性时，送双轴搅拌机充分捏炼；最后成型制坯；24h 干燥后，毛坯在 1200℃ 的隧道窑或倒焰窑中烧 44h，冷却出窑。

6.5.2.3   粉煤灰陶粒

粉煤灰陶粒制作原料和工艺流程如图 6 - 23 所示。

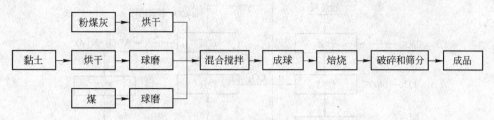

图 6 - 23　粉煤灰陶粒制作原料和工艺流程

粉煤灰陶粒要求粉煤灰细度是 4900 孔/cm², 筛余物小于 40%, 残余碳含量不高于 10%; 黏土作黏结剂在 10% ~ 17%。固体燃料可用无烟煤、焦炭下脚料等, 总含碳量控制在 5%; 水分少于 20%。制作的陶粒特点是质量小、强度高、导热性低、耐火度高、化学稳定性好, 用于配制各种高强度轻质混凝土构件。

6.5.2.4　粉煤灰作土建原材料和作填充土

粉煤灰能代替砂石、黏土作土建基层材料修筑堤坝、高速公路路基; 粉煤灰可代替砂石回填矿井, 代替黏土复垦洼地。除此之外, 利用粉煤灰回填地下井坑, 不仅节约大量水泥, 减轻地下荷载, 而且可以防火、堵火等。

6.5.2.5　粉煤灰作农业肥料和土壤改良剂

粉煤灰具有质轻、疏松多孔的物理特性, 还含有磷、钾、镁、硼等植物所需的元素, 可广泛用于农业生产作土壤改良剂。粉煤灰具有良好的理化性质, 能广泛用于改造重黏土、生土、酸性土和盐碱土, 弥补其酸、瘦、板、黏的缺陷。粉煤灰掺入上述土壤后, 容重降低, 孔隙率增加, 透水与通气性得到明显改善, 酸性得到中和, 团粒结构得到改善。

6.5.2.6　回收工业原料

(1) 回收煤炭资源。采用以下两种方法回收煤炭资源:

1) 浮选法回收湿排粉煤灰中的煤炭: 浮选就是在含煤炭粉煤灰的灰浆中加入浮选剂, 然后采用气浮技术, 使煤粒黏附于气泡上浮而与灰渣分离。我国热电厂粉煤灰含碳量一般在 5% ~7%, 含碳量大于 10% 的电厂约占 30%, 据统计, 仅湖南省各热电厂每年从粉煤灰中流失的煤炭就达 20×10^4t 以上。

2) 干灰静电分选煤炭: 利用煤与灰的介电性差异使干灰在高压电场的作用下发生分离。

(2) 回收金属物质。Al_2O_3 是粉煤灰的主要成分, 可利用高温熔融法、热酸淋洗法、直接熔解法等方法回收金属铝。粉煤灰中还含有大量稀有金属和变价金属, 被誉为 "预先开采的矿藏"。粉煤灰含 Fe_2O_3 一般为 4% ~20%, 最高达 43%, 当 Fe_2O_3 含量大于 5% 时, 即可回收。Fe_2O_3 经高温焚烧后, 部分被还原成 Fe_3O_4 和铁粒, 可通过磁选回收。Al_2O_3 是粉煤灰的主要成分, 一般含量为 17% ~35%, 可作为宝贵的铝资源。铝回收还处于研究阶段, 一般要求粉煤灰中的 Al_2O_3 高于 25% 方可回收。

(3) 回收氧化铝。从粉煤灰中提取氧化铝和硅钙渣制作水泥是综合利用粉煤灰资源、消除环境污染的有效手段之一。用石灰石烧结工艺从粉煤灰中提取氧化铝工艺流程如图 6 - 24 所示。

(4) 分选空心微珠。空心微珠是 SiO_2、Al_2O_3、Fe_2O_3 及少量 CaO、MgO 等组成的熔融结晶体, 它是在 1400 ~2000℃ 温度下或接近超流态时, 受到 CO_2 的扩散、冷却固化与外

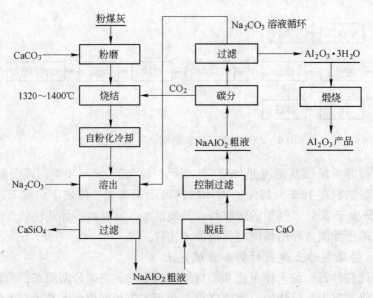

图 6 - 24　粉煤灰提取氧化铝工艺流程

部压力作用而形成的。快冷时形成能浮于水上的薄壁珠，慢冷时则形成圆滑的厚壁珠。它在粉煤灰中的含量最多可达 50% ~ 70% ，通过浮选或机械分选，可回收这一资源。空心微珠容重一般只有粉煤灰的 1/3 ，其粒径多为 75 ~ 125μm ，具有多种优异性能，表现如下：1) 热稳定性好，具耐热、隔热、阻燃的特点，可生产多种保温、绝热、隔热、耐火产品。2) 能提高塑料硬度和抗压强度，改善流动性，改善复合材料的稳定性和相容性。3) 表面多微孔，可作石油化工的裂化催化剂和化学工业的化学反应催化剂。4) 硬度大，耐磨，用作染料工业的研磨介质，在军工领域常被用于制造坦克刹车。5) 比电阻高，且随温度升高而升高，是电瓷和轻型电器绝缘材料的极好原料，可制造绝缘瓷和渣绒绝缘物。粉煤灰回收空心玻璃微珠工艺流程如图 6 - 25 所示。

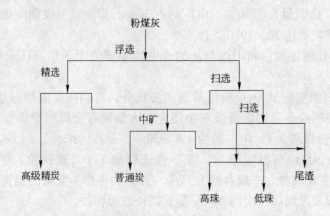

图 6 - 25　粉煤灰浮选空心玻璃微珠工艺流程

6.5.2.7　粉煤灰作环保材料

A　环保材料开发

(1) 利用粉煤灰制造人造沸石和分子筛。利用粉煤灰生产工艺技术与常规生产相比，生产每吨分子筛可节约 0.72t Al(OH)$_3$、1.8t 水玻璃、0.8t 烧碱，且生产工艺中省去了稀释、沉降、浓缩、过滤等流程，生产产品质量达到甚至优于化工合成分子筛。

（2）利用粉煤灰制絮凝剂。粉煤灰中 Al$_2$O$_3$ 含量高，主要以富铝水玻璃体形式存在。用 HCl(H$_2$SO$_4$)-NH$_4$F 浸提，溶出后的铝盐溶液经中和生成 Al(OH)$_3$，并再与 AlCl$_3$ 溶液反应制成聚合铝。或用粉煤灰与铝土矿、电石泥等高温熔烧，提高 Al$_2$O$_3$、Fe$_2$O$_3$ 的活性，再用盐酸浸提，一次可制成液态铝铁复合混凝土处理剂，它的水解产物比单纯聚合铝、聚合铁的水解产物价位高，因而具有强大的凝聚功能和净水效果。

（3）作吸附材料。浮选回收的精煤具有活化性能，可制作活性炭或直接作吸附剂，直接用于印染、造纸、电镀等各行各业工业废水和有害废气的净化、脱色、吸附重金属离子，以及航天航空火箭燃料剂的废水处理。

B 用于废水处理

（1）处理含氟废水。粉煤灰中含有 Al$_2$O$_3$、CaO 等活性组分，它能与氟生成 [Al(OH)$_{3-x}$·F$_x$]、[Al$_2$O$_3$·2HF·nH$_2$O]、[Al$_2$O$_3$·2AlF$_3$·nH$_2$O] 等配合物或生成 [xCaO·SiO$_3$·nH$_2$O]、[xCaO·Al$_2$O$_3$·nH$_2$O] 等对氟有絮凝作用的胶体离子，具有较好的除氟能力；它对电解铝、磷肥、硫酸、冶金、化工等行业生产中排放的含氟废水处理具有一定效果，并对水中悬浮物（SS）有一定的去除效果。

（2）处理电镀废水与含重金属离子废水。粉煤灰中含沸石、莫来石、炭粒、硅胶等，具有无机离子交换特性和吸附脱色作用。粉煤灰处理电镀废水，对铬等重金属离子具有很好的去除效果，去除率一般在 90% 以上。若用 FeSO$_4$—粉煤灰法处理含 Cr^{3+} 废水，Cr^{3+} 去除率可达 99% 以上。此外，粉煤灰还可用于处理含汞废水，吸附了汞的饱和粉煤灰经焙烧将汞转化成金属汞回收，回收率高，其吸附性能优于粉末活性炭。

（3）处理含油废水。电厂、化工厂、石化企业废水成分复杂、乳化程度高，甚至还会出现轻焦油、重焦油、原油混合乳化的情况，用一般的处理方法效果不太理想，而利用粉煤灰处理，重焦油被吸附后与粉煤灰一起沉入水底，轻焦油被吸附后形成浮渣，乳化油被吸附、破乳，便于从水中去除，达到较好的效果。

6.6 硫酸工业固体废物综合利用

我国硫酸工业是以硫铁矿为主要原料，通过水洗净化和转化—吸收工艺，生产硫酸，主要有配料、焙烧、净化、转化、吸收 5 道工序。有干法和湿法两种净化工艺流程。小型厂多，硫酸工业是我国化工污染较重的行业之一。

干法硫酸生产工艺流程如图 6-26 所示。

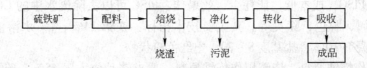

图 6-26 干法硫酸生产工艺流程

硫酸工业固体废弃物主要是焙烧硫铁矿产生的烧渣，烧渣产生量与硫铁矿的品位有关，当含硫量为 30% 时，生产 1t 硫酸的矿渣量约为 0.7 ~ 1t。同时，在酸洗工艺中还可能排出少量含泥污酸，吨酸水净化工艺处理后的泥渣量约为 103kg。

6.6.1　硫铁矿烧渣的来源及组分

硫铁矿烧渣是生产硫酸时焙烧硫铁矿产生的废渣。硫铁矿经焙烧分解后，铁、硅、铝、钙、镁和有色金属转入烧渣中，其中铁、硅含量较多，波动范围较大（见表 6 – 28）。据铁含量的高低可分为高铁硫酸渣和低铁硫酸渣。高铁渣中氧化硅含量大于 35%，低铁渣中氧化硅含量高达 50% 以上，类似于黏土。

表 6 – 28　硫铁矿矿渣的化学组分　　　　　　　　（%）

工厂	Fe	Cu	Pb	Zn	Co	S	SiO$_2$	CaO	Ag	Au
中国南京企业	54.8 ~ 55.6	0.26 ~ 0.35	0.015 ~ 0.018	0.77 ~ 1.54	0.012 ~ 0.032	1.02 ~ 4.8	11.42	2.17	0.33 ~ 0.9	12 ~ 40
日本企业	62.58	0.39	0.29	0.14	0.46	0.05	—	—	31.69	0.65
德国企业	47 ~ 63	0.03 ~ 0.08	0.01 ~ 1.2	0.08 ~ 1.86	0.05 ~ 0.1	1.2 ~ 3.4	3.1 ~ 12.4	—	2 ~ 27.9	0 ~ 1.2

我国硫铁矿渣一部分来自硫铁矿生产的硫酸工厂或车间，多为粉粒状，一般含 Fe 40% ~ 50%，含 SiO$_2$ 16% ~ 20%；一部分来自硫精矿生产的硫酸工厂。

6.6.2　硫铁矿烧渣的综合利用技术

硫铁矿烧渣的利用已有 100 多年的历史，目前有些国家几乎已全部利用。我国利用途径有十多种，其中 70% 作为水泥助熔剂，其余作为炼铁的原料，或制造还原铁粉、三氯化铁、铁红化工原料，以及从渣中提取有色金属等。主要利用技术如下：

（1）烧渣作水泥配料。硫铁石烧渣经过磁选和重选后，含铁量在 30% 左右，可以作为水泥的辅助配料。此外，更重要的是可以利用烧渣代替铁矿粉作为水泥烧成的助熔剂。

（2）烧渣制矿渣砖。将消石灰粉或水泥和烧渣混合成混合料，再成型，经自然养护后即制得矿渣砖，其成本比黏土砖低 20%，质量相近。硫铁矿烧渣制砖方法，分蒸养制砖和非蒸养制砖，主要取决于原料烧渣和辅料特性。

（3）烧渣一步法生产固体复合混凝剂工艺。该技术利用硫铁矿烧渣和适量粉煤灰等为主要原料，经一步法直接生产固体污水处理剂 PISC（复合型）。工艺流程如图 6 – 27 所示。该工艺集酸溶、水解、聚合于一体，生产过程中无需蒸发、浓缩和干燥，即可一步生产出固体产品 PISC，成本低、能耗少、效果佳。PISC 可以去除废水中的 CODCr、BOD5、悬浮物、重金属、脱色、除臭等。其主要技术指标：铁铝 14%、1% 水溶液 pH = 2 ~ 3、不溶性固体助凝剂 10%、盐基度 8 ~ 20、土红色粉状物。

（4）烧渣作炼铁原料。烧渣用作炼铁原料，要求铁品位大于 45%，硫及有色金属含量低。硫含量高不仅影响炼铁炉的寿命，还会影响生铁的质量。对铁含量大于 60%、硫及有色金属含量较低的烧渣，可直接制成球团或与富铁矿配矿来冶炼生铁。由于我国烧渣

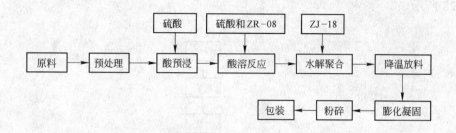

图6-27 硫铁矿烧渣一步法生产固体复合混凝剂工艺流程

大多铁品位不高，且含硫较高，故其作为炼铁原料不是最佳选择。近年来有相当一部分工作都是围绕其除硫和提高铁品位展开的。

如华东冶金学院胡宾生等采用还原焙烧、球磨磁选的工艺，从含铁50.44%的烧渣得到铁品位为64.13%的铁精矿粉，产品完全满足炼铁工业的烧结和制团工艺技术要求。

又如，烧渣经过重选后，可将精铁矿含铁量提高到55%～60%，而且含磷量在0.04%以下，含SiO_2在10%～16%。其产品供炼铁厂使用，重选尾矿送水泥厂作添加剂。

（5）提取有色金属。对于有色金属含量较高的黄铁矿生产硫酸后的废渣，可提取其中的有色金属。以日本光和精矿法为典型代表性的高温氯化法回收有色金属。其原理是将废渣与氯化钙均匀混合制成球团，在高温下焙烧，废渣中的有色金属生成金属氯化物，以蒸气形式随烟气排出，然后用水吸收，回收有色金属氯化物。回收有色金属后的硫铁矿烧渣作为炼铁原料。

1）氯化焙烧的概念及分类。氯化焙烧是利用氯化剂与烧渣在一定温度下加热焙烧，使有色金属转化为氯化物而回收。根据反应温度不同可分为中温氯化焙烧与高温氯化焙烧。高温氯化焙烧生成的氯化物呈气体挥发，又称高温氯化挥发法。中温氯化焙烧生成的氯化物基本上呈固态存在于焙砂中，然后用浸出法使其转入溶液中，又称氯化焙烧—浸出法。

2）氯化焙烧原理。根据气相中含氧量又可分为氧化氯化焙烧（直接氯化）和还原氯化焙烧（还原氯化）。还原氯化主要用于处理较难氯化的物料。氯化焙烧时可用气体氯化剂（Cl_2、HCl）或固体氯化剂（NaCl、$CaCl_2$、$FeCl_3$）。气体氯化剂的氯化反应为：

$$MO + Cl_2 \longrightarrow MCl_2 + 1/2O_2$$
$$MS + Cl_2 \longrightarrow MCl_2 + 1/2S_2$$
$$MO + 2HCl \longrightarrow MCl_2 + H_2O$$
$$MS + 2HCl \longrightarrow MCl_2 + H_2S$$

许多金属硫化物较易被氯气所氯化，因此对多数金属硫化物最好用氯气作氯化剂，但在高温时，硫化物用氯化氢氯化是无效的。除气态氯化剂外，工业上常用氯化钠和氯化钙作固体氯化剂。固体氯化剂的氯化作用主要是通过其他组分使其分解而得到氯气和氯化氢来实现的。影响氯化焙烧的主要因素有：温度、氯化剂类型及其用量大小、气相组成、气流速度、物料粒度、孔隙度、物料矿物组成及化学性质、催化作用等。

（6）烧渣综合利用实例。近年来，一些化工厂利用烧渣进行综合开发收到了较好效果。山东乳山县化工厂用氰化法从烧渣提取金、银、铁及有色金属，其工艺流程如

图6-28所示。

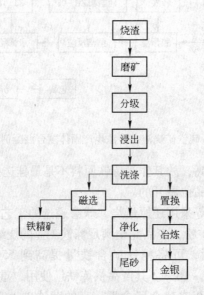

图6-28　硫酸烧渣综合利用工艺流程

其原理是烧渣中金在有氧存在的氰化溶液里与氰化物反应生成金配离子进入溶液，经固液分离后用锌置换，再经冶炼得到成品金。利用弱磁场将烧渣磁选得到精铁矿。反应式：

$$4Au + 8NaCN + O_2 + 2H_2O \longrightarrow 4NaAu(CN)_2 + 4NaOH$$

$$2Au(CN)_2 + Zn \longrightarrow 2Au\downarrow + Zn(CN)_4^{2-}$$

其浸出液为氰化钠和石灰水。由于氰化物有毒，需要在污水处理工段加入液氯除去氰化物。

6.6.3　硫酸工业其他固体废物综合利用

6.6.3.1　含泥废酸处理技术

酸洗净化工艺生产的含泥硫酸，其中含有 $FeSO_4$ 25%～35%，酸泥25～30g，及微量As、Se等有毒物。将其喷入燃烧热解炉，热解成二氧化硫等，经文丘里洗涤器除尘后冷至90℃，通过冷却器和静电酸雾沉降器除水和酸雾；干燥，在五氧化二钒催化下二氧化硫转化成三氧化硫，用稀酸吸收，制成浓硫酸。铁则在渣中回收；烟尘回收微量As、Se。

6.6.3.2　含钒废催化剂回收

采用水解–沉淀–焙烧法从失活的催化剂中回收 V_2O_5。

6.7　其他化工固体废物综合利用

6.7.1　有机原料及合成材料工业固体废物处理工程

有机原料及合成材料工业固体废物主要是有机原料合成以及合成材料单体生产中产生

的反应副产品、蒸馏塔轻重组分、蒸馏塔釜残液、反应废催化剂以及废水生化处理的剩余活性污泥等。

6.7.1.1　废物来源及组成

该类废物产渣量不大，但组成复杂，大多含高浓度有机物，有的还具有毒性、易燃性和爆炸性。有机原料及合成材料工业固体废物产生和利用情况如表 6 - 29 所示。

表 6 - 29　有机原料及合成材料工业固体废物的来源和综合利用的情况

名　称	调查企业数/个	固体废物产生量/t·a⁻¹	固体废物排放量/t·a⁻¹	综合利用率/%	处理处置率/%	万元产值固废产生量/t
有机原料	105	65.5	17.72	36.65	36.56	36.43
合成材料	23	112.38	0.66	86.45	8.24	1.42
化工总计	1465	65.5	433.61	41.4	23.64	1.44

6.7.1.2　主要处理技术

（1）对有机原料及合成材料工业产生的精馏釜残液、高低沸点轻重组分、焦油等，一般采用蒸馏、萃取、结晶等方法进行组分分馏后回收利用，残渣在厂内焚烧炉焚烧。

（2）含氟树脂及氟制冷剂生产中排出的含氟残液均采用焚烧法处理。

（3）对各种废催化剂渣液一般均回收其中的贵金属 Pd、Ag，之后再进行焚烧处理。

（4）合成橡胶中氯丁橡胶生产中产生的电石渣主要用于制水泥配料。

6.7.2　染料工业固体废物处理工程

染料工业固体废物主要是染料合成过程中产生的固体废渣及高浓度母液，产品分离、精制过程中产生的滤渣及残液等，这些固体废物中含有大量有机物质、无机盐和无机酸等。

6.7.2.1　废物来源及组成

染料是由一种或两种以上中间体合成制造的，其合成过程复杂，排出的固体废物成分也很复杂，并且具有成分复杂、浓度高、颜色深等特点。

6.7.2.2　主要处理技术

目前国内已投入使用的染料工业固体废物综合利用处理技术主要有：

（1）固体废渣。一般采用焙烧氧化酸化法和残液泥焚烧法处理。1）焙烧氧化酸化法处理含铜废渣，制硫酸铜；2）焚烧法处理还原染料蒸馏残液泥。

（2）染料废母液。该类废物处理技术较多，如用咔叽 2G 氯化母液回收造纸助剂和硫酸等，都有较好的经济效益。

（3）废硫酸。目前较多的是从废硫酸中回收还原艳绿 FFB，还有用废硫酸合成聚硫酸铁。在酸性洗液中或用硫酸盐法生产二氧化钛后产生的废硫酸中，首先将含有金属硫酸盐的废硫酸中的二价铁离子氧化成三价铁离子，向该液体中加入盐酸，然后进行溶剂萃取，回收硫酸。

6.8　废催化剂处理工程

催化剂是所有化学工业，特别是精细化工不可或缺的反应介质和加速器。化学工业固体废物中，有相当一部分是以有色金属和稀有贵重金属为主料，常因老化、失活变成废催化剂。全世界每年大约排放 80 万吨的废催化剂，我国每年石油和化工催化剂更换量超过 10 万吨，其中化肥行业就有 3 万吨。其特点是：1) 比原生矿提炼得到的金属品位高，投资少，成本低，效益好；2) 有些废催化剂含三氧化二砷、铅、镉、汞等有毒成分，甚至还附有致癌物料，因此，废催化剂无害化处理与资源化回收利用工程必不可少。

6.8.1　废催化剂回收方法

（1）干法：通过与还原剂及助熔剂加热熔融，将废催化剂还原成单质金属或合金态回收。

（2）湿法：用酸、碱或其他溶剂溶解废催化剂的主要组分，滤液除杂纯化后，经分离可得到难溶于水的盐类、硫化物或金属的氢氧化物。

（3）干湿结合法：含两种以上组分的废催化剂很少单独采用干法或湿法进行回收，多数采用干湿结合法。此法广泛用于回收物的精制过程。

（4）不分离法：不将废催化剂活性组分与载体分离，或不将其两种以上的活性组分分离处理，而是直接利用废催化剂进行回收处理。

6.8.2　废催化剂回收贵重金属一般工艺

废催化剂回收贵重金属一般工艺流程如图 6-29 所示。

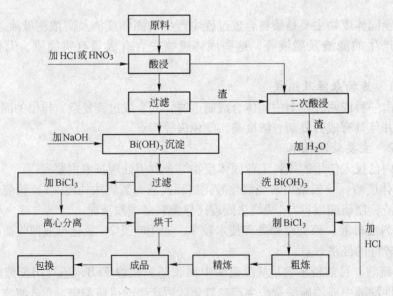

图 6-29　贵金属回收工艺流程

6.8.3　典型的废催化剂回收利用工艺

6.8.3.1　从含钒废催化剂中回收五氧化二钒

钒系催化剂广泛用于化学工业中的氧化过程，如二氧化硫氧化剂制硫酸、苯氧化制马来酸酐等。国内常用的是还原酸浸法、碱浸法和高温活化法，近年来则致力于萃取法的研究。下面以萃取法为例说明它的工艺流程：

第一步是活化。将废催化剂加入 2% 的过氧化钠，置于马弗炉中在 600℃ 下焙烧 2h，使砷、硫等挥发，并使其中的四价钒全部氧化成五氧化二钒。

第二步是还原酸浸。活化后的废催化剂用 5% 的硫酸水溶液搅拌，在温度 70℃ 下酸浸 2h，还原剂用亚硫酸钠，加入量为 3%。过滤分离出的浸取液用高锰酸钾氧化，使四价钒转化成五价钒。

第三步是萃取。用有机萃取液对浸取液进行萃取，V_2O_5 进入萃取相（上层），其他杂质进入萃余相（下层）。

第四步是反萃取。用 5% ~ 8% 的氨水反萃取有机相，上层为萃取液可循环使用，下层水相析出多钒酸铵。

第五步是粗 V_2O_5 精制。粗 V_2O_5 用 20% 的氢氧化钠水溶液煮沸 4h，过滤，滤液加氯化铵，析出的偏钒酸铵经焙烧可得纯度大于 99% 的精制 V_2O_5。V_2O_5 总回收率在 80% ~ 82% 范围内。

6.8.3.2 从废催化剂中回收金属钼

含钼催化剂广泛用于石油炼制与化肥生产中。国内每年大约产生 5000t 这类废催化剂，而且以大约 7% 的速率增长。该废料中含有 6% ~ 15% 的钼及含量不等的其他金属化合物，是一种重要的二次资源。以美国的 CRI – MET 公司采用的全湿法冶金过程从废钼催化剂中回收钼为例，其工艺流程如下：

第一次加压氧化浸取钼与钒组分转化为水溶性的化合物，从而与其他组分分离。水溶液中钼组分转化为沉淀，钒组分仍留在水溶液中。固体钼组分转变为最终产品氧化钼，钒组分转化为最终产品的钒酸铵或其他产品。

第二次加压浸取固体中的铝组分转化为水溶性的铝酸盐，与镍钴组分分离。镍钴浓缩物提取钴与镍。饱和铝化合物水溶液引入结晶器中，加入晶种，降低温度。铝组分转化为最终产品氢氧化铝，氢氧化钠溶液返回第一步浸取。通常含钼废催化剂中的最大组分是氧化铝，CRI – MET 工艺回收得到纯净的氢氧化铝，实现了彻底的废物资源化，并有利于镍钴组分的提取，而其他工艺都没有回收铝组分。

6.8.3.3 从废催化剂中回收金属钯

含钯催化剂，主要用于石油化工中催化加氢和脱氢、催化氧化等反应。如乙烯氧化制乙醛用 Pb – Cu 催化剂，Pb 含量大于 59%，松香加氢及歧化用钯炭催化剂（钯含量小于 4.8%），此外，制备吡啶衍生物、乙酸乙烯酯、双氧水生产、羧酸和烯烃合成乙二醇酯等均需采用钯催化剂。以钯为活性组分的脱氧剂也是最为常见的脱氧剂，大多以氧化铝或活性炭为载体，载钯时含量一般在 0.7% 以下。

由于金属氯化物沸点较低（四氯化钯沸点为 148℃），因而在硅、钛、锗等高纯度金属的精制过程中，要使用这些金属氯化物的蒸馏技术。从废催化剂中回收金属钯的工艺过程是：首先，在 150℃ 反应温度下，氢化废催化剂中的钯，作为四氯化钯通过热分解、歧化反应脱去氯，最后通过氢直接还原，便能连续操作进行，热效率相当高；回收金属后的载体由于基本上得到保存，有可能进行再生利用。

6.8.3.4 含 Cu – Zn 废催化剂的综合利用

含 Cu – Zn 催化剂，如 Cu – Zn – Al 催化剂，主要用于合成氨工业、制氢工业的低温变换反应、合成甲醇和催化加氢反应。用于合成甲醇时，催化剂中氧化铜的质量分数为 45%～65%，氧化锌的质量分数为 25%～45%；用于低温变换反应时，CuO 的质量分数为 30%～40%，ZnO 的质量分数为 40%～50%。在使用过程中由于都是用还原状态的铜，因此造成催化剂失活的原因具有一些共同的特点，如硫中毒、卤素中毒、热老化等。这使得此类催化剂寿命短，再生困难，因而产生大量的失活催化剂。

用氯化铵为配合浸出剂，使废催化剂中的 ZnO 和 CuO 进入溶液，然后用锌粉把铜氨溶液中的铜置换出来，达到铜、锌分离的目的。该法具有硫酸、锌粉等原料用量少，CuO 和 ZnO 浸出率高（均为 96% 以上），浸出剂可循环利用的特点。

6.8.3.5　含镍废催化剂的回收利用

镍系催化剂广泛应用于各种化学反应中，特别是用于各种加氢反应中，主要有液相加氢用的雷尼镍催化剂和担载型镍催化剂两种。以 Al_2O_3 为载体的镍催化剂常用于合成氨和制氢工业的 CO 加氢甲烷反应、烃类水蒸气转化反应、有机硫加氢转化反应等；不饱和烃在液－固相反应条件下加氢用雷尼镍催化剂。

镍催化剂有多种类型，其镍含量低的一般在 1.2%～6%，高的可达 60%～90%，范围较大。冶炼厂炼镍金属所用的硅镍矿仅含 2.8% 的镍，所以含镍废催化剂回收价值高。镍在废催化剂中的存在形态比较复杂，可呈 Ni、NiO、NiS 或 $NiAl_2O_4$ 等多种形态。废镍催化剂一般在用湿法回收前先在高温下焙烧以除去有机物和硫化物等杂质，并将镍氧化，使载体焙烧成酸不溶状态再进行浸取。由于镍催化剂大多含有双金属组分，有些还含有稀土金属，因此需根据具体情况而确定不同的分离工艺，以便很好地将镍与其他金属分离出来。

含有镍、氧化铝、氧化钙、氧化铁和二氧化硅的废雷尼镍粉加入氢氧化钠，并在 500℃ 进行焙烧，使其中的氧化铝转为水溶性的铝盐，然后将镍进行提纯，并制成碳酸镍，再加工成碳酸镍溶液。采用选择溶解法除去其中的铜、锌等杂质，然后用硫酸再进行溶解得到硫酸镍溶液，使其结晶出来，可得到 $NiSO_4 \cdot 6H_2O$。印度用酸溶法从油脂废催化剂中回收镍，并将其再生循环使用。硬化油、脂肪酸及脂肪酸胺制造用的镍催化剂以硅藻土为载体，回收时要先经热分解脱脂预处理回收油，再将废催化剂成型，与铁及造渣剂一起投入炉中还原冶炼，就可以镍或镍合金形式回收。

6.8.3.6　从废催化剂中回收铂

铂金属催化剂中耗量最大的是汽车排气催化剂和重整催化剂，此外还有二甲苯异构化用的催化剂、氨氧化制硝酸用的铂网催化剂和脱臭反应用的催化剂等。

铂重整催化剂的回收主要分粗铂的富集和提纯两步。传统的回收方法有王水浸铂和氯化铵沉铂法。后来开发出金属置换法，可用铁片或铁屑、铝、铜、锌等金属将溶液中的铂置换出来。最具发展前景的当数离子交换法和萃取法。氯化铵沉淀法即用 NH_4Cl 作沉淀剂，将溶液中的铂以 $(NH_4)_2PtCl_6$ 的形式结晶沉淀，然后再精制成铂粉；金属置换法先将酸解液中的铂以铂粉形式置换出来。这两种工艺较成熟，回收率达到 80%，但是成本高，且铂粉纯度不高。

上海石化总厂用水溶液氯化法从失活的 T－12 催化剂中回收铂。将废 T－12 二甲苯异构化废铂催化剂在 1000℃ 煅烧 2h 以上，然后以 1:(2～3) 的固液比加入 6mol/L 的盐酸和氯酸钠，至沸腾，废渣的一次渣率约 50%～60%，含 Pt 20～30g/t。浸出液用

2kgZn/100L 在常温下置换 1h。弃废液中 Pt 含量小于 1×10^{-6} mg/L，可用碱中和后排出。用 Zn 粉置换出来的粗铂再经氯化提纯可得 99.9% 的海绵铂。其工艺流程如图 6 - 30 所示。

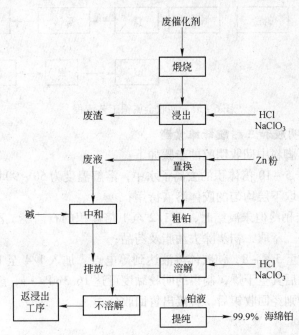

图 6 - 30　氯化法从废铂催化剂中回收铂的工艺流程

6.9　感光材料工业固体废物综合利用

6.9.1　废物来源及组成

感光材料工业固体废物中主要污染物有明胶、卤化银、照相有机物、三醋酸纤维素酯等，如不适当处理会对环境造成一定危害。感光材料工业固体废物大多有很高的回收价值，如银等贵金属。

6.9.2　综合治理技术

6.9.2.1　回收金属银

从感光材料以及一些含银废催化剂中回收金属银是一大亮点。

例如，辽阳石油化纤公司在生产环氧乙烷的过程中（年产 60t）产生了大量含银的废催化剂（15t/a）。对含银废催化剂的分析表明，含银废催化剂的主要组分有 Ag（20.0%）、Al（35.18%）、Si（5.52%）、Mg（0.01%）、Fe（0.007%）及其 Ca、Pb、Na、Mn、Mo、Cu、Ni 等。

回收银工艺采用的是先用硝酸将废催化剂溶解后过滤，再加 NaCl 析出氯化银沉淀，然后用铁置换出银粉进行熔炼铸锭。银的实际回收率大于95%，工艺流程见图 6 - 31。

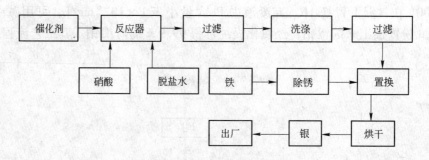

图 6-31   回收金属银工艺流程

6.9.2.2   回收明胶和三醋酸纤维素酯

从废软胶囊及下脚料中回收明胶的步骤如下：

（1）废料溶解于 5~10 倍体积的去离子水中，溶解温度为 50~90℃，形成胶体溶液，趁热进行分液操作，取下层均匀的胶体溶液待用；

（2）待胶体溶液稍冷但未凝结时，用 1/2 至 1 倍体积的石油醚、乙酸乙酯、正丁醇、二氯甲烷等溶剂洗涤、萃取，初步除去油脂及药品；

（3）调节 pH 值至 5.8~8，使胶体溶液达到等电点，加入 1/4 至 1 倍体积食用酒精，使蛋白质聚沉，过滤后真空干燥，制得的明胶黏度可达 16.3mPa·s，颜色为淡黄色。

三醋酸纤维素酯则经回收银后，直接出售回收公司。

本 章 小 结

工业固体废物是指在工业、交通等生产活动中产生的采矿废石、选矿尾矿、燃料废渣、化工生产及冶炼废渣等固体废物，又称工业废渣或工业垃圾。

根据生产工艺和废物形态，工业固体废物的产生有连续产生、定期批量产生和事故性排放等多种方式。

（1）连续产生。固体废物在整个生产过程中被连续不断地产生出来，通过输送泵站和管道、传送带等排出，如热电厂粉煤灰浆。这类废物在产生过程中，物理性质相对稳定，化学性质则有时呈现周期性变化。

（2）定期批量产生。固体废物在某一相对固定的时间段内分批产生，如食品加工废物。这是比较常见的废物产生方式，通常定期批量产生的废物，批量大体相等。同批产生的废物，物理化学性质相近，但批间有可能存在着较大的差异。

（3）一次性产生。多指产品更新或设备检修时产生废物的方式，如废催化剂设备清洗废物。这类废物的产生量大小不等，有时常混杂有相当数量的车间清扫废物和生活垃圾等，所以组成成分复杂，污染物含量变化无规律。

（4）事故性排放。指因突发性事故或因停水、停电使生产过程被迫中断而产生的报废原料和产品等废物，这类废物的污染物含量通常较高。

本章主要介绍了黑色冶金、有色金属、煤矸石、粉煤灰等工业固体废物的处理技术及综合利用。

复习思考题

1. 什么是工业固体废弃物，其产生方式有哪几种？
2. 按产生工业固体废物的行业类别，工业固体废弃物可分为哪几类？
3. 简述工业固体废物的综合利用价值。
4. 试述工业固体废物的利用途径。
5. 什么是钢铁冶金工业固体废物，其特点是什么？
6. 什么是高炉渣？试述其利用途径。
7. 简述钢渣的来源及其综合利用。
8. 简述有色冶金工业固体废物的来源及常用分类。
9. 简述有色冶金工业固体废物的处理原则和方法。
10. 试述铜冶炼渣的选矿。
11. 简述煤矸石的利用途径。
12. 简述粉煤灰的综合利用。
13. 简述硫铁矿烧渣的综合利用。

参 考 文 献

[1] 牛冬杰，孙晓杰，赵由才. 工业固体废物处理与资源化 [M]. 北京：冶金工业出版社，2007.
[2] 杨建设. 固体废物处理处置与资源化工程 [M]. 北京：清华大学出版社，2007.

7 再生资源回收利用

所谓再生资源，是指在社会生产和生活消费过程中产生的，已经失去原有全部或部分使用价值，经过回收、加工处理，能够使其重新获得使用价值的各种废弃物，包括废旧金属、废电子产品、废机电设备及其零部件、废造纸原料（如废纸、废棉等）、废轻化工原料（如橡胶、塑料、农药包装物、动物杂骨、毛发等）、废玻璃、废建筑材料等。

与使用一次资源相比，再生资源的回收利用具有十分重要的意义：

（1）再生资源的回收利用可以减少对一次资源的消耗，提高矿产资源综合利用水平。我国虽然自然资源总量丰富，品种也较齐全，但人均占有量很少，人口、资源、环境矛盾十分突出。大力发展再生资源产业，提高资源综合利用水平，有助于减轻我国人均资源占有量匮乏的压力，满足经济发展的需要。据统计资料表明，每回收 1t 废钢铁炼钢，可以节约各种矿石近 20t。

（2）再生资源越来越成为工业生产的重要原料。随着经济发展水平的提高和科技进步的加快，资源的循环利用或永续利用不但必要，而且越来越成为可能，因此，再生资源也将成为工业生产的重要原料。目前，世界上各类主要物资的总量中，来源于再生资源加工生产制成的钢产量达到 45%，铜 62%，铝 22%，铅 40%，锌 30%，纸张 35%。在我国，也有 40% 左右的钢材是以废钢铁为主要原料生产的，约 70%～80% 的中、低档纸是由废纸生产的。

（3）再生资源的回收利用可以大量节约能源、水资源和生产辅料，降低生产成本。据统计，利用 1t 废纸可生产再生纸 850kg，可以节约近 $4m^3$ 的木材，$100m^3$ 水，300kg 烧碱和 600kW·h 电力。有关研究表明，2006 年我国回收利用各类废物相当于节能 11484.19 万吨标准煤，占当年能耗（24.6 亿吨）的 4.6%。

（4）再生资源的回收利用有利于减轻污染，保护生态与环境。据统计，每回收 1t 的废旧物资，可以减少 4t 垃圾。同时，利用再生资源进行生产，通常较利用一次资源生产耗能低，污染排放少。更何况，作为再生资源产业活动重要内容之一的垃圾资源化利用，本身就具有使垃圾减量化、无害化的功能。

（5）再生资源产业的发展壮大有助于增加就业机会。我国目前正处于经济社会转型时期，人口和就业的压力很大。再生资源是一个吸纳劳动力就业比重相对较高的产业部门。在我国，目前大约有近千万劳动力在再生资源产业内从业。因此，大力发展再生资源产业，将对我国拓展城乡劳动力就业的渠道产生重要的积极影响。

因此，充分利用再生资源具有明显的经济效益，同时也是经济、社会、环境可持续发展的重要选择。

7.1 废旧家电的回收利用

7.1.1 问题与管理

7.1.1.1 问题

（1）废旧家电的走私问题。这是我国目前正面临的一大挑战，表现为：

1）近几年来由于国外大量的旧电器被淘汰，一些不法分子和企业以进口废旧金属的名义走私旧家电，而且呈日益增长趋势；

2）走私分子往往以低价在国外收购后以旧金属名义进口，然后在国内适当处理拼凑成"新"电器，或在其中寻找关键性零件，甚至在某些地区批量生产；

3）走私旧家电不仅造成严重的质量隐患，如易引发火灾，彩电辐射超标等，损害消费者的利益，同时影响国家税收，在一定程度上冲击国内家电市场，而且把其他国家应解决的环境问题转嫁到了国内，给我的旧家电资源化利用和环境管理增加了难度。

（2）"以旧换新"的误区。废旧家电以旧换新被认为是两全其美的事情。对于消费者来说，既做到了废物利用，又换回了时尚新品。对于企业来说，旧的机器回收利用在一定程度上降低了成本，同时又为环保出了份力。但遗憾的是，一些商家却忽视或根本忽略了此活动的实质，搞起了变相欺诈活动。他们以种种理由压低顾客送来的旧商品的价格。还有一些商家对回收来的旧产品稍加维修，以高价卖给旧家电市场，让旧品重新流入市场，交给厂家"再利用"完全成了幌子。

（3）低层次的旧家电回收模式。长期以来，我国废旧家电基本按照旧物回收—二次使用—拆卸零件—丢弃的模式运行。具体表现为：小商贩回收旧家电送至小城镇及农村，以低价卖给低收入家庭使用，无法使用时由维修店拆卸零件用于维修，或改做他用，或弃作垃圾。

（4）混乱的二手货市场。我国旧家电的回收基本上处于自发阶段，难以形成规模，无中介的直接交易成为旧家电贸易的重要方式。政府部门对于小商小贩的收购行为缺乏有效管理，使得其行为存在很大的欺骗性和暴利现象。另外，公众缺乏对废家电管理有关知识的正确了解。不少消费者认为，只要机器能够正常运转就可以继续使用，而不知道家电超期使用会带来不少隐患，如易发生火灾、氟利昂泄漏等不安全事故。

7.1.1.2 管理

随着人们对电子废物危害认识的逐步加深，一些发达国家都先后通过立法来支持废旧家电资源化回收利用，并制订出相关的废旧家电的废弃标准和规定再商品率等政策。

在欧盟15个成员国中，德国、瑞典等早在20世纪90年代就建成了废旧家电处理厂，并进行市场化运作。欧盟规定，自2006年开始，废旧电子电器的再生利用率要达到其产品量的70%～90%；凡是在欧盟区域内销售出去的家电等产品都要由这些产品的生产企业负责回收处理，同时只有达到按产品分类规定的再回收利用率指标的家电产品才能进入欧盟市场。

比如，法国正在实施电子电器垃圾回收新制度：（1）新制度把凡是需要用电、电池或蓄电池才能运转的设备都归纳到必须回收之列；（2）根据法国环境与能源管理所提供的数据，法国每年产生170万～200万吨电子电器垃圾，其中一半来自家庭，相当于平均每人每年产生约 15kg 的电子电器垃圾，而妥善回收处理的电子电器垃圾仅为每人每年平均 2kg，强化其回收管理是政府新制度的重要举措；（3）标注回收费用，以提醒消费者。如处理一台电视机平均需要 8 欧元，一台电冰箱大约需要 13 欧元。在法国，电子垃圾回收遵循"谁生产、谁销售、谁使用，谁就负担相关环保费用"的权利与义务对等原则。法国所有新出厂的电器都印有小垃圾桶标志，表示其生命完结之后必须放到相应的垃圾回收桶以便回收再利用。同时，新制度规定了电子产品生产商将作为回收主力，承担其产品未来的回收及循环再利用费用。

在日本，1995～1998 年已经先后建成了电冰箱、洗衣机、房间空调器、电视机四种废旧家电的连续处理资源回收系统实验厂，总投资 50 亿日元，处理能力为每年 15 万台。2001 年 4 月日本正式实施了《家用电器回收利用法》，规定家电制造商和进口商对电冰箱、电视机、洗衣机、房间空调器这四种家用电器有回收义务和实施再商品化的责任。规定电冰箱、洗衣机的再商品化率均要在 50% 以上，电视机为 55% 以上，房间空调器为 60% 以上。日本政府在政策上采用的是废弃者付费制，用这笔费用支持废旧家电的回收、运输、处理。

美国由于许多州禁止废旧家电的填埋以及对处理家电有许多限制政策，因而废家电的回收率较高。据统计，2005 年美国利用废家电回收制造的再生钢铁占钢铁生产总量的 10%。同时，进入欧美、加拿大、日本的电冰箱制冷剂、发泡剂必须满足其 CFS 替代路线。

在我国，《废弃电器电子产品回收处理管理条例》（国务院令第 551 号）已于 2011 年 1 月 1 日起颁布施行，第一批列入《废弃电器电子产品处理目录》的有电视机、电冰箱、洗衣机、房间空调器和微型计算机五大类产品。规定国家对废弃电器电子产品实行多渠道回收和集中处理制度。国家建立废弃电器电子产品处理基金，用于废弃电器电子产品回收处理费用的补贴。电器电子产品生产者、进口电器电子产品的收货人或者其代理人应当按照规定履行废弃电器电子产品处理基金的缴纳义务。这些规定将会改变我国电子废弃物无法可依、执法不力的局面。有关电子废弃物处理与利用的管理手段见表 7-1。

表 7-1   电子废弃物处理与利用的管理手段

管理手段	包含的主要内容	特　点
法律杠杆	各个国家现行的相关法律法规、标准、行政条例等	具有强制性
经济杠杆	专门的环保税、回收利用补贴、特殊的折旧审计制度等	将社会成本内部化，依靠市场规律作用，政府适当调控
其他措施	捐赠转移	如果受赠者为官方认可的非盈利性机构，捐赠者可以用设备抵税
	维修升级	通过维修升级延长电子产品的使用寿命
	二手市场交易	公司通过二手市场将淘汰电子设备卖给职员或其他机构
	租赁	为厂商提供租赁选择，将淘汰的设备租给别的公司或机构
	评估服务	为企业提供对剩余电子设备的收集、组件回收翻新等全方位的评估服务，有针对性地提出最优解决方案
	材料交换	主要针对生产过程中的剩余材料直接交换使用的问题
	专业回收	通过政府进行可靠性确认，建立起专业回收体系
	活动计划刺激	通过非强制性的活动刺激推动

7.1.2 一般处理方法

7.1.2.1 拆卸作业

废旧家电一般都由手工完成拆卸作业。但随着电路板的日益增多，必须考虑拆卸的效率问题，因此采用自动拆卸的方法更符合机械化发展的需要。日本 NEC 公司开发了一套自动拆卸废电路板中电子元器件的装置，它主要利用红外加热和两级去除的方式使穿孔元件和表面元件脱落，不会造成任何损伤，然后再结合加热、冲击力和表面剥蚀技术，使电路板上 96% 的焊料脱焊，用作精炼铅和锡的原料。

7.1.2.2 机械处理工艺

机械处理方法是根据材料物理性质的不同进行分选，主要利用拆卸、破碎、分选等方法，但处理后的物质必须经过冶炼、填埋或焚烧等后续处理。电子废弃物回收处理的一般流程为：分拆后进料—粗碎机—研磨机—初次分离—二次分离纯化—残渣—返回粗碎机继续分离。

7.1.2.3 电选和磁选

废电路板破碎后，可以用传统的磁选机将铁磁性物质分离出来。涡流分选机是利用涡电流力分离金属和非金属的方法，现已广泛地应用于从电子垃圾中回收非铁金属，它特别适用于轻金属材料与密度相近的塑料材料之间的分离。另外，静电分选机也是常用的分离非铁金属和塑料的方法。

7.1.2.4 密度分离技术

风力分选机和旋风分离器可以分选塑料和金属。风选机还可以分选铜和铝，但设备性能不太稳定，受进料影响较大。风力摇床技术主要应用于选种和选矿行业，也称重力分选机，现在已成功用于电子废弃物的商业化回收中。对于电路板塑料和金属混合的电子废弃物，回收利用技术中关键的一步就是研究如何将金属和塑料分离。金属和塑料的分选可通过涡流分选（eddy current separation，ECS）技术，从电子废弃物中回收铝和非铁金属。为了提高分离的效果，可以采用两级 ECS 分离：一道粗分，一道细分。

7.1.3 废旧家电的回收利用

近几年废旧家电的回收处理与利用已有了很大的进步，除了常规的金属、塑料、橡胶等都有成熟处理加工工艺外，国内外对显像管、压缩机、印刷线路板和电池等部件的处理也都有比较先进的方法，如物理冲击分离、智能分离、粉碎筛选、比重法分选以及高温焚烧等。浙江省台州市、山东省青岛市为废旧家用电器和电子产品回收利用的试点城市。

南京金泽公司电子电器废弃物加工处理中心在江苏省溧水县竣工投产。这是我国第一家建成的环保型废弃物加工处理中心。为确保货源充足，该中心还分别与摩托罗拉、诺基亚、三星等近 10 家公司签约合作，准备在广东、汕头、海南等地设立回收中心，以减少原料运输费用。

在发达国家，电子垃圾的再利用率只能达到 8% 左右，而在广东汕头的贵屿，依靠传统的手工技术却能达到 90% 以上，尤其是印刷电路板的元器件，达到 100% 回收利用，其中部分还作为二手电子元件。曾被称为"电子垃圾终点站"的贵屿镇每年拆解的废旧电子电器达 55 万吨，从废旧电子电器产品拆卸出来的各种塑料达 13.8 万吨，约占 25%；

铁、铜、铝、锡等五金25.8万吨，约占47%；贵金属6.7t，其中金5t、银1t、钯0.7t，还有大量可再利用的集成、电容等电子元件。被拆后的线路板和杂料经粉碎筛选出塑料和含有贵金属的铜粉，每吨铜粉除可提取50%～55%的铜外，还可提取价值2000元的金、银等贵金属。该镇的再生塑料大量销往浙江、珠三角、粤东等地生产玩具、文具及其他塑料制品。铜制构件和电线则加工成铜带和漆包线等。

7.1.3.1　废旧家电回收利用的三大支撑

建立起一个可以良性发展的废旧家电再商品化产业需要三大支撑：一是法律政策，立法旨在明确相关各方的责任，制造商应对其设计、制造的家电产品从"生"管到"死"，承担产品废弃时的管理费用，并允许制造商将这笔费用摊入成本。建立并完善多种废旧家电回收渠道，并对废旧家电回收处理企业实行税收优惠。二是产业技术，制定家用电器报废标准，制定废旧家电再生品质量标准和材料标准，按照相关技术标准，研发拥有自主知识产权的回收利用技术，规模化生产，市场化运作。三是公众行为，主要是确立资源化意识。

7.1.3.2　废旧家电回收处理的模式

废旧家电的回收处理模式主要表现为以下三步：第一步是整机或部件的再利用；第二步是不可用部件的分拆，塑料、金属、玻璃等分门别类存放；最后是熔炼，将分拆的塑料、金属、玻璃等送到相关的冶炼厂或加工企业进行熔炼加工。以系统工程开展废旧家电的回收管理工作，即遵循规模化回收—科学化分类与专业化处理—无害化利用三大步骤的模式，应该是废旧家电回收利用的必然走向。

7.1.3.3　废旧家电回收的处理程序

主要有以下几个环节：

（1）回收的废旧家电应当交售给有资质的处理企业（各地的工业固体废物处理中心管理）。

（2）处理企业应严格按照国家标准和技术规范进行分类检测。对经测试、维修后达到家电安全标准的家电，应贴上再利用品标识出售，譬如压缩机、发动机等。

（3）不能再用的废旧家电应在符合环保、安全的条件下拆卸，进行无害化处理。严禁使用烘烤、酸洗、露天焚烧等原始落后方式拆卸处理。一些家电塑料的回收流程如图7-1所示。

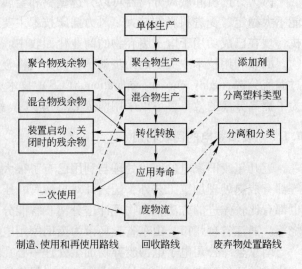

图7-1　家电塑料的制造、使用、再使用和回收

7.2　废金属的回收利用

废金属包括废罐、废桶、废药膏皮、废电线等黑色金属和有色金属。目前，世界钢产量的45%、铜62%、铝22%、铅40%、锌30%来源于废旧金属。

7.2.1 废钢铁的回收

毫不夸张地说，钢铁材料支撑着人类的现代文明，钢铁制品已在各个领域得到广泛应用，如机器、设备、土木建筑、汽车、家庭用品和饮料罐等。利用1t废钢铁，可炼900kg钢，节约矿石3t。

7.2.1.1 废钢铁回收流程

废钢铁属于黑色金属。黑色金属具有磁性，采用磁选法很容易将它与其他组分分离。因此，废金属的回收首先应考虑黑色金属的分离回收问题。一般地，对混杂在工业废料及垃圾中的黑色金属可以采用图7-2所示的废钢铁回收流程进行回收。

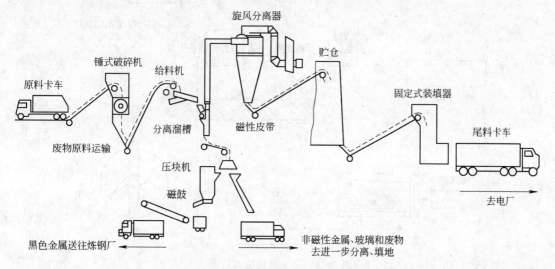

图7-2 废钢铁回收工艺流程

黑色金属回收系统通常要用锤式破碎机对金属进行破碎。黑色废金属尺寸可以大如汽车车体，通常要用锤式破碎机对金属进行破碎，然后经分离溜槽将这种废物分成轻重两部分。重的部分在磁性传送带上分离成磁性和非磁性两部分，用压块机将废物压成块，再在金属转鼓上将黑色金属与有色金属分开。工业上，也可在废物产生地点用目视法和磁选法将黑色金属和有色金属分开并装入各自漏斗，这将使废物具有更大的价值。轻的部分经旋风分离器收集，最后送往电厂作为燃料使用。

如果在由厂内排出的普通废物中混有极少量黑色金属，废物又先经焚烧法处理的情况下，磁力分选也可安排在焚烧后进行。磁力分选的作用是回收并利用黑色金属，保护设备免遭损坏，提供无铁非磁性材料，减少送往焚烧炉和掩埋物的废物干量。

7.2.1.2 金属分离综合流程

工业废物、废渣和冶金炉副产品、污泥以及焚烧炉灰，在大多数情况下含有有回收价值的黑色和有色金属，往往是成分变化很大的混合物。在工业区内，往往有留待处理的很大的废料堆。回收和处理这些废物的最实际方法是进行一定程度的富集。图7-3所示的金属分离综合流程已成功地应用于分离回收金属合金、黄铜、青铜、铜、铝、锌、铬铁、银、金、锡、碳化硅和磨料等有用材料。

废物先进入颚式破碎机破碎，形成较均匀颗粒。大块的韧性金属一般要在颚式破碎机

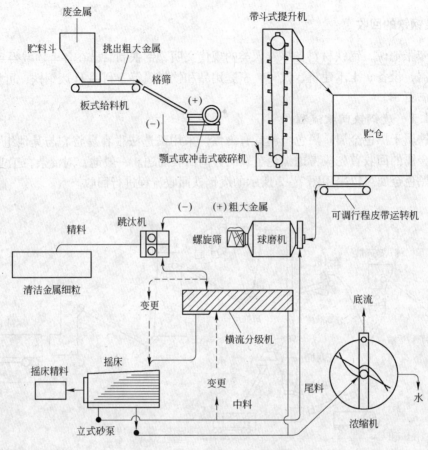

图 7 - 3   金属综合分离流程

的给料端挑出，或放入冲击式破碎机，然后物料进入球磨机粉碎至最终尺寸，球磨机产品通过连在球磨机端部的螺旋筛筛分分级。产品尺寸一般在 0.48 ~ 0.64cm 范围内。筛上物是最后的高级金属产品，如有杂物，可在跳汰机上去除杂质。螺旋筛的筛下产物送往跳汰机处理，跳汰的目的是回收细粒金属产品。由跳汰机排出的尾矿可用横流分级机分级后，粗粒由摇床处理或不用横流分级机直接用摇床处理，但通常可收回的金属量很少。如果有尺寸较大的中间产品，可用泵将其送回球磨机，在某些情况下也可送回原料堆。摇床尾矿可在浓缩机中进行脱水，浓缩机溢流（即废水）可废弃，也可返回使用。底流（即尾矿）可直接排掉，或送至过滤机过滤后再处理。

7.2.2   废有色金属的回收

有色金属作为家电产品、计算机等功能材料或作为汽车、建材等结构材料被大量使用。

7.2.2.1   铝的回收

铝主要用于电器工业、汽车、食品包装、电线、印刷版、建筑、机械制造及民用器具等。废铝的回收方法很多，有热振动分选、涡流分选、熔炼和重介质分选等。

（1）铝的热振动分选。图 7 - 4 所示为艾科公司研制开发的铝饮料罐热振动分选装置

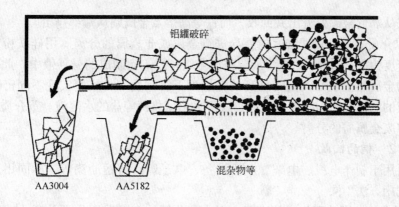

图 7-4　热振动分选设备

示意图。在美国，铝罐的盖材采用 AA5182 铝合金（其中含 Mn 0.35%、Mg 4.5%），罐体采用 AA3004 铝合金（其中含 Mn 1.25%、Mg 1.05%）。将回收的铝罐破碎、去涂层处理后装入热振动装置，在 620℃ 的炉温下，低熔点 AA5182 的铝合金易被破碎，高熔点 AA3004 铝合金破碎较难。经破碎后粒度减小的 AA5182 铝合金，与混杂物一起通过筛网进入下层进一步振动分离。而 AA3004 铝合金留在筛网上继续向前移动，从而实现与 AA5182 铝合金的分离。

　　（2）铝的涡流分选。将物体放在变化磁场中，则导体中将产生感应电流。此感应电流所产生的磁场与外部磁场相互作用，又会在物体中产生电涡流，由于它们之间的相互作用使物体沿前进方向弹射出去。其弹射的程度随物质的电导率变化，借此可使不同电导率的金属得以分离。图 7-5 所示为电涡流分选铝的装置示意图，它主要用于铝和非金属的分离。

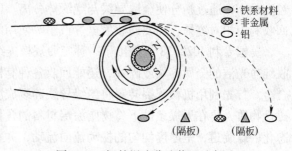

图 7-5　铝的涡流分选装置示意图

　　（3）回转熔化炉提铝。这是将金属混合废料投入形状像回转窑那样的回转炉内，利用金属的熔点不同分离金属的装置。图 7-6 所示为该装置的结构示意图。

　　回转熔化炉采用外部间接加热的方式，以严格控制炉内温度，使锌等低熔点金属呈金

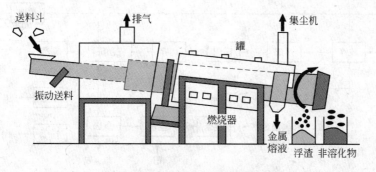

图 7-6　回转熔化炉装置示意图

属溶液方式从靠近窑罐处流出并回收，而铁等高熔点金属则从端部排出。

（4）重介质分离。根据密度的差异进行金属或非金属的分离。用硅铁粉末制备悬浮液，制备密度为 2～3g/mL 的悬浮液。将混合废料投入到制成的悬浮液中。此时，悬浮液中密度低的金属浮至表面，而密度高的金属则下沉到底部，从而实现不同密度的金属分离。悬浮液的制作除了用硅铁粉之外，还可采用氯化钙等盐的水溶液。重介质分离法已被用于汽车中废金属屑的分离。

7.2.2.2　铜的回收

铜主要用于制作电线、电缆、电机设备、电子管、防锈油漆等。不同用途得到的废铜，回收利用方法不同。

（1）废电料中铜的回收。从废旧电料中回收铜，多数采用化学处理或破坏绝缘（即将绝缘体烧掉）的方法。采用机械分离方法，则既可回收铜，又可回收绝缘体。采用低温处理技术，也能同时回收铜和绝缘体。图 7-7 所示为低温回收废电料中铜的工艺流程。

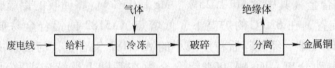

图 7-7　低温处理废电料回收金属铜工艺流程

利用低温设备造成金属铜和绝缘体性质的差异，再经过破碎使低温性能变脆的绝缘体粒度减小，通过筛分使金属导线与绝缘体分离。电力、通信行业的废电线比较集中，铜的回收利用相对容易，而要回收家电、汽车等使用的铜，则是一个较难的课题。

美国专利 4022638 号提出了一种工业规模连续回收有色金属铜和铝的方法，不仅能回收纯净光洁的金属碎块或碎片，还能回收各种有树脂绝缘涂层的有色金属，如铅、锡或其合金。首先利用机械碎裂装置将绝缘导线碎裂成所需尺寸的碎块、碎片或颗粒，除去外部磁性物质，再在干燥条件下将树脂涂层材料的含量减小到 2% 以下，然后碎料沿着使其流态化的螺旋道，呈厚度均匀的振动流向流动，并在向下逆流时添加与之反应的化学溶液，从而使金属块在向上运动过程中充分暴露于溶液中。

（2）混杂废物中铜的回收低温处理对于某些低温易脆的废物十分有效，能将其破成碎片，但对某些在低温下仍有延展性的废金属效用则会降低。因此，对于成分波动较大的金属废料要有专门的处理方法。图 7-8 所示为一种从混杂废物中回收铜和其他金属的工艺流程。

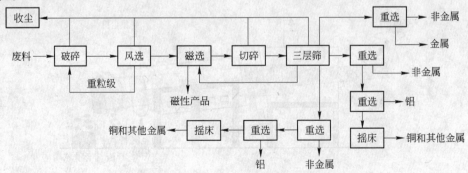

图 7-8　从混杂废物中回收铜和其他金属的工艺流程

典型的混杂废料包括废汽车发电机、稳压器、电动机、电枢、定子、电线、电子装置、继电器，也包括含铜量较高、含铝与有机绝缘体较多、还含有黑色金属与少量其他金属的部件。

7.2.2.3 钛的回收

废钛可用作钢铁的添加元素、Ti – Al 中间合金的原料、磁性材料添加元素及特殊合金添加元素等。由于钛是非常活泼的金属，因此，钛的回收不能采用使用陶瓷耐火材料的熔炼炉，通常采用通水冷却的金属坩埚。图 7 – 9 所示为美国 Frankel 公司开发的废钛熔化炉，切碎成粒状的废钛在锭模里用等离子火焰熔化。

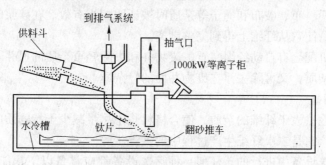

图 7 – 9　美国 Frankel 公司开发的废钛熔化炉

目前，回收的大部分废金属，并不能直接作为原来的使用材料，而只能变为低一级的材料使用，如回收的废铝罐不能再用于铝罐，回收的废电线中的铜不能再用于电线铜。

7.3　废纸的回收利用

造纸工业不管是用木材还是草制浆作原料，都是污染严重的工业。这种污染从技术上来说是可以解决的，但投资太大。而利用废纸造浆，没有大气污染，水的污染也容易处理。1t 废纸相当于下径 17cm、上径 10cm、高 8cm 的木材 20 根，用废纸作原料造纸，每吨可节约木材 $2 \sim 3m^3$，不仅可减少环境污染，还可保护森林资源，减小对生态环境的破坏。

7.3.1　废纸再生工序与设备

从废纸制得白色纸浆，须除去废纸中的印刷油墨和其他填料、涂料、化学药品以及细小纤维等杂质，主要除杂过程包括制浆、筛选、除渣、浮选、洗涤、分散和搓揉、漂白等工序。不同工序目的不同，因而所用设备不同。

7.3.1.1　解离（纤维分离）

加化学药剂进行制浆或纤维离解，用水力打浆机或冲击式打浆机搅拌，搅拌力很大，使纸片很快破碎成纸浆。所用的化学药剂多数为强碱，有时也加肥皂、磺化油、偏硅酸钠或硅酸钠以及其他表面活性物质作为洗涤剂和分散剂。强碱可从纸张中除去松香胶，使油墨载体得到皂化，并将油墨中的颜料脱出。通常废纸质量大约有 0.5% ~2.09% 为油墨，如果想制得白色纸浆，须全部予以去除。

解离设备主要有水力碎浆机和蒸馏锅。碎浆机有间歇式碎浆和连续式碎浆两种类型，根据需要选用。间歇式碎浆机大多用于废纸的疏解，特别适用于废纸脱墨、旧箱纸板、旧双挂面牛皮卡的疏解。它要求纤维100%疏解、化学反应完成后一次性放料。这种碎浆机直径为0.6~6.7m，最大的一次可装料14.5t。

连续式碎浆机主要用于产量高的工厂，它不要求纤维完全疏解，只达到一定程度疏解即可放料。大型碎浆机通常都带有除杂绞索装置，整包废纸原料投入碎浆机后，在碎浆机的定刀、飞刀和水力的作用下，废纸被粉碎成粗浆，粗浆从碎浆机的筛孔中被抽走，而打包铁丝、塑料片等杂质则被裹缠在绞索上，随绞索缓慢向上移动，然后在碎浆机桶外切断，大量的塑料片同时被带出而得到分离。水力碎浆机的绞索装置在处理废纸原料中的条状杂质、铁丝、塑料布、破布和绳子等杂质时被证明相当有效。在碎浆时，应尽量不打碎覆膜塑料片，尽量使它从纤维上得到完整剥离。

连续式碎浆机配套有自动绞绳装置、废物井和去除轻重杂质的抓斗。抓斗既可抓起沉于废物井底的重杂质，又可除去浮在废物井面的轻杂质。

7.3.1.2　筛选

筛选主要是除去大于纤维的杂质，使合格料浆中尽量减少干扰物质的含量，如黏胶物质、尘埃颗粒等，它是二次纤维生产过程中的关键步骤。

筛选是在筛选设备中进行的。任何一种筛选设备都应具备以下功能：（1）有一个开孔或开缝的筛板，在通过纤维的同时限制杂质的通过；（2）由于纤维在脱水时会在筛板开口处形成纤维网，因此需要定期地回洗以除去纤维网，回洗的力量必须大于通过筛板开口的压降才能有效，而压降是驱动纤维和水通过筛板开口的动力；（3）必须有良浆和粗渣的分流通道，浆流和粗渣流可以是连续的或间断的，有压力的或无压力的，视筛的具体设计而定。

目前，在废纸处理流程中使用的筛绝大部分为压力筛，它主要由一圆筒形筛鼓和转子组成。当转子回转时，转子上的旋翼在靠近筛板面处产生水力脉冲，脉冲产生的回流可达每秒50次以防止纤维或污染物堵塞筛板开口。在两次脉冲之间，来自输浆泵的压力使水和可用纤维（即良浆）通过筛板的开口，完成筛选的过程。

筛选过程分粗选和精选，粗选后再进行精选。粗选通常采用圆孔形筛选设备，筛孔直径一般为1.2~1.6mm，主要筛除扁平状颗粒和叶片状颗粒，一般包括高频跳筛、鼓筛、高浓除渣器、纤维离解机、分离离解机等，通过这些设备可把粗浆中的粗杂质清除。大量的塑料片、塑料颗粒在筛选过程得到清除。

精选则主要采用条缝形筛选设备，条纹宽度为0.1~0.25mm，主要筛除三维立体小颗粒。精选中有分离部件（即筛槽）和喂料及清除用部件（即转子）。精选工序可通过逆向除渣器、压力筛、中浓除渣器、低浓除渣器等设备来完成。通过这些设备可进一步除去细小杂质，特别是相对密度较小的塑料等轻杂质颗粒被大量清除。

杂质通过筛选逐渐得到去除，但粒度小、密度大的颗粒或分散良好的胶黏物和污染物的去除，筛选无能为力，只有通过净化器才能实现。

废纸处理过程，可根据需要，选择几种设备合理组合使用。图7-10所示为西欧纸厂典型的设备组合图。

7.3.1.3　除渣

除渣器发明于1891年，1906年首次用于造纸厂，1950年以后得到广泛应用。如今的

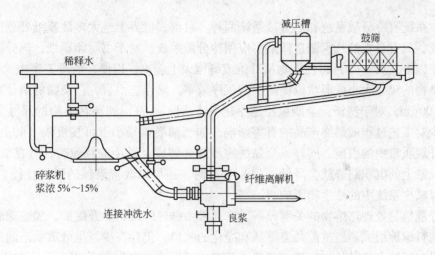

图 7-10 碎浆机、鼓筛、纤维解离机的组合

除渣器在流程设计、结构、材料等方面已有了许多新的改进，使得各种轻、重杂质的去除更彻底、去除的杂质粒度更小、密度更小（与水更接近），粗渣排放率更低。

　　除渣器一般分为正向除渣器、逆向除渣器和通流式除渣器。图7-11所示为逆向除渣器结构示意图，它能有效地去除热熔性杂质、蜡、黏状物、泡沫聚苯乙烯和其他轻杂质。

　　一个除渣系统需要配置的除渣段数视其生产量所要求的制浆清洁程度以及允许的纤维流失大小而定。通常采用四至五段。第一段应考虑到最大生产能力的需要，进浆浓度在不影响净化效率的前提下尽可能提高，以减少除渣器个数和投资、能耗费用。其后的每一段进浆浓度均应比上一段低（低约 0.02% ~ 0.05%），其原因在于：（1）浓度的降低增加了每段的净化效率；（2）每经过一段，粗渣浓度和游离度均有增加，从而易于将粗渣口堵塞，并增加排渣量。降低进浆浓度可减轻这些问题的影响。

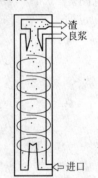

图 7-11 逆向除渣器结构示意图

7.3.1.4　洗涤和浓缩

　　洗涤是为了去除灰分、细小纤维以及小的油墨颗粒。在薄页纸系统中灰分含量有一定要求，如高级薄页纸脱墨系统中灰分含量要求低于 2%。

　　洗涤设备，根据其洗浆浓缩范围大致分为三类：（1）低浓洗浆机，出浆浓度最高至8%，如斜筛、圆网浓缩机等；（2）中浓洗浆机，出浆浓度 8% ~ 15%，如斜螺旋浓缩机、真空过滤机等；（3）高浓洗浆机，出浆浓度超过 15%，如螺旋挤浆机、双网洗浆机等。

　　洗涤系统通常采用逆流洗涤。来自气浮澄清器的补充水通常只加在最后一段洗涤前供稀释纸浆用，二段洗涤出来的过滤水送碎浆机，一段洗涤出来的过滤水含油墨等杂质最多，可直接送澄清器进行处理。

7.3.1.5　分散与搓揉

　　分散与搓揉指的是在废纸处理过程中用机械方法使油墨和废纸分离或分离后将油墨和其他杂质进一步碎解成肉眼看不见的大小范围，并使其均匀分布于废纸浆中从而改善纸成品外观质量的一道工序。目前，废纸处理厂大多安装有这种功能的分散机和搓揉机。

　　分散系统有冷分散系统和热分散系统两种。目前，世界上绝大多数废纸处理厂采用热分散系统，只有日本的几家制造薄纸厂应用冷分散系统。对于书写印刷纸，热分散的目的主要在于以下几点：（1）将污染物从纤维或纤维束上剥离，以便在后段工序中除去。（2）调整污染物的尺寸大小或形状以提高下游工序效率。对浮选而言，污染物的最佳粒径一般为 10~100μm。对于洗涤，杂质粒径越小越易于去除。（3）调整污染物的尺寸大小或形状以减少对工艺过程或最终产品的有害影响。如当油墨粒径小于可视极限（40μm）时仅影响纸外观质量中的白度。同样，当黏性物质被分解成足够小的颗粒时，其在纸机网部、毛毯和烘缸上的沉积趋势就会降低。（4）必要时，还可以改善浆料的强度性能。（5）利用高温以减少系统中的微生物影响。

　　热分散机是处理热熔物的关键设备，它通常由破碎螺旋、上升螺旋、加热螺旋、卸料螺旋和送料螺旋组成。经过前几道筛选和净化的浆料，仍存在少量呈分散状态的杂质，特别是黏附在纤维上的黏状物、微小油墨点是造成纸面"油斑"的祸根。经分散机分散后，使原先黏附在纤维上的黏状物、油墨颗粒得到分离，并被均匀分散成肉眼不易看见的微粒，这些微粒在纸机上将不会再以"油斑"出现。图 7-12 所示为 Krima 热分散机结构示意图。

图 7-12　Krima 热分散机结构示意图

　　正确掌握好热分散机的工艺条件是获得良好浆料质量的关键。首先要保证进入破碎螺旋的进浆浓度，一般应达到 30%。过低的进浆浓度将减小纤维间的摩擦作用，导致分散不完全。从中间浆仓泵送来的浆料，浆浓度一般在 3.5%~4.0%，使用双网压榨机可使浆浓度提高到 30%。双网压榨机具有较大的脱水区域，脱水性能良好。同时对浆料的滤水度、浓度和上浆的变化适应性好，短纤维流失较少，能耗较低，是一种经济的浆料浓缩脱水设备。温度也是影响分散效果的主要因素，分散温度必须达到 90℃。

　　分散系统通常设置在整个废纸处理流程的末端，即除渣、筛选、浮选脱墨之后，以确保废纸浆进入造纸车间造纸前的质量（除去肉眼可见的杂质）。废纸处理过程中的除渣器、筛、浮选槽、洗浆机等是不可能百分之百地将废纸浆中的杂质全部除去的，总会有 10%~20% 的残留油墨和杂质（相当于 3%~5% 的白度）会通过脱墨系统，一个良好的分散系统可消除残留总脏点量的 90% 以上。

盘磨由于易控制，已证明是最适宜对废纸进行分散处理的装备。目前，单盘磨已成为废纸分散处理的首选设备，它坚固耐用、易于维修，并可进行遥控。当废纸浆通过磨盘时，磨盘上的齿条、交织的磨齿和封闭圈在纤维与磨盘之间和纤维与纤维之间产生了高剪切力，使得附着于纤维表面的杂质剥离并磨碎，同时强力的扰动促使这些细小杂质均匀分布到废纸浆中。

搓揉机有单轴和双轴两种。在搓揉机中，主要靠高浓度（30% ~ 40%）纤维间产生的高摩擦力和因摩擦而产生的温度（44 ~ 47℃）使油墨和污染物从纤维上脱落，从而减少油墨的残留和提高纸浆的白度。

7.3.1.6 脱墨

脱墨方法有水洗和浮选两种，脱墨用药品在两种工艺中又有所区别。水洗所用主要药剂是碱（NaOH、Na_2CO_3）和清洗剂，再添加适量的漂白剂、分散剂和其他药剂。浮选时的 pH 值为 8 ~ 9，纸浆浓度为 1%。解离时可用碱调节 pH 值，以达到最适宜的条件。捕收剂一般为脂肪酸，常用的为油酸，有时也用硬脂酸、煤油等廉价的捕收剂。

脱墨方法有两种：机械法和化学法。通过机械作用将油墨颗粒分散为粒度小于 $15\mu m$ 的微粒，然后通过二段或三段洗涤洗去油墨颗粒的方法称为机械法或洗涤法。通过机械碎浆后，加入脱墨剂，使油墨凝聚成大于 $15\mu m$ 的颗粒，然后通过浮选，使油墨颗粒从废纸浆中分离出来的方法称为化学法或浮选脱墨法。

脱墨配方包括：能使印刷油墨中的假漆或载体发生皂化的碱性溶液、促进油墨中颜料发生润湿的洗涤剂、防止从纸张中脱出的颜料颗粒发生集聚的分散剂。

浮选系统是由浮选槽、高速搅拌器、供去除泡沫的溢流口、撇出泡沫用的机械浆叶组成。将浆料送至浮选生产线中邻近浮选槽的排放管。在浮选过程中，为给气泡吸引油墨颗粒和颜料创造合适的环境，可加化学药剂。气泡在浮选槽底部形成，通过纸浆悬浮液上升，并在其表面以泡沫形式出现。可将带油墨的气泡从表面撇出，送到另一贮室。此时，即可将泡沫从头道浮选槽抽出，并泵送至二道浮选槽。在二道槽中，油墨又进一步得到集中。在二道槽回收的纤维，则返回到头道槽去。二道槽清出的泡沫通过离心处理，得半干固体，予以废弃。在头道槽底部集结的纤维和填料，可抽送至贮存槽中，以备造纸用。

7.3.1.7 漂白

经去除轻重杂质，通过浮选、洗涤等工序去除油墨后的废纸浆，色泽一般会发黄和发暗。废纸纸浆的漂白比其他纸浆的漂白更为复杂，这主要是引起废纸纸浆发色的原因比较复杂。除纸浆中残留木素在使用过程中结构变化引起的颜色变化外，还可能存在由于某种特定需要加入染料等添加物而生成的颜色。因此，为了生产出质量合格的再生纸，必须进行漂白。

废纸在漂白之前，必须考虑如下三个主要前提条件以确定所选用的工艺流程和工艺条件：（1）采用的是什么样的废纸原料；（2）废纸用来生产什么品种的纸张；（3）环境保护的要求。

传统的漂白主要分为氧化漂白和还原漂白。一般来说，氧化型漂白剂主要是氧化降解并脱除浆料中的残留木素而提高白度，还具有一定的脱色功能。所用漂白剂主要是次氯酸盐、二氧化氯、过氧化氢、臭氧等。还原型漂白剂主要用于脱色，即通过减少纤维本身的发色基团而提高白度，另一作用是能有效地脱去染料的颜色并提高白度。主要的还原型漂白剂包括连二亚硫酸钠、二氧化硫脲（FAS）、亚硫酸钠等。现在普遍采用的漂白方法有氧气漂白、臭氧漂白、过氧化氢漂白和高温过氧化氢漂白等氧化型漂白法。

7.3.2　废纸脱墨工艺

废纸脱墨工艺以其节能、节省新鲜木材、成本低、排污负荷轻等显著优点在世界范围内得到了迅速的发展，经过30多年的理论研究和生产经验的积累，现在的脱墨工艺已经非常成熟。用碎浆、高浓除渣、粗筛选、精筛选和轻重杂质除渣器以及浮选槽除去废纸浆的各种类型杂质，多盘浓缩机、双网压滤机进行浓缩（兼洗涤），用分散机及过氧化氢或过氧化氢加还原漂白后浮选以改善成浆质量以及单、双回路的水处理几乎成了所有国际制浆设备供应商整线供货的标准菜单。

7.3.2.1　短程废纸脱墨工艺（SSD）

20世纪90年代初由美国Fergusion和Woodward等人提出，其具体做法是：将100%废报纸（ONP）加在水力碎浆机中，加入白水稀释，随后加入表面活性剂将废纸进行疏解。表面活性剂的主要作用是润湿（如烷氧基脂肪醇）和反再沉降（如EO-PO的共聚物）。疏解的废纸浆pH值为4.5~5.5，温度40~50℃。疏解好的废纸浆放贮浆池，而后按正常流程进行筛选、净化、洗涤以除去废纸浆中的油墨颗粒和杂质。因只在水力碎浆机中进行脱墨，故该法又称碎浆机脱墨法。

合适的表面活性剂的应用是这一方法成败的关键。美国目前所用的是一种商业名称为InklearSR-33的非离子表面活性剂，这种表面活性剂的作用与浮选、洗涤所用的表面活性剂不同，它能将分散于纤维表面直径小于$10\mu m$（大部分为$0.15~0.2\mu m$）的油墨颗粒聚集起来成为$20~50\mu m$的油墨颗粒。一个$50\mu m$的油墨颗粒的形成需要100万个$0.5\mu m$的油墨颗粒，因此大颗粒油墨的形成除去了分布在纤维表面使纤维表面色泽变灰的细小油墨颗粒，从而提高了纤维的白度。同时，大颗粒油墨表面还吸附了大量细小纤维、填料等，因而失去了黏稠性。SSD法不需要投资任何设备，脱墨时也无需添加$NaOH$、Na_2SiO_3和H_2O_2等化学助剂和漂白剂，因此成本低廉。

7.3.2.2　溶剂脱墨工艺

很早就有人试图用溶剂代替水（好像干洗）来除去废纸中的油墨、调色剂、蜡、塑料薄膜、树脂等杂物，但一直成本过高。20世纪80年代末美国的Riverside纸业公司和日本的Tagonoura Sanyo公司成功地采用溶剂法处理涂蜡的纸张、纸杯、复合的纸张、牛奶盒等。

图7-13所示为溶剂法处理涂蜡废纸工艺流程。

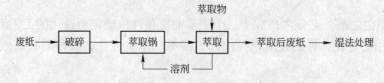

图7-13　溶剂法处理涂蜡废纸工艺流程

废纸被撕碎机破碎后装进一台萃取蒸煮器进行萃取，美国公司用的溶剂是三氯乙烯，日本公司用的是己烷，在压力900kPa、温度105℃条件下萃取10min，溶剂回收再用。

Riverside 公司的溶剂回收率是 99%，Tagonoura 公司 90%。

1995 年加拿大安大略省 Mauvin 公司发明了一种新的溶剂脱墨法，并以该公司的名字命名为 Mauvin 溶剂脱墨法，其工艺流程如图 7-14 所示。

图 7-14 Mauvin 溶剂脱墨法工艺流程

所用脱墨剂为丁氧基乙醇（Butoxyethanol）的水溶液，其作用原理基于丁氧基乙醇的水溶液在 pH=11 时是良好的脱脂剂，它能将废纸中的静电印刷油墨、激光印刷油墨、涂塑油墨和胶黏剂等从废纸中分离除去。当丁氧基乙醇水溶液加热到 49℃ 以上时，溶液分为相对密度为 0.94 的上层和 0.99 的下层。相对密度小于 0.94 的塑料和胶黏剂等物质浮在水溶液的表面，相对密度在 0.94 和 0.99 之间的油墨、塑料和炭黑则留存于两层界面之处，相对密度大于 0.99 的纤维则沉降到溶液的底端。

Mauvin 溶剂脱墨法可用于旧报纸、旧杂志纸、混合办公废纸、饮料盒、牛奶盒、照相纸等的脱墨。据 Mauvin 公司称，这一溶剂脱墨法具有如下优点：（1）使 100% 回收纤维成为可能；（2）只需很少投资即可建成一座脱墨车间，因此，脱墨车间可放到废纸收集点处；（3）脱墨生产费用比常规方法要节省一半；（4）生产流程比通常的脱墨方法简单得多。

7.3.2.3 热熔物处理流程

废纸中的热熔物一般由热熔型、溶剂型和乳液型三类物质组成。热熔型物质主要有石蜡、聚乙烯、乙烯-醋酸乙烯酯共聚物（EVA）等。溶剂型物质主要有经增塑处理的乙基纤维素和硝酸纤维素等纤维素衍生物。乳液型物质主要有聚醋酸乙烯酯乳液等。另外，天然橡胶、环化橡胶、聚异丁烯、聚偏氯乙烯及其共聚物、丙烯酸酯和聚酰胺树脂等均有良好的热融性。但并不是所有的废纸都包含热熔物，一般热熔物比较集中于书刊、杂志的封面、废箱纸板的黏胶带等。典型的热熔物处理流程如图 7-15 所示。

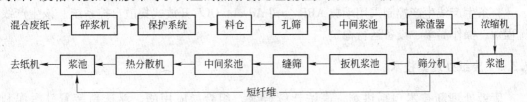

图 7-15 典型的热熔物处理流程

热熔物处理的关键设备是热分散机。如果废纸原料中夹带的热熔物过多，在碎浆、粗筛、精筛工序不能有效地清除热熔物，则会给热分散机带来高的负荷，处理效果会受到影响。

7.3.2.4 废纸浮选脱墨工艺

江西纸业集团公司 1998 年从美国 TBC（Thermo Black Clawson）公司引进日产 150t 废纸脱墨浆生产线。该系统以进口旧报纸（ONP）和旧杂志纸（OMG）为原料，采用浮选脱墨工艺生产废纸脱墨浆。1998 年底正式建成并投产成功，生产出合格脱墨浆以一定比例抄造胶印新闻纸。图 7－16 所示为其生产工艺流程。

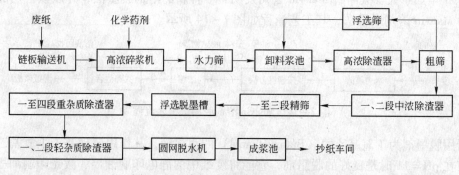

图 7－16　废纸浮选脱墨生产工艺流程

　　废纸浮选脱墨系统包括高浓碎浆、预净化筛选、浮选脱墨、净化浓缩以及废水处理等过程。图 7－17 所示为碎浆系统工艺流程。

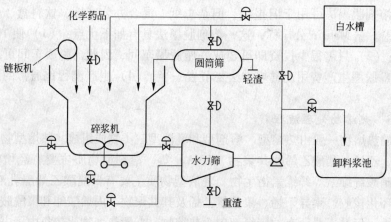

图 7－17　碎浆系统工艺流程

　　整条生产线生产控制采用瑞典 ABB 公司 Advant OCS 开放式集散自控系统。该生产线流程短、操作简单、设备运行稳定。

7.3.3　废纸处理新技术

　　废纸处理新技术包括供料、高浓连续碎浆、组合、应用酶、浮选新装置、污泥利用等。

7.3.3.1　供料技术向自动化发展

　　由于高浓连续碎浆系统的需要，碎浆机的供料也需要连续进行。图 7－18 所示为奥地利 FMW 公司推出的废纸捆铁丝自动割断并脱除的连续供料系统。

　　废纸给入钢板运输机，包扎铁丝由割断机自动割断，并由铁丝自动脱除机脱除。剩余物料直接运送至破碎机破碎，再由废纸给料带输送到计量输送带，经基准轮压平后进入输送带称计量，而后加入化学药剂在转鼓碎浆机中制浆得到浆料。整个过程自动连续运行，大大节约了劳动力并保证了安全运行，提高了供料质量。

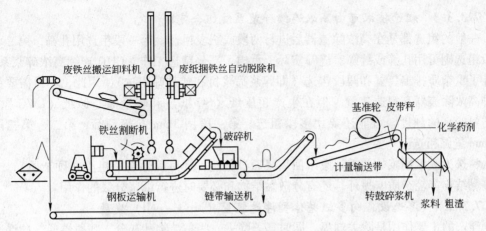

图 7 - 18 废纸捆铁丝自动脱除的连续供料系统

7.3.3.2 碎浆技术向高浓连续化发展

废纸碎浆是为了使废纸中杂质（油墨、塑料等）尽可能不被破碎的情况下将废纸分散为纸浆，以使大颗粒杂质在碎浆系统得到初步分离除去。低浓碎浆机由于对杂质的破碎比大，已逐渐被淘汰，取而代之的是高浓碎浆机。高浓碎浆机有间歇式和连续式两种，目前常用的间歇式碎浆机为 Helical 高浓碎浆机，高浓连续碎浆是碎浆技术的发展方向。图7 - 19所示为连续高浓（CHD）碎浆系统示意图。

连续碎浆系统将高浓间歇式碎浆机与碎浆筛浆机（pulper screen）联用。碎解浆料通过筛板后直接入粗选料池，未通过筛板的浆料再通过第二碎浆机进行处理。杂质通过转鼓筛（drum screen）冲洗回收纤维后，冲洗水作为高浓碎浆机的稀释水，杂质则排掉。碎解了的纸浆仍送到粗选料池供下一步使用。该系统能连续高浓碎浆，能耗和占地面积小，收得率高，投资费用低。

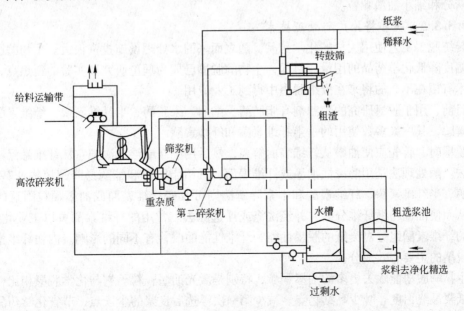

图 7 - 19 转鼓式高浓碎浆机连续（CHD）碎浆系统示意图

7.3.3.3　粗选技术可由高浓连续碎浆系统组合完成

一般的粗选都是在高浓除渣器后进行两段或三段粗选。第一段粗选用孔筛，第二、第三段粗选则可用孔筛或缝筛。缝筛实际上承担了部分精选工作。CHD连续高浓碎浆系统，设计了重杂质排出装置和两段粗选（即碎浆筛浆机和转鼓筛粗选），因此，不再需要另行安排高浓除渣器和粗选装置。但在生产超压纸（SC纸）和轻量涂布原纸（LWC原纸）时需要较高的纯度，可能还要用多段粗选。第一段用3mm孔筛预筛，第二、第三段用0.2mm缝筛粗选。

精选为废纸制浆的关键。废纸回用浆通过精选，一可筛除浆中粗渣（硬杂质），二可除去黏结物等轻杂质。另外，还有分散黏结物和必要时进行纸浆分级的作用。

7.3.3.4　浮选设备向多级整体型浮选装置（Must-cell）发展

浮选的主要作用是除去油墨，同时显著除去一些黏结物和灰分。喷射器通气的浮选设备是目前常用的浮选设备。但喷射器易堵塞、能耗高，而且控制系统可调节性差，还有时间滞后现象。Valmet开发的多级浮选装置（Must-cell），在装置结构和浆料流动方面有所创新，其空气的分散与浆料的混合是由转子系统完成，它可使纸浆进行内部循环，防止已净化的浆与未净化的浆混合。图7-20所示为多级浮选装置的外形，内部情况未说明。

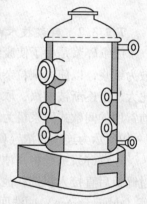

图7-20　多级浮选装置的外形

Must-cell浮选装置在浆浓1.5%时的浮选效率（以白度提高为准）可与通常的浮选装置在浆浓1.1%时媲美。该装置具有如下优点：（1）浮渣浓度较高（4%~6%）；（2）操作和自动控制简单；（3）能耗低；（4）不堵塞空气系统；（5）浮选装置内增加了通气，浆料进行内循环；（6）可调节平均气泡大小；（7）可调节空气与浆料比例；（8）可调节浮渣浓度。通过洗涤除去灰分和细小油墨颗粒。

7.3.3.5　脱墨将推广酶处理技术

传统脱墨工艺使用大量的化学药品，随之而来的水处理设施投资很大。生物酶脱墨有望大幅度降低化学药品的用量。目前，生物酶脱墨已成为理论研究和实验的新焦点，生物酶技术有望在不久的将来在废纸脱墨中得到工业应用。

目前，用于脱墨研究的酶制剂有脂肪酶、酯酶、果胶酶、半纤维素酶、纤维素酶和木素降解酶，其中大多数使用的是半纤维素酶和纤维素酶。

脱墨时，首先应使油墨从纤维表面解离，然后用洗涤或浮选法把它从纤维悬浮液中分离除去。酶处理法是用酶浸蚀油墨或纤维表面，其中脂肪酶和酯酶易降解植物油基油墨，果胶酶、半纤维素酶、纤维素酶和木素降解酶则可改变纤维表面或油墨颗粒附近的连接键，从而使油墨与纸纤维分离，并经洗涤或浮选除去。常用的纤维素酶可以工业化生产。不同的纤维素酶组分对废纸的脱墨性能和纤维性能的改善有不同的影响。内切纤维素酶是酶法脱墨的主要有效成分。

生物酶脱墨能除去更多的油墨颗粒，特别是激光油墨颗粒。它与化学脱墨相比，可提高废纸浆最终白度、减少黏结物点、减少第一次浮选后良浆的尘埃点、节省化学药品、改进废纸浆的滤水性能、减少排污。目前，生物酶脱墨还未见工业应用的报道。

7.3.3.6 脱墨污泥向彻底利用发展

脱墨污泥主要由无机物和有机物组成。无机物主要来自废纸中的填料或涂料，因此它的主要成分是白土和碳酸钙，在我国则还有滑石粉。有机物主要是短纤维、粗渣、油墨中的有机物，如炭黑、天然或合成黏结剂等。

脱墨污泥的产量视废纸种类而异，一般为废纸用量的30% ~ 40%。英国Bridgewater造纸公司，用100%废纸生产新闻纸，年产量26万吨，其脱墨污泥量达到18万吨，相当于废纸用量的40%左右。如果利用废纸生产高档纸张，则其质量要求越高，纸浆收得率越低，污泥量越大。

脱墨污泥可以进行彻底的循环利用，如用来生产造纸用填料和涂布颜料，制造高质量建筑板材，以及改良土壤和制造景观产品等。

7.4 废塑料的回收利用

塑料具有质量轻、强度高、耐磨性好、化学稳定性好、抗化学药剂能力强、绝缘性能好、经济实惠等优点，因而在生产、生活中得到广泛利用。塑料用后废弃，在环境中长期不被降解，造成严重的"白色污染"。因此，废塑料的资源化具有明显的环境效益。

7.4.1 塑料的种类与废塑料的来源

7.4.1.1 塑料的种类

塑料种类很多，可按塑料受热所呈现的基本行为、按塑料的物理力学性质和使用特性进行分类。

（1）按塑料受热所呈现的基本行为，塑料分为热塑性塑料和热固性塑料两大类。热塑性塑料是指在特定温度范围内，能反复加热软化和冷却硬化的塑料，如聚乙烯（PE）、聚丙烯（PP）、聚苯丙烯（PS）、聚氯乙烯（PVC）、聚对苯二甲酸乙二醇酯（PET）等。这是回收利用的重点。

热固性塑料是指受热后能成为不熔性物质的塑料。受热时发生化学变化使线形分子结构的树脂转变为三维网状结构的高分子化合物，再次受热时就不再具有可塑性，不能通过热塑而再生利用，如酚醛树脂、环氧树脂、氨基树脂等。这些塑料的废料一般通过粉碎、研磨为细粉，再以15% ~ 30%的比例，作为填充料掺加到新树脂中，所得的制品其物化性能无显著变化。

（2）按塑料的物理性能和使用特性，分为通用塑料、工程塑料及功能塑料。通用塑料的产量大、价格低、性能一般，是目前塑料垃圾的主要组成部分。它主要有聚乙烯（PE）、聚丙烯（PP）、聚苯乙烯（PS）、聚氯乙烯（PVC）、酚醛树脂（PF）和氨基树脂等。

表7-2所示为通用热塑性树脂及其用途。

工程塑料一般是指可以作为结构材料，能在较广的温度范围内承受机械应力和较为苛刻的化学物理环境中使用的材料，如聚酰胺（PA）、聚甲醛（POM）、聚碳酸酯（PC）、聚砜（PSF）等。功能塑料是指人们用于特种环境的具有特种功能的塑料，如医用塑料、光敏塑料等。

表 7 - 2   通用热塑性树脂及其用途

塑料	分类	用途
聚乙烯 （PE）	低密度聚乙烯（LDPE）	广泛用于生产薄膜、管材、电绝缘层和护套
	超低密度聚乙烯（VLDPE）	用于制造软管、瓶、大桶、箱及纸箱内衬、帽盖、收缩及拉伸包装膜、电线及电缆料、玩具等
	高密度聚乙烯（HDPE）	用于制造瓶、罐、盆、桶等容器及渔网、捆扎带，并可用做电线、电缆覆盖层、管材、板材和异型材料等
	超高分子量聚乙烯（UHMWPE）	广泛应用于工程机械及零部件的制造
聚丙烯（PP）		主要用于生产编织袋、薄膜、捆扎绳和打包带，其次为管材、板材、周转箱等
聚苯乙烯 （PS）	注塑成型聚苯乙烯（PS）	大多用于制作透明日用玻璃、电器仪表零件、文教用品、工艺美术品、高抗冲击 PS 是用于冰箱内衬里的理想材料
	发泡成型的发泡聚苯乙烯（EPS）	广泛用做包装材料、保温和装潢制品
	PS 系列的共聚物（ABS）	一类极其重要的工程材料，主要用于制造汽车零件、电器外壳、电话机、旅行箱、安全帽等
聚氯乙烯 （PVC）	乳液法生产的树脂	为 0.2～0.5μm 的微粒，适于制造 PVC 糊、人造革、喷涂乳胶、搪瓷制品等
	本体法制造的 PVC	主要用于制造电气绝缘材料和透明制品
	其他生产方法	PVC 薄膜用吹塑或压延法成型，板材、管材、线材等以挤出法生产为主，大型板材、层合材料采用模压法成型、工业零件多用注塑法成型
聚对苯二甲酸酯类树脂	聚对苯二甲酸乙二醇酯（PET）	以前多用做纤维（即涤纶纤维），后又用于生产薄膜，近年来广泛用于生产中空容器（即聚酯瓶）
	聚对苯二甲酸丁二醇酯（PBT）	主要用于生产机械零件、办公用设备等工程制品

7.4.1.2 废塑料的主要来源

尽管塑料制品的种类繁多、用途广泛，但主要流通使用渠道为农业领域、商业部门、家庭日用三个方面。

（1）农业领域中的废旧塑料制品。我国是一个农业大国，农用塑料占塑料制品的比重较大。据不完全统计，现阶段每年的塑料制品中仅农用膜就占 15% 左右，这个应用比例还在逐年上升。

在农业领域中塑料制品的应用主要在四个方面：1）农用地膜和棚膜；2）编织袋，如化肥、种子、粮食的包装编织袋等；3）农用水利管件，包括硬质和软质排水、输水管道；4）塑料绳索和网具。

上述塑料制品的树脂品种多为聚乙烯树脂（如地膜和水管、绳索与网具），其次为聚丙烯树脂（如编织袋），还有聚氯乙烯树脂（如排水软管、棚膜）。在诸多农业用塑料制品中，回收难度较大的是农用地膜。回收废旧农用塑料行之有效的一个措施当推"经济杠杆作用"，即调高废旧农用塑料的收购价，如果质量相同、农用膜废品价应高于其他废旧塑料制品的收购价，借以鼓励农民积极回收废农膜。为了减少运输回收废旧农用塑料的费用，若以县为单位布局废旧塑料回收加工厂，并在税收政策上给予优惠、倾斜，则可以鼓励和大力支持农用塑料的回收工作。

（2）商业部门的废弃塑料制品。商业部门的塑料制品废物至少表现在两大方面。一个是经销部门，如百货商店、杂货店、个体经销店、批发站等。这类部门可回收的塑料制品大都为一次性包装材料，如包装袋、打捆绳、防震泡沫塑料、包装箱、隔层板等。此类塑料制品种类较多，但基本无污染，回收后通过分类即可再生处理。另一个部门是消费中废弃的塑料制品，如旅店、旅游区、饭店、咖啡厅、舞厅、火车、汽车、飞机、轮船等客运中出现的食品盒、饮料瓶、包装袋、盘、碟等容器塑料杂品。这类制品一般均使用过，有污染物。它们除分类回收外，还需进行清洗等处理。

这类商业销售部门和经销部门的废弃塑料制品回收工作，主要应放在强化管理、制定强制性措施上，把回收废弃塑料品与防治环境污染等同看待。同时要采取积极措施，如统一使用收集废物的垃圾袋，制定、组织一系列回收、运送、处理、再生的系统。将商业部门的塑料废物在作为城市垃圾之前分拣出来，不仅能减轻处理城市垃圾的费用和负担，同时也为有效地处理废旧塑料提供了良好的条件。

（3）家庭日用中的废旧塑料制品。日常生活中所用塑料制品占整个塑料制品的比重较大，而且日用塑料的比率越来越大。这些日用塑料制品可分成三种：1）包装材料，如包装袋、包装盒、家用电器的 PS 泡沫塑料减震材料、包装绳等；2）一次性塑料制品，如饮料瓶、牛奶袋、罐、杯、盆、容器等；3）非一次性用品，如各类器皿、塑料鞋、灯具、文具、炊具、厕具、化妆用具等杂品。日常用塑料制品所用树脂品种多，除四大通用树脂外，还有聚酯（PET）、ABS、Nylon（尼龙）等树脂。

回收家庭日用废旧塑料可以采取三条基本措施：1）做好宣传教育，利用广播、电视、报刊、广告、文艺娱乐活动等宣传媒体，讲清回收废旧塑料的社会效益和经济效益，讲明废旧塑料对环境的污染和危害作用，使回收日用废旧塑料成为全民的自觉行动；2）宣传教育可使强制性的法规成为有觉悟的人的自觉行为规范，对于那些不自觉的人又可迫使其成为守法的公民；3）充分利用市场经济规律，适当提高废塑料的收购价格，使公民能得到一定的经济效益，提高他们回收的积极性。

7.4.2 废塑料的分选

废塑料分选是为了清除废塑料中夹杂的金属、橡胶、织物、玻璃、纸和泥沙，并把混杂在一起的不同品种的塑料制品分开、归类。废塑料分选常用手工分选、磁选、风选、静电分选、浮选、密度分选、低温分选等。手工分选是最古老的方法，现已逐渐淘汰。

7.4.2.1 塑料和纸的分离

塑料薄膜和纸具有许多相似的性质，常规分选方法难以将它们分离。因此，塑料和纸的分离通常采用加热法、湿浆法等。

（1）加热法。利用加热方法减少塑料薄膜的表面积，再利用空气分离器将塑料和纸分离。图 7-21 所示为加热法分离原理图。

分离设备主要由进行电加热的镀铬料筒组成。料筒内装有一个带叶片的空心圆筒，料筒和圆筒的转动方向相反。混合物加入料筒熔融后出料，输送到分离机中，分离机中的空气流将纸带走，热塑性塑料留在分离机底部。

（2）湿浆法。由运输机将废料送入干燥式撕碎机中，撕碎后进入空气分选机，将轻质部分（主要为纸，约占60%）送入搅碎机中加入适量的水进行搅碎。搅碎过程中产生

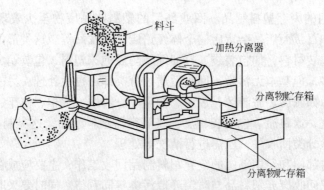

图 7 - 21　加热法分离原理图

的纸浆通过泄放口排出，剩下的塑料混合物通过分离出口输送到脱水分选装置，最后进入空气分选机对各种塑料进行分选。其工艺流程如图 7 - 22 所示。

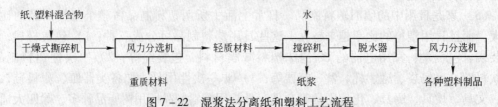

图 7 - 22　湿浆法分离纸和塑料工艺流程

7.4.2.2　混合废塑料的分离

混合废塑料通常采用破碎 - 分选方法进行分离。常用的破碎设备有压碎机、磨碎机、剪切机、切碎机、粉碎机、搅拌机和锤磨机等。常用的分选方法有浮 - 沉分选、密度分选、低温分选、静电分选、溶剂分选等。

（1）浮 - 沉分选。通常，聚烯烃（PO）的密度为 $0.90 \sim 0.96 g/cm^3$，聚氯乙烯（PVC）的密度为 $1.22 \sim 1.38 g/cm^3$，聚苯乙烯（PS）的密度为 $1.05 \sim 1.06 g/cm^3$。因此，将混合废塑料放入水中，密度大于水的 PVC、ESP 等塑料将下沉，密度小于水的 PO 塑料将上浮，从而可实现按密度分离不同塑料的目的。图 7 - 23 所示为浮 - 沉法分选混合废塑料工艺流程。

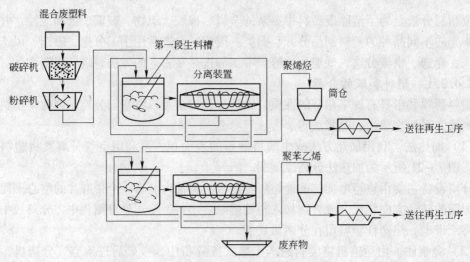

图 7 - 23　浮 - 沉法分选混合废塑料工艺流程

德国 Thyssen Hensechel 公司采用浮－沉法和水力旋风器法有效地从混合废塑料中分离出聚烯烃（PO），将 PO、PS、PVC 组成比为 65∶20∶15 的废塑料进行沉浮分离，处理量为 400kg/h，浮上的 PO 纯度为 99%，回收率为 99.5%，沉下的 PS 和 PVC 纯度为 98.5%，回收率为 97.5%。

（2）低温分选。利用在低温下各种塑料的脆化温度不同的特点，分阶段地改变破碎温度，达到选择性地粉碎和分选的目的。图 7-24 所示为废塑料低温破碎－分选工艺流程。

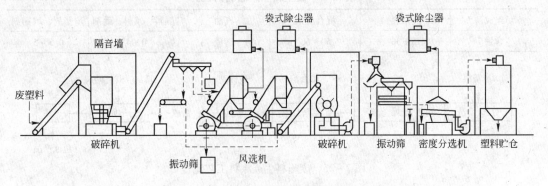

图 7-24　废塑料低温破碎-分选工艺流程

将塑料混合物分几个阶段逐级冷却（如第一级冷到 -40℃，第二级冷到 -80℃，第三级冷到 -120℃），利用液化天然气气化时吸热来冷却物料。冷到一个阶段就将混合物料送入粉碎机进行一次粉碎。该系统粗破碎用立式旋转冲击破碎机（75kW），可处理最大直径 500mm、厚 150mm 的废塑料，处理量由破碎机负荷电流值控制。经粗碎机破碎到 50mm 以下块度的塑料经装有三种不同规格金属丝筛网的振动筛筛分，分成四个级别。筛下最小的一级取出系统之外，筛上最大一级返回系统重新粗碎。中间两级分别经风选去除杂质后，送至卧式旋转剪切破碎机破碎到 10mm 大小，再次用振动筛筛分。而后将筛上物、筛下物各自用比重分选机按密度不同分成重的杂质和轻质的塑料，后者经风力输送到贮仓作为分选成品。

（3）静电分选。利用各种塑料摩擦带电能力的差异可分离混合废塑料。用表面活性剂对废塑料进行预处理，使废塑料附着 10^{-6} 级表面活性剂，激烈搅拌，摩擦产生静电。当带电荷的塑料颗粒在 $12 \times 10^4 V$ 的电荷中落下时，带负电荷的被吸到"正极"侧，带正电荷的被吸到"负极"侧，中间部分则重复操作，提高塑料因摩擦产生电荷的顺序。如 PVC 瓶的回收，首先将瓶粉碎到 6mm 以下，用风力分离除去纸，残留的塑料与调整剂一起预热，经摩擦产生电荷，在分离装置中自由下落进行分离，在正极可得到高度浓缩的 PVC，纯度可达 99.9%，收得率约 85%，在负极收集少量的 PET、PE 及残余的 PVC，中间部分再循环操作。对含污物较多的混合废塑料，先进行湿式粉碎后，在洗涤机内除去 PE 和纸，剩下的 PET/PVC 混合物干燥后再经电荷分离。在利用电荷分离的第一阶段可达到 99.5% 的 PET 和 70% 的 PVC 浓缩物，PVC 的混合物再一次进行电荷分离，就可将 PVC 的纯度提高到 99.5% 以上，将二次电荷分离的残留部分再重复分离。

7.4.3　废塑料生产建筑材料

废塑料生产建筑材料是废塑料资源化的重要途径。目前已开发了许多新型建筑材料产品，如塑料油膏、防水涂料、防腐涂料、胶黏剂、色漆、塑料砖等。

7.4.3.1　废塑料生产涂料

废塑料生产涂料必须预先进行除杂、改性处理。因不同来源、不同品种的废塑料，其物化性质各异，必须进行改性才能适应各种性能的要求。

（1）生产涂料。表7-3所示为废塑料生产涂料的一种配方。图7-25所示为该种配方生产涂料工艺流程。

表7-3　废塑料生产涂料的配方　　　　　　　　　　（%）

组成	废塑料	混合溶剂	汽油	颜料、填料、助剂	增塑剂、增韧剂
含量	15~30	50~60	适量	0~45	0.5~5

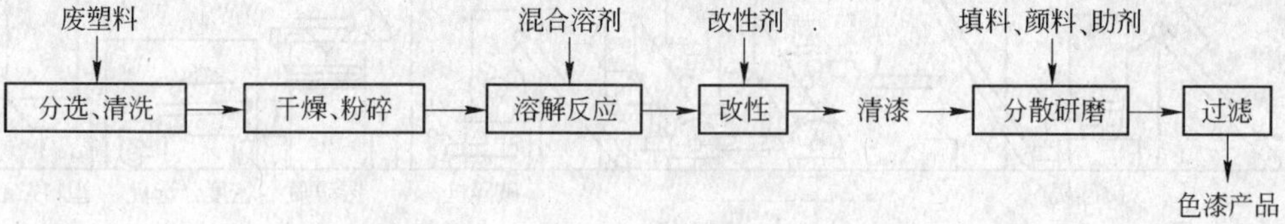

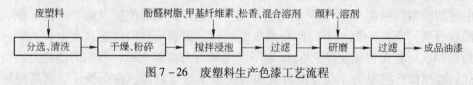

图7-25　废塑料生产涂料工艺流程

废塑料先进行分选、清水洗净，再晾干、晒干或烘干后用粉碎机粉碎成合格的粒度。加入装有混合溶剂（二甲苯70%、乙酸乙酯20%、丁醇10%）的容器中，在一定温度下使PS、PE、PP塑料全部催化溶解，制成塑料胶浆。在另一容器中加入配制好的改性树脂，与塑料胶浆按比例混合（废塑料:改性用树脂=（1~5）:1）制成清漆。在清漆中添加颜料、填料、助剂，高速搅拌分散均匀，研磨到所需细度，用200号溶剂汽油调节色漆黏度，过滤即得合格色漆产品。

（2）生产色漆。图7-26所示为废塑料生产色漆工艺流程。收集的废塑料需预先除杂、清洗、除污、去油，然后晾干、晒干或烘干。将干燥的废塑料适当破碎，投入带搅拌的反应釜中，并加入适当比例的酚醛树脂、甲基纤维素、松香和混合溶剂（氯仿、香蕉水、二甲苯）浸泡24h，高速搅拌浸泡物3h以上使其完全溶解，制得均匀的胶浆状溶液。用0.175mm（80目）筛过滤该溶液，得到合格的改性塑料浆，可用于制备各种油漆。

图7-26　废塑料生产色漆工艺流程

选好颜料，加入适当的溶剂，用球磨机研磨到一定细度，过0.147~0.122mm（100~120目）筛即得色浆。

生产色漆的配比（份）为：废塑料:混合溶剂:废环氧树脂:废酚醛树脂:颜料=1:10:（0.5~1）:1:（1~2）。

（3）制备其他涂料，如各色荧光漆、珠光漆、夜光漆、示温漆等。

在无色清漆中加入各种荧光颜料，在光照之下，能发出波长比吸收波长略长的荧光，使颜色极为艳丽，可用它代替广告标牌；在无色清漆中加入用金属氧化物处理过的氧化钛—云母珠光粉，则成为晶莹似珍珠光泽的珠光漆；在无色清漆中加入荧光粉和激活剂，可制出能在黑暗中发光的夜光漆，用于书店、影剧院的座椅号、电源开关、隧道的标志等；在无色清漆中加入各种能随温度变化而变色的化合物，可制出示温漆，用于指示工业设备、家用电器以及难以用普通温度计进行观测等场所的工作温度。

7.4.3.2 塑料油膏

塑料油膏是一种新型建筑防水嵌缝材料，可利用废 PVC 代替 PVC 树脂生产得到。表 7-4 为塑料油膏的配方。

以煤焦油为基料，加入废 PVC 对煤焦油进行改性塑化。加热时，PVC 分子键作为骨架，煤焦油分子进入骨架中，既可改善煤焦油的流动性，又可提高 PVC 分子链的柔韧性。加入增塑剂，以提高产品的低温柔韧性和塑性，加入稳定剂以阻止 PVC 高温分解放出氯化氢气体。图 7-27 所示为塑料油膏制备工艺流程。

表 7-4 塑料油膏的配方 (%)

组成	煤焦油	废聚氯乙烯塑料	滑石粉	碳（C_6）	邻苯二甲酸二丁酯	稳定剂
含量	58	7.0	17.5	10.0	7.0	0.5

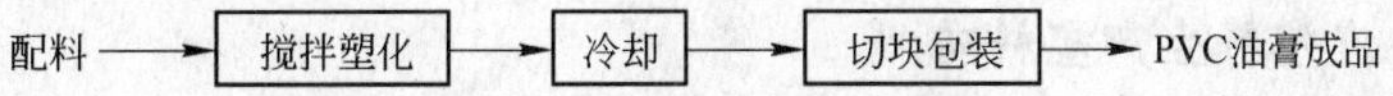

配料 ━━▶ 搅拌塑化 ━━▶ 冷却 ━━▶ 切块包装 ━━▶ PVC油膏成品

图 7-27 塑料油膏制备工艺流程

向反应釜中加入适量已脱水的煤焦油，再加入定量清洗过的废 PVC 塑料、增塑剂、稳定剂、稀释剂和填充剂等。边加料边搅拌，加温至 140℃，恒温，待塑化合格后出料、冷却、切块包装，即为 PVC 油膏成品。

7.4.3.3 胶黏剂

一般地，用废塑料制备胶黏剂的过程如图 7-28 所示。将净化处理的废 PS 粉碎，装入圆底烧瓶，加一定量的混合溶剂，搅拌使之溶解，同时伴有大量气泡放出，待 PS 全部溶解后，将烧瓶放入带有搅拌机的水浴锅内。固定烧瓶，在一定温度下，启动搅拌机，加入适量改性剂，控制转速，充分反应 1~3h 后再加入增塑剂、填料，继续搅拌 2~3min，沉淀数小时后即可出料。

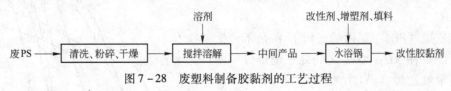

图 7-28 废塑料制备胶黏剂的工艺过程

7.4.3.4 生产板材

利用废塑料可生产内软质拼装地板、木质塑料板材、人造板材、混塑包装板材等。

（1）软质拼装型地板。以废旧聚氯乙烯塑料为主要原料，经过粉碎、清洗、混炼等工艺生成塑料粒，然后加入适量的增塑剂、稳定剂、润滑剂、颜料及其他外加剂，经切料、混合、注塑成型、冲裁工艺而制成。

产品配方为：废聚氯乙烯再生塑料 100 份，邻苯二甲酸二辛酯 5 份，邻苯二甲酸左二辛酯 5 份，石油酯 5 份，三盐基硫酸铅 3 份，二盐基亚硫酸铅 2 份，硬脂酸钡 1 份，硬脂酸 1 份，碳酸钙 15 份，阻燃剂，抗静电剂，颜料，香料适量。

（2）生产地板块。聚氯乙烯塑料地板块是以废旧聚氯乙烯农膜和碳酸钙为主要原料，经过配比原材料、密炼、两辊炼塑、拉片、切粒、挤出片、两辊压延冷却、剪片、冲块而成。原料配比为：废旧聚氯乙烯农膜 100 份，碳酸钙 120～150 份，润滑剂 1.5 份，稳定剂 4 份，色浆剂适量。

聚氯乙烯塑料地板块是一种新型室内地面铺设材料，具有耐磨、耐腐蚀、隔凉、防潮、不易燃等特点，又具有色泽美观、铺设方法简单、可拼成各种图案和装饰效果好等特点，已被广泛应用。

（3）木质塑料板材是用木粉和废旧聚氯乙烯塑料热塑成型的复合材料。它保留了热塑性塑料的特征，而价格仅为一般塑料的三分之一左右。这种板材用途广泛，既适用于建筑材料、交通运输、包装容器，也适用于制作家具。它具有不霉、不腐、不折裂、隔音、隔热、减振、不易老化等特点，在常温下使用至少可达 15 年。

（4）人造板材是利用生产麻黄素后剩下的麻黄草渣、榨油后的葵花籽皮和废旧聚氯乙烯塑料为主要原料，加上几种辅助化工原料，经混合热压而成。检测表明，它的各种物理性能指标接近甚至超过木材。它具有耐酸、碱、油及耐高温、不变形、成本低、亮度好的特点，是制作各种高档家具、室内装饰品和建筑方面的理想材料。

7.4.3.5　废塑料生产塑料砖

它是用破碎的废塑料掺和在普通烧砖用的黏土中烧制而成的一种建筑用砖。在烧制过程中，热塑性塑料化为灰烬，砖里呈现出孔状空隙，使其质量变轻，保温性能提高。

7.4.4　废塑料热解油化技术

生活废塑料通常采用热解油化技术加以回收，即通过加热或加入一定的催化剂使废塑料分解，获得聚合单体、柴油、汽油和燃料气、地蜡等。废塑料的热解油化不仅对环境无污染，又能将原先用石油制成的塑料还原成石油制品，能最有效地回收能源。可以说，废塑料热解油化就是以石油为原料的石油化学工业制造塑料制品的逆过程。

7.4.4.1　废塑料热解图

废塑料由于组成不同，其裂解行为也各不相同，图 7-29 所示为各种塑料的热分解。

聚乙烯（PE）、聚丙烯（PP）和聚苯乙烯（PS）在 300～400℃之间几乎全部分解。而聚氯乙烯（PVC）在 200～300℃和 300～400℃分两段分解，先在较低温度下释放出 HCl，并产生多烃，然后再在较高温度下进一步分解。由于 HCl 气体对反应设备具有严重的腐蚀性，而且影响裂解催化剂的使用寿命和柴油、汽油的质量。因此，裂解原料中一般要求不含聚氯乙烯废塑料。

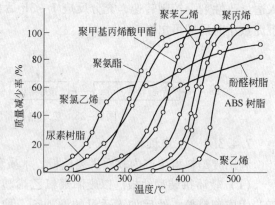

图 7-29　各种塑料的热分解
（热解条件：升温速度 300℃/h，氮气氛）

7.4.4.2　热分解产物

不同塑料由于分子结构差别很大，因而热解产物的组成和回收率也不相同。一般地，热分解反应能生成四类反应产物：烃类气体（碳分子数为 C_1～C_5）、油品（汽油碳分子

数为 $C_6 \sim C_{11}$，柴油碳分子数为 $C_{12} \sim C_{20}$，重油碳分子数大于 C_{20}）、石蜡和焦炭。

聚苯乙烯（PS）、聚乙烯（PE）、聚丙烯（PP）、无规聚丙烯（APP）、聚丁烯（PB）等，很容易热分解，产生轻质油。特别是 PS、PE、PP 和 APP，热分解性能很好，产油率可达 80% ~ 90%，而且生成油的质量很高。表 7 - 5 所示为几种典型塑料的热分解回收率和热分解产物的组成及含量。

表 7 - 5　几种典型塑料的热分解回收率和热分解产物的组成及含量

原　　料	PE/%		PP/%		PS/%		混合/%	
	油	气体	油	气体	油	气体	油	气体
回收率	93.2	6.3	83.4	14.6	91.9	6.1	90.0	6.0

目前，已经应用的废塑料热分解温度往往高于 600℃，主要产生烯烃以及少量芳香族烃类物质。当升温速度较快或停留时间较短时，可大量生成乙烯和丙烯。在水蒸气存在的条件下，烯烃产量也可大幅提高。近来也有少量在 500℃ 进行热分解反应的实例，反应产物包括直链烷烃、烯烃和少量芳香族烃类，而当反应产物中氯的含量小于 10×10^{-6} 时，可以通过氢化反应进一步提纯产物。

7.4.4.3　热解油化工艺

按热解原理，废塑料油化工艺可分为热裂解和催化裂解两种。催化裂解常用 $Al_2(SiO_3)_3$ 为催化剂。一般地，热裂解在较高温度下进行，温度为 600 ~ 900℃。而催化裂解则在较低温度下进行，温度为 300 ~ 450℃。

（1）热解的一般工艺流程。废塑料热解油化是目前废塑料资源化广泛应用的工艺，图 7 - 30 所示为废塑料热解油化的一般工艺流程。

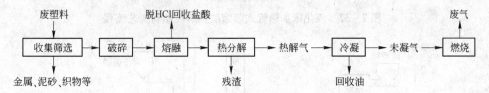

图 7 - 30　废塑料热解油化的一般工艺流程

废塑料经分选除去杂质后破碎至 10mm 左右，再在 230 ~ 280℃ 熔融除去低温易挥发物质。剩余产物在 400 ~ 500℃ 下热解，得到的热解气经冷凝回收油品，未冷凝气燃烧后排放。

（2）热裂解工艺流程。图 7 - 31 所示为三菱重工开发的分解槽法热解废塑料工艺流程。破碎、干燥的废塑料（10mm）经螺旋加料机送到温度为 230 ~ 280℃ 的熔融槽中。聚氯乙烯（PVC）产生的 HCl 在氯化氢吸收塔回收。熔融的塑料再送入分解炉，用热风加热到 400 ~ 500℃ 分解，生成的气体经冷却液化回收燃料油。

图 7 - 32 所示为美国一家公司流化床热解废塑料工艺流程。

流化床热解废塑料的温度较低，在 400 ~ 500℃ 时即可获得较高收得率的轻质油。但流化床热解废塑料时往往需要添加热导载体，以改善高熔体黏度物料的输送效果。

（3）催化热解工艺流程。图 7 - 33 和图 7 - 34 所示分别为日棉公司和东洋工程公司所采用的催化热解工艺流程。

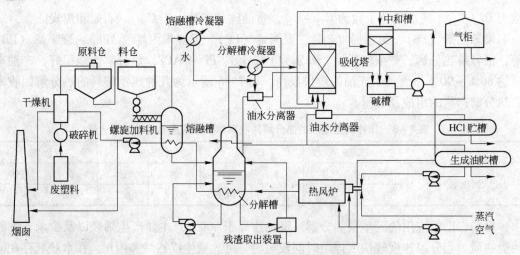

图 7-31　日本三菱重工分解槽法热解废塑料工艺流程

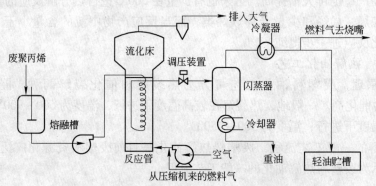

图 7-32　流化床加热管式蒸馏法热解废塑料工艺流程

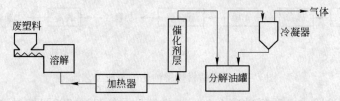

图 7-33　日棉公司催化热解工艺流程

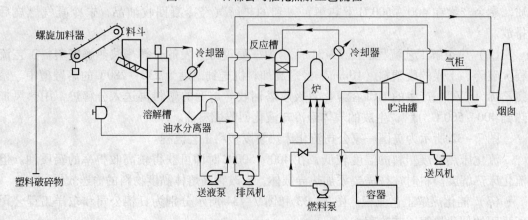

图 7-34　东洋工程公司催化热解工艺流程

废塑料在催化剂作用下进行热分解反应，主要用于聚烯烃类塑料的热解。由于废塑料中可能存在氯、氮以及无机填充剂和杂质的毒化作用，催化裂解前废塑料需进行预处理。催化裂解在较低温度下即可使废塑料分解，如聚烯烃塑料在催化剂存在下，200℃可明显分解，而它们的热解在400℃才开始。

（4）热裂解与催化裂解相结合的工艺。目前，废塑料热解油化应用较多的工艺是将热分解与催化裂解相结合的二步热解工艺，热分解可降低塑料黏度，分离杂质，然后再对热解气体进行催化裂解与重整，提高产品质量。图7-35所示为上海市环境工程设计科学研究院开发的二步法热解工艺。

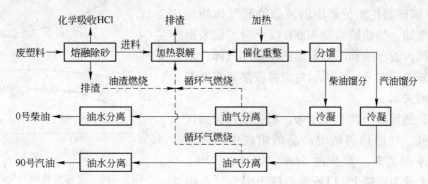

图 7-35 上海市环境工程设计科学研究院开发的二步法热解工艺

废塑料收集后，不需清洗，简单去除砂石、金属等大块杂质后，由进料口倒入熔融釜，在常压及 220~250℃ 的温度下熔融。在熔融釜内周期性地搅拌和静置塑料熔融液。静置时由釜底螺旋输出机排出底层杂质，以保证后续设备正常运行。带有熔融物的杂质加入加热炉中作为助燃料烧掉。关闭熔融釜加料口，开启电动球阀和螺旋进料机，熔融釜中的塑料熔融物自流进入裂解反应釜。裂解反应釜温度控制在400℃以上，在搅拌状态下进行塑料的热裂解反应，搅拌速度 50~500r/min。裂解油气的出口处设有滤清筒拦截沸点较低的杂质。热解反应一个生产周期后，停止进料，开启釜侧壁刮渣器，利用釜体下部螺旋输出机排渣。这样可有效防止反应釜结焦板结。热裂解产生的油气进入固定床催化塔二次催化裂解，催化裂解温度在300℃以上，设置两个催化塔一用一备，轮流再生，交替使用。催化重整后的油气进入分馏塔，在分馏塔顶收集沸点较低的汽油馏分，在塔的中下部回收沸点较高的柴油馏分。反应一定时间后，分馏塔底部会积存少量重油，开启底阀，将重油泵入裂解反应釜重新分解。柴油和汽油经过管壳式冷凝器冷凝、油气分离器和油水分离器分离后，得到纯净的 90 号汽油和 0 号柴油。分离出的气体进入加热炉作为燃料使用。利用液封保证整套系统常压、还原环境。系统的加热可采用煤、煤气、油或电等方式。

7.5 废橡胶的回收利用

废橡胶是仅次于废塑料的一种高分子污染物。废橡胶制品主要来源于废轮胎、胶管、胶带、胶鞋、垫板等工业杂品，其次来自橡胶工厂生产过程中产生的边角料及废品。废橡胶制品长期露天堆放，不仅造成资源的极大浪费，而且其自然降解过程非常缓慢，已成为在各国迅速蔓延的"黑色污染"。因此，废橡胶的资源化已得到广泛重视。

7.5.1 废橡胶的高温热解

进行热解的废橡胶主要是指天然橡胶生产的废轮胎、工业部门的废皮带和废胶管等。人工合成的氯丁橡胶、丁腈橡胶由于热解时会产生 HCl 和 HCN，不宜热解。

7.5.1.1 废橡胶热解产物

废轮胎靠外部加热打开化学链，产生燃料气、燃料油和固体燃料。一般地，废轮胎热解温度为 250~500℃，有些报道为 900℃。当热解温度高于 250℃时，破碎的轮胎分解出的液态油和气体随温度升高而增加。当热解温度 400℃以上时，依采用的方法不同，液态油和固态炭黑的产量随气体产量的增加而减少。图 7-36 所示为废橡胶热解产物与热解温度的关系。

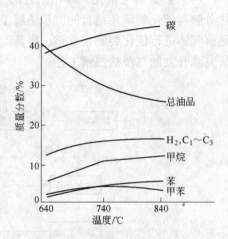

图 7-36　废橡胶热解产物与
热解温度的关系

废轮胎热解的产物非常复杂。根据联邦德国汉堡大学研究，轮胎热解所得产品的组成中气体占 22%、液体占 27%、炭灰占 39%、钢丝占 12%。气体组成主要为甲烷 15.13%、乙烷 2.95%、乙烯 3.99%、丙烯 2.5%、一氧化碳 3.8%，水、CO_2、氢气和丁二烯也占有一定比例。液体组成主要是苯 4.75%、甲苯 3.62% 和其他芳香族化合物 8.50%。在气体和液体中还有微量的硫化氢及噻吩，但硫含量低于标准。温度增加，气体含量增加；而油品减少，碳含量增加。

7.5.1.2 废橡胶热解工艺

废轮胎的热解一般采用流化床和回转窑等热解炉，其典型热解操作过程为：处理的轮胎经称量后，整个或破碎后送入热解系统。破碎后的胶粉常采用磁分离技术除铁。进料通常用裂解产生的气体来干燥和预热。裂解气和惰性气体（如氮气）的混合物常用来去除氧气。热解的两个关键因素是温度和原料在反应器内的停留时间。在反应器内保持正压能防止空气中的氧气渗入反应系统。裂解产生的油被冷凝和浓缩，轻油和重油被分离，水分被去除，最后产品被过滤。裂解旧轮胎产生的固态炭被冷却后，用磁分离器除去炭中剩余的磁性物质。对该炭做进一步的净化和浓缩将生成炭黑。裂解产生的气体使整个系统保持一定压力并为系统提供热量。图 7-37、图 7-38 所示为流化床热解废轮胎工艺流程。

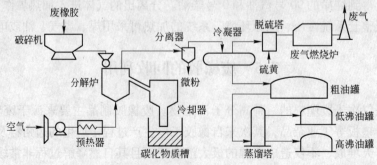

图 7-37　流化床热解废轮胎工艺流程（一）

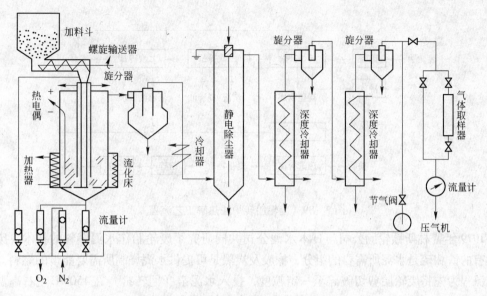

图 7-38　流化床热解废轮胎工艺流程（二）

　　废轮胎经剪切破碎机破碎至小于 5mm，轮缘及钢丝帘子布等被分离出来，用磁选去除金属丝。轮胎颗粒经螺旋加料器等进入直径为 5cm、流化区为 8cm、底铺石英砂的电加热反应器中。流化床的气流速率为 500L/h，流化气体由氮及循环热解气组成。热解气流经除尘器与固体分离，再经静电沉积器除去炭灰，在深度冷却器和气液分离器中将热解所得油品冷凝下来，未冷凝的气体作为燃料气提供热解所需热能或作为流化气体使用。

　　上述工艺要求进料切成小块，预加工费用较大，因此，国外在此基础上做了改进，如汉堡研究院的废轮胎实验性流化床反应器，其流化床内部尺寸为 900mm×900mm，整轮胎不经破碎即能进行加工，可节省大量破碎费用。流化介质用砂或炭黑，由分置为两层的 7 根辐射火管间接加热，一部分生成气体用于流化，另一部分用于燃烧。整轮胎通过气锁进入反应器，轮胎到达流化床后，慢慢地沉入砂内，热的砂粒覆盖在它的表面，使轮胎热透而软化，流化床内的砂粒与软化的轮胎不断交换能量、发生摩擦，使轮胎渐渐分解，2~3min 后轮胎全部分解完，在砂床内残留的是一堆弯曲的钢丝。钢丝由伸入流化床内的移动式格栅移走。热解产物连同流化气体经过旋风分离器及静电除尘器，将橡胶、填料、炭黑和氧化锌分离除去。

　　气体通过油洗涤器冷却，分离出含芳香族高的油品。最后得到含甲烷和乙烯较高的热解气体。整个过程所需能量不仅可以自给，还有剩余热量供给其他应用。产品中芳香烃馏分含硫量小于 0.4%，气体含硫量小于 0.1%。含氧化锌和硫化物的炭黑，通过气流分选器可以得到符合质量标准的炭黑，再应用于橡胶工业。残余部分可以回收氧化锌。图 7-39 所示为废轮胎转炉法热解工艺流程。

　　轮胎在加热升温后即被粉化。粉化的颗粒在炉内经过回转搅拌，同时被热分解。由于传热好并可控制停留时间，因此可得到优质的炭化物质。从转炉中将一次分解的炭化物质取出，再进行高温熔烧，即可再生为优质的炭黑。还可回收 40% 的重质油、气体和轻质油，作为工序内加热燃料之用。但此法工序多，电、蒸汽、水等公用工程费用大，运行成本高。

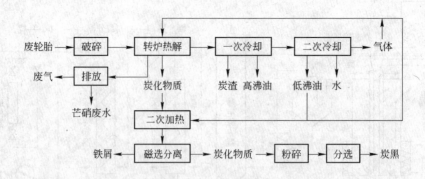

图7-39　废轮胎转炉法热解工艺流程

1979年普林斯顿轮胎公司与日本水泥公司共同研究了废轮胎作水泥燃料的技术。废轮胎含有的铁和硫是水泥所需要的组分，橡胶及炭黑是可提供水泥烧制所需要能量的燃料。其工艺流程为先将废轮胎剪切破碎至一定粒度，投入水泥窑（回转窑）在1500℃左右高温燃烧，废轮胎和炭黑产生37260kJ/kg的热量。废轮胎中的硫氧化成SO_2，在有金属氧化物存在时进一步氧化成SO_3，与水泥原料石灰结合生成$CaSO_4$，变成水泥成分之一，防止了SO_2的污染。金属丝在1200℃熔化与氧生成Fe_2O_3，进一步与水泥原料CaO、Al_2O_3反应也变成为水泥的组分之一。由于水泥窑身比较长，窑内温度高达1500℃，轮胎在水泥窑中停留时间长，燃烧完全，不会产生黑烟及臭气。投入废轮胎后每吨水泥可节省C号重油3%。据1979年统计资料，采用此法的水泥厂达21家，可处理$1.58 \times 10^5 t/a$废轮胎。

7.5.2　废橡胶生产胶粉

胶粉是通过机械粉碎废橡胶而得到的一种粉末状物质。根据所用废橡胶种类不同，可分为轮胎胶粉、胶鞋胶粉、制品胶粉等。

7.5.2.1　胶粉的生产工艺

胶粉生产常用冷冻粉碎工艺和常温粉碎工艺。冷冻粉碎工艺包括低温冷冻粉碎工艺、低温和常温并用粉碎工艺。粉碎工艺过程包括预处理、初步粉碎、分级处理和改性四个阶段。

（1）预处理。废橡胶种类繁多，并且含有多种杂质，因此，在生产废橡胶胶粉之前要进行预处理。常用的预处理工序包括分拣、切割、清洗等。

（2）初步粉碎。预处理后的废橡胶需进行初步粉碎。将割去侧面的钢丝圈后的废轮胎投入开放式的破胶机破碎成胶粒后，用电磁铁将钢丝分离出来，剩下的钢丝圈投入破胶机碾压。胶块与钢丝分离后，再用振动筛分离出所需粒径的胶粉。剩余粉料经旋风分离器除去帘子线。初步粉碎过程耗能少、效率高，可分别回收钢丝、帘子线和粗粉料，但得到的粉料粒径粗、附加值小。

为了减小粉料粒径，提高胶粉的利用价值，可采用臭氧粉碎、高压爆破粉碎和精细粉碎作为初步粉碎新工艺。臭氧粉碎是将废轮胎整体置于一密封装置内，在超高浓度臭氧（浓度约为空气中臭氧浓度的1万倍）作用60min后，启动密封装置内配置的10kW动力机械，使轮胎骨架材料与硫化橡胶分离，并进行橡胶粉碎，可得到粒径分布较宽的粉末橡胶。该装置每吨耗电仅 60kW·h，较滚筒法粉碎节能约 85%，已在中型胶粉生产厂中得到应用。

高压爆破粉碎是将轮胎整体叠放于高压容器中，容器内压力约为 50MPa，在此条件下使橡胶和骨架材料分离后分别回收利用。该法单位能耗为每吨胶粉 60~70kW·h，所得胶粉主要部分的粒度为 1.651~0.991mm（10~16 目），最细粒径为 0.4mm，适合大型胶粉生产厂使用。

精细粉碎是将初步粉碎工段制造的胶粒送至细胶粉粉碎机进行连续粉碎操作。至今，橡胶细粉料只能用冷磨工艺制得。一般地，利用液氮使废橡胶冷却至 -150℃，然后研磨成很小的粒径。这种超低温粉碎最适用于常温下不易破碎的物质，产品不会受到氧化与热作用而变质，可得到比常温粉碎粒度分布更窄、流动性更佳的微粒，并可避免粉尘爆炸、臭氧污染与高强噪声，还可提高粉碎机的产量。破碎所需动力低，可降低粉碎能耗。但超低温粉碎所得产品胶粒的能量没有充分回收，造成很大浪费。低温细碎设备——低温碾碎机的运转轴功变为热量被物料吸收，造成冷量损失。使用大量冷氮为冷源，制取每吨胶粉要消耗 0.8~1.2t 液氮（单价为 3000 元/t），经济上难以承受，而且所得的粒料的比表面积较小。

目前，以液氮为冷冻介质的工艺流程有两种：一种为废轮胎的超低温粉碎与常温粉碎流程，另一种为废轮胎的常温粉碎与超低温粉碎流程。相对而言，第一种流程粗碎生热影响较大，因此粗碎后必须再用液氮冷冻。而第二种流程可节省液氮的用量，但有多次粗碎与磁选分离，设备投资增大。大比表面积的粉料需用"热（室温）磨"工艺制得，因为室温和非冷冻条件下研磨时，高的机械应力会导致很不光滑的表面，且产生的小粒径粉料的比例较小。

通常，生产精细胶粉时需要结合使用上述两种方式，以得到最佳效果。德国的 Messer 公司将冷冻和研磨工艺分开，取得了很好的效果。该工艺先在螺旋冷冻装置中将橡胶颗粒脆化得到很高产率的细粉料，再将此产物通过一个经特殊改造过的 Jackering Ultra - Rotor Ⅵ型磨机，此磨机出料温度为 15℃，细粉占很大的比例，而且具有很大的比表面积。它可调节冷冻和研磨的工艺参数来改善粉料的表面性质。每吨物料消耗液氮量为 0.75t。

我国目前胶粉生产主要采用常温工业化生产精细橡胶粉技术。该技术以物理手段为主，辅之以化学手段，在常温条件下，以简化的工艺流程生产万吨规模的 0.246~0.122mm（60~120 目）精细橡胶粉。大连理工大学研制发明的涡旋式气流粉碎机，采用低温辊压－锤式破碎机粉碎轮胎，气波制冷机提供冷源，气流机粉碎胶粒，从废胎中得到 0.833~0.175mm（20~80 目）的精细胶粉。

（3）分级处理。将精细粉碎产生的不同粒径分布的混合物料进行分级处理，提取符合规定粒径的物料，将这些物料经分离装置除去纤维杂质装袋即成成品。

（4）胶粉的改性。主要是利用化学、物理等方法将胶粉表面改性，改性后的胶粉能与生胶或其他高分子材料等很好地混合。复合材料的性能与纯物质近似，但可大大降低制品的成本，同时可回收资源，解决污染问题。

7.5.2.2 胶粉的应用

胶粉的使用价值与胶粉粒径、比表面积大小有关。按粒度大小，胶粉分为四类，如表7-6 所示。

表7-6　胶粉的分类

类别	粒度/μm（目）	制造设备	类别	粒度/μm（目）	制造设备
粗胶粉	1400~500（12~39）	粗碎机、回转破碎机	微细胶粉	300~75（80~200）	冷冻破碎装置
细胶粉	500~300（40~79）	细碎机、回转破碎机	超微细胶粉	55以下（200以上）	胶体研磨机

其中，粒径小于0.246mm（60目）的胶粉称为精细胶粉。精细胶粉与普通胶粉比，不仅粒度小，而且相同质量的精细胶粉因其直径小，表面积比普通胶粉大很多倍。在显微镜下观察，普通胶粉表面呈立方体的颗粒状态，而精细胶粉表面呈不规则毛刺状，表面布满微观裂纹，这种表面性质使精细胶粉具有三个主要性质：能悬浮于较高浓度的浆状液体中、能较快速地溶入加热的沥青中、受热后易脱硫。

橡胶粗粉制造工艺相对简单，回用价值不大，而粒度小、比表面积大的精细胶粉则可以满足制造高质量产品的严格要求，市场需求量大，应用前景看好。但粒径较大的胶粉经改性后，可取得和精细胶粉相似的性质。

胶粉的应用范围很广，既可直接用于橡胶工业，也可应用于非橡胶工业，如用于地板、跑道及铺路材料、压轮板、橡胶板、胶管、胶带、胶鞋、盖房顶材料等，参见表7-7。

表7-7　废橡胶生产所得胶粉的应用

应　用	产　品	粒　径
运动场地垫层	体育场馆地面、跑道、模制的橡胶砖（儿童游乐场）和足球场地（人造草坪的地层）	2~5mm/3~7mm
地毯工业	垫层、地毯背衬、汽车地毯	0.8~1.6mm/0.8~2.5mm 0.2~1.6mm 小于0.8mm
土木建筑	屋面材料、街头设施和铁路岔道栏杆、外表涂覆层、砖石保护层	小于0.8mm 0.8~2.5mm/1.6~4mm/2.5~4mm 小于0.4mm 0.8~25mm
橡胶工业	用于固态橡胶混合物、轮胎、鞋底、橡胶垫等的橡胶掺合料	粒径取决于特定的要求：小于0.2mm/小于0.4mm/小于0.8mm/0.4~0.8mm
建筑业中应用的化学品	改性沥青、防护涂层体系（和聚氨酯一起使用）	小于0.8mm 0.4mm以下
其他应用	地下排水软管、聚合混合物（橡胶与梗料的混合物），用于表面处理的橡胶粉末，吸油剂	0.2~0.8mm 小于0.2mm和0.2~0.8mm 小于0.8mm 0.8~3mm

胶粉不仅可以直接利用，还可经过表面改性得到活性胶粉后使用。胶粉改性是为了提高胶粉配合物的性能而对其表面进行化学处理，通常通过机械拌合2h或通过胶体磨进行改性。活性胶粉的应用范围比再生胶粉大为扩展，活性胶粉可等量代替或部分代替生胶料

使用。实验证明，生产轮胎的天然胶配方与加入 0.246mm（60 目）改性活性胶粉的配方相比较，其拉伸强度基本没变化，而活性胶粉的价格只有天然胶的 1/3，大大降低了橡胶制品的生产成本。在橡胶制品中加入这种活性胶粉，不仅扩大了橡胶原料来源，增强产品的市场竞争力，还可以大大提高橡胶制品的耐疲劳性和改善胶料的工艺加工性能。

7.5.2.3 胶粉的改性

目前，胶粉改性技术主要包括：在胶粉粒子表面吸附配合剂与生胶交联、在胶粉表面吸附特定的有机单体和引发剂后在氮气中加热反应形成互穿聚合物网络与生胶配合、胶粉表面进行化学处理后产生官能团与生胶结合、在粗胶粉表面喷淋聚合物单体后经机械粉碎产生自由基与单体接枝反应，如饱和硫化促进剂处理法，这种方法用 2 ~ 3 份硫化促进剂对 0.370mm（40 目）胶粉进行机械处理制得，通过处理的胶粉表面均匀地附着一层硫化促进剂，从而使胶粉与基质胶料界面处的交联键增加，使整个胶料配合物硫化后成为一个均匀的交联物，这种胶粉应用于轮胎，虽然其静态性能略有下降，但其动态性能有所提高。

荷兰开发的由硫黄促进剂橡胶共溶的改性胶粉 Surcrum，经试验可在轮胎配方中大比例地掺加，而对强度影响不大。美国复合粒料（CP）公司出品的 Vistemer 改性硫化胶粉，极易与聚氨酯胶料相容，而二者混合生产的复合材料的性能与纯聚氨酯接近。德国 Klaus M 用反式聚辛烷橡胶（TOR）对轮胎胶粉进行改性，改性后胶粉可达到不改性 0.074mm（200 目）胶粉的物理性质。

目前，改性胶粉的一个重要应用是与沥青混合铺设路面。因改性胶粉具有易与热沥青拌合均匀，不易发生离析沉淀，有利于管道输送、泵送的要求。用这种铺路材料铺设的公路，可提高路面的韧性、防滑性和坚固性从而提高汽车行驶的安全性，可适当减小路面的厚度从而节省铺路材料，可降低车辆行驶的噪声，碎冰效果较好，且可提高雨天时路面的可见度。因此，有些国家专门制定了有关的法律法规以及优惠措施来规范和激励胶粉的生产和应用。如美国国会通过的陆上综合运输经济法案的 1038 条规定：热拌沥青混合料必须以 5% 的经费用于废轮胎橡胶粉沥青混合料，且每年增加 5% 的费用开发废轮胎橡胶沥青路面。很多国家将胶粉用于改性沥青路面，如美国目前全国胶粉总产量的 25% 均用于改性沥青的生产，英国每年有 5500t 胶粉用于道路建设，联邦德国年耗 7200t 胶粉用于修路。而我国的高速公路建设每年都要进口 400 万吨以上高性能道路沥青，如国内能自行生产，将可以节约大量外汇，并能产生巨大的经济效益。

7.6　废电池的回收利用

我国是世界上干电池生产和消费最大的国家，据报道，我国目前年产大小电池 170 亿只，国内使用 70 亿只，约 7000t。电池中含有大量的重金属、废碱、废酸等，为避免其对环境的污染和危害以及资源的浪费，应该采取综合利用的方法回收其中有利用价值的元素，对不能利用的物质进行无害化处理，达到回收资源、保护环境的目的。

7.6.1　废电池的种类与组成

废电池的种类很多，主要有锌 - 二氧化锰电池、镍镉电池、氧化银电池、锌 - 空气纽扣电池、氧化汞电池、铅酸蓄电池、锂电池、锌碳电池等。每种电池都有不同的型号，其组成也各不相同。

7.6.1.1　锌-二氧化锰电池

锌-二氧化锰电池分酸性电池和碱性电池两种，它们的主要区别为所用电解液不同。酸性电池以固体锌筒为阳极，二氧化锰为阴极，电解液为氯化铵或氯化锌的水溶液，因此，被称为酸性电池。碱性电池以锌粉末为阳极，二氧化锰为阴极，电解液是氢氧化钾，因此，被称为碱性电池。酸性电池、碱性电池中各种元素的含量因生产厂家不同及电池种类不同而有很大差别。表7-8所示为两种锌-二氧化锰电池中各种元素的含量范围。

表7-8　锌-二氧化锰电池中各种元素的含量范围　　　　　　　　　（mg/kg）

酸性电池		碱性电池	
元　素	含　量	元　素	含　量
As	3～236	As	2～239
Cr	69～677	Cr	25～1335
Cu	5～4539	Cu	5～6739
In	3～101	In	9～100
Fe	34～307000	Fe	50～327300
Pb	14～802	Pb	16～58
Mn	120000～414000	Mn	28800～460000
Hg	3～4790	Hg	118～8201
Ni	13～595	Ni	13～4323
Sn	26～665	Sn	26～665
Zn	18000～387000	Zn	18000～387000
Cl	9900～130000	K	25600～56700

酸性、碱性电池所含元素大体相同，都含有As、Cr、Cu、In、Fe、Pb、Mn、Hg、Ni、Sn、Zn等元素，不同的是酸性电池含元素Cl，碱性电池含元素K。

锌-二氧化锰电池造价低廉、工艺简单、使用方便，这是其他种类电池无法比拟的。因此，在可预见的将来，它仍然会是电池工业的支柱产品。汞作为锌负极的缓蚀剂，一直是酸性、碱性电池生产的主要添加剂。如果长期不能回收集中处理，任其乱扔乱丢，以每年几十亿只的数量积累下去，势必在全国各地造成较大的汞污染源，对环境和社会带来的危害是可想而知的。

目前国内逐步对各类电池中的汞含量范围作出了规定，推广无汞电池的生产，努力从源头上对于电池的环境污染加以控制。但是我国有数目庞大的老式电池的生产厂家，短时间内很难完全做到无汞化。因此，开展电池的分类收集及再生利用工作很有必要。

7.6.1.2　镍镉电池

镍镉电池的阳极为海绵状金属镉，阴极为氧化镍，电解液为KOH或NaOH的水溶液，其中阳极物质一般要加入一些活性物质，阳极和阴极物质分别填充在冲孔镀镍钢带上。镍镉电池的最大特点是可以充电，能够重复使用多次。表7-9所示为镍镉电池中各种元素的含量。

表7-9 镍镉电池中各种元素的含量

元素含量/mg·kg^{-1}			pH 值
Ni	Cd	K	
116000~556000	11000~173147	13684~34824	12.9~13.5

镉及其化合物均为有毒物质，对人体的心、肝、肾等器官的功能具有显著的危害，因此包括我国在内的许多国家在有关废水的排放标准中，对 Cd^{2+} 的排放浓度制定了严格的标准。镍镉电池具有长寿命、工艺相对简单、成本相对较低等特点，其消耗量在我国仍在迅速增加。所以，在各类废电池的回收处理中，镍镉电池的存在必须加以重视。

7.6.1.3 锌-空气纽扣电池

锌-空气纽扣电池直接利用空气中的氧气产生电能。空气中的氧气通过扩散进入电池，然后用其作为阴极的反应物。阳极由疏松的锌粉末同电解液（有时需加胶结剂）混合而成。电解液浓度大约为30%的氢氧化钾溶液。表7-10所示为锌-空气纽扣电池中各种元素的含量。

表7-10 锌-空气纽扣电池中各种元素的含量 (pH = 10.7~13.3) (mg/kg)

元素	含量	元素	含量	元素	含量
Zn	8140~141000	Hg	229300~908000	K	11960~50350
Na	154~2020	Cd	1.4~30		

7.6.1.4 氧化银电池

氧化银电池一般为纽扣电池，用于手表、计算器等便携电器。这种电池由氧化银粉末作为阴极，含有饱和锌酸盐的氢氧化钠或氢氧化钾水溶液作为电解液，与汞混合的粉末状锌作为阳极，有时还在阴极加入二氧化锰。阳极中包括锌汞齐和溶解在电解液中的凝胶剂。锌汞齐中锌粉末的含量为2%~15%。电池的壳一般由分层的铜、锡、不锈钢、镀镍钢或镍组成。表7-11所示为氧化银电池中各种元素含量。

表7-11 氧化银电池中各种元素含量 (pH = 10.7~13.3) (mg/kg)

元素	含量	元素	含量	元素	含量
Zn	8140~141000	Hg	229300~908000	K	11960~50350
Na	154~2020	Cd	1.4~30		

7.6.1.5 氧化汞电池

氧化汞电池以锌粉或锌箔同5%~15%的汞混合作为阳极，氧化汞与石墨作为阴极，电解液是氢氧化钾或氢氧化钠溶液。有些品种用镉代替锌作为阳极用于一些特定的用途，如天然气和油井的数据记录、发动机和其他热源的遥测、报警系统。表7-12所示为氧化汞电池中各类元素的含量。

表7-12 氧化汞电池中各类元素的含量 (pH = 10.7~13.3) (mg/kg)

元素	含量	元素	含量	元素	含量
Zn	8140~141000	Hg	229300~908000	K	11960~50350
Na	154~2020	Cd	1.4~30		

7.6.1.6　铅酸蓄电池

随着我国汽车、能源、交通和通信等支柱工业的发展，国内对铅酸蓄电池的消费量每年以15%~40%的速度增长。2010年蓄电池耗铅达到38.47万吨，占铅总耗量的85.48%。

铅酸蓄电池以金属铅为阳极，氧化铅为阴极，以硫酸作为电解液，是目前世界上各类电池中产量最大、用途最广的一种电池。它所消耗的铅占全球总耗铅量的82%。铅酸蓄电池广泛用于汽车、摩托车及电力、通信等领域，其中，汽车用铅蓄电池数量最大。铅酸蓄电池的使用寿命一般为1~2年，我国每年大约有30万吨的废铅酸蓄电池产生。按全国废铅酸蓄电池的年产量2500万只左右计，每年排放的废铅量大约为30万吨。表7-13、表7-14所示分别为废铅酸蓄电池中铅膏、电解液的元素含量。

表7-13　废铅酸蓄电池中铅膏的元素含量　　　　　　　　　　　　（%）

组　成	$Pb_{总}$	Pb	S	$PbSO_4$	PbO	Sb	FeO	CaO
含　量	72	5	5	42.1	38	2.2	0.75	0.88

表7-14　废铅酸蓄电池电解液的元素含量　　　　　　　　　　（mg/L）

金　属	铅粒	溶解铅	砷	锑	锌	锡	钙	铁
含　量	60~240	1~6	1~6	20~175	1~13.5	1~6	5~20	20~150

7.6.1.7　镍氢电池

金属氢化物镍蓄电池（MH-Ni）与镍镉电池（Cd-Ni）有相似的结构和相同的工作电压（1.2V），但是由于采用稀土合金或钛镍合金等贮氢材料作为阳极活性物质，取代了致癌物质镉，不仅使这种电池成为一种绿色环保电池，而且使电池的比能量提高了近40%，达到60~80W·h/kg和210~240W·h/L。MH-Ni电池1988年进入实用阶段，1990年在日本即投入了大规模的生产，到1999年其产量达到4亿只。随着移动通信、笔记本电脑飞速增长，对高性能、无污染、小型化电池的需求越来越旺盛，MH-Ni电池产业在发达国家发展迅猛，其逐步替代Cd-Ni电池是必然的趋势。目前MH-Ni电池性能不仅在普通功率方面优势明显，而且在高功率方面的优势也逐步显露，由于其在电动工具、电动汽车和军事方面良好的使用前景，各国对此技术的发展极为重视。首先是美国一家公司发展出容量2.2~2.4A·h的SC型电池，进入电动工具市场，逐步取代Cd-Ni电池（SC型Cd-Ni电池容量仅为2.0A·h以下）。同时日本一家公司开发出6.5A·h的高功率MH-Ni电池及电池组（388V）已用于丰田公司的实用型混合动力汽车。

相对于发达国家，我国的MH-Ni电池产业是较为落后的，电池的技术水平和档次都相当低，其核心原料大都依靠进口。大家都知道防治污染的最好办法是尽力减少污染源，我国应该制定法规逐步减少有害电池的生产，大力发展MH-Ni电池工业。

7.6.1.8　锂电池

锂电池是目前较新的一种电池，可以分为锂离子蓄电池和聚合物锂蓄电池两类。锂离子蓄电池由可使锂离子嵌入及脱嵌的碳阳极、可逆嵌锂的金属氧化物阴极（$LiCoO_2$、$LiNiO_2$或$LiMnO_4$）和有机电解质构成，其工作电压为3.6V，因此1个锂离子电池相当于3个Cd-Ni电池或MH-Ni电池。这种电池的比能量可以超过100W·h/kg和280W·h/L，大大超过了MH-Ni电池的比能量。

聚合物锂蓄电池（也称为塑料锂蓄电池）是金属锂为阳极，导电聚合物为电解质的新型电池，其比能量达到170W·h/kg 和 350W·h/L。

综上所述，不同种类的废电池的组成及含量差别很大，因此各类废电池对环境的危害程度也不同。在我国应该通过两种途径对废电池的危害加以控制。首先从源头减少污染的产生，大力推行无害化电池的研制与生产，如无汞碱性电池、MH–Ni 电池、锂电池；根据谁污染谁负责的原则，对有害电池收取污染治理费，从而逐步减少有害电池的生产。另外，应积极开展废电池的资源化利用工作，充分回收废电池中有价成分，对其中暂时不能利用的物质进行无害化处置，最大限度地消除或减小废电池对环境的危害。

7.6.2 废电池中提取有价金属技术

废电池中含有大量的有用物质，如 Zn、Mn、Ag、Cd、Hg、Ni、Fe 等金属物质以及塑料等，同时含有大量的废碱、废酸等，为避免其对环境的危害及资源的浪费，应该采取综合利用措施回收其中的有价金属，对不能利用的物质进行无害化处理，达到回收资源、保护环境的目的。

7.6.2.1 混合废电池的综合处理技术

混合废电池就是没有经过分拣的废电池，其中的五种主要金属具有不同的熔点和沸点，如表 7–15 所示。可利用它们熔点和沸点的差异，将废电池加热到一定温度，使所需分离的金属蒸发气化，并通过收集气体回收。沸点较高的金属在较高的温度下蒸发回收。

表 7–15　电池主要金属的熔点和沸点

金　属	Hg	Cd	Zn	Ni	Fe
熔点	−38	321	420	1453	1535
沸点	357	765	907	2732	2750

Hg、Cd 的沸点较低，因此，可通过火法冶炼技术分离回收。其他金属的沸点较高，因此，可在回收了 Hg、Cd 后，通过湿法冶炼技术回收。其中，Ni、Fe 通常以镍铁合金的形式回收。图 7–40 所示为瑞士 Recytec 公司利用火法和湿法相结合回收混合电池中各种有价金属的工艺流程。

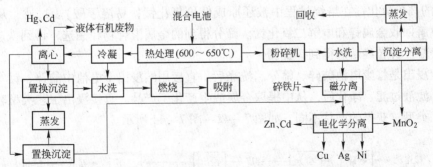

图 7–40　瑞士 Recytec 公司混合干电池综合处理流程

将混合废电池在600~650℃的负压条件下进行热处理。热处理产生的废气经过冷凝将其中的大部分组分转化成冷凝液。冷凝液经过离心分离分为三部分：含有氯化铵的废水、液态有机废物和废油、汞和镉。废水用铝粉进行置换沉淀去除其中含有的微量汞后，通过蒸发回收。从冷凝装置出来的废气通过水洗后进行二次燃烧以去除其中的有机成分，然后通过活性炭吸附，最后排入大气。洗涤废水同样进行置换沉淀去除所含微量汞后排放。

热处理剩下的固体物质首先经过破碎，然后在室温至50℃的温度下水洗，使氧化锰在水中形成悬浮物，同时溶解锂盐、钠盐和钾盐。清洗水经过沉淀去除氧化锰（其中含有微量的锌、石墨和铁），然后经过蒸发、部分回收碱金属盐。废水进入其他过程处理，剩余固体通过磁选回收铁。最终剩余的固体进入被称为"Recy™电化学系统和溶液"的工艺系统中，它们是混合废电池的富含金属部分，主要有锌、铜、镉、镍以及银等金属，还有微量的铁。利用氟硼酸进行电解沉积，不同的金属用不同的电解沉积方法回收，每种方法都有它自己的运行参数。酸在整个系统中循环使用，沉渣用电化学处理以去除其中的氧化锰。

7.6.2.2   废锌 – 二氧化锰电池综合处理技术

目前，废锌 – 二氧化锰电池主要有湿法、火法两种冶金处理方法。湿法处理所得产品纯度较高，但流程较长。

（1）湿法冶金。基于锌、二氧化锰等可溶于酸的原理，使锌 – 锰干电池中的锌、二氧化锰与酸作用生成可溶性盐而进入溶液，溶液经过净化后电解生产金属锌和电解二氧化锰或生产化工产品（如立德粉、氧化锌等）、化肥等。湿法冶金主要包括焙烧 – 浸出法和直接浸出法两种。图7-41所示为废锌 – 二氧化锰电池焙烧 – 浸出工艺流程。

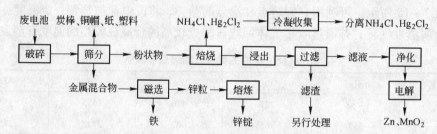

图7-41   废锌 – 二氧化锰电池焙烧 – 浸出工艺流程

将废旧干电池机械切割，筛分成三部分：炭棒、铜帽、纸、塑料，粉状物，金属混合物。粉状物在600℃、真空焙烧炉中焙烧6~10h，使金属汞、NH_4Cl 等挥发为气相，通过冷凝设备加以回收，尾气必须经过严格处理，使汞含量减至最低排放。焙烧产物酸浸（电池中的高价氧化锰在焙烧过程中被还原成低价氧化锰，易溶于酸）、过滤，从浸出液中通过电解回收金属锌和电解二氧化锰。筛分得到的金属混合物经磁选，得到铁皮和纯度较高的锌粒。锌粒经熔炼得到锌锭。

直接浸出是将废电池破碎、筛分、洗涤后，直接用酸浸出干电池中的锌、锰等有价金属成分。滤液过滤、净化后，从中提取金属或生产化工产品。直接浸出工艺类型较多，不同的工艺类型，获得的产品不同，如图7-42~图7-44所示。

图7-42   废电池直接浸出生产微肥工艺流程

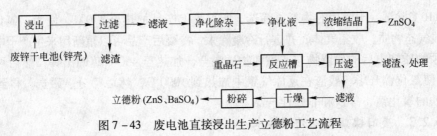

图 7-43 废电池直接浸出生产立德粉工艺流程

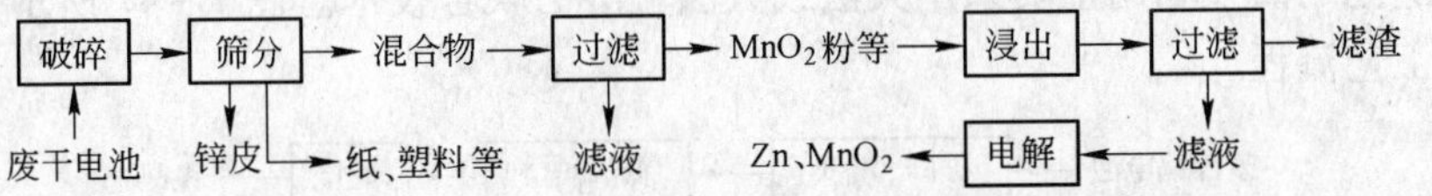

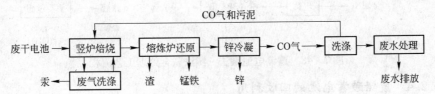

图 7-44 废电池直接浸出生产 Zn、MnO_2 工艺流程

（2）火法冶金。在高温下使废电池中的金属及其化合物氧化、还原、分解、挥发和冷凝的过程，分为传统常压冶金和真空冶金两类。常压冶金法是所有作业都在大气中进行，而真空冶金则是在密闭的负压环境中进行。多数专家认为，火法冶金是处理废电池的较佳方法，对汞的回收最有效。

常压冶金包括两种方法，一种是在较低温度下加热废电池，先使汞挥发，然后在较高温度下回收锌和其他重金属。另一种是将废电池在高温下焙烧，使其中易挥发的金属及其氧化物挥发，残留物作为冶金中间产物或另行处理。图 7-45 所示为废电池常压冶金原则工艺流程。

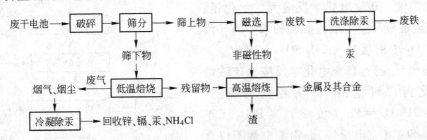

图 7-45 废电池常压冶金原则工艺流程

用竖炉冶炼处理干电池时，炉内分为氧化层、还原层和熔融层三部分，用焦炭加热。汞在氧化层被挥发，锌在高温的还原层被还原挥发，挥发物在不同的冷凝装置内回收。大部分的铁、锰在熔融层还原成锰铁合金。图 7-46 所示为日本二次原料研究所从废干电池中回收有价金属的工艺流程。

图 7-46 干电池常压冶金回收有价金属的工艺流程

电池经过破碎、筛选，分成筛上、筛下两级产品。筛上产品进行磁选分成废铁和非磁性产品两部分，废铁经过水洗除汞后作冶金原料。筛下产品用 NH_4Cl、盐酸和 $CaCl_2$ 处理，加热至110℃除湿,干燥后的物料再筛选。所得筛上产品加热至370℃,使汞、氯化汞、氯化铵变成气态物质。收集气体,并进行冷凝除汞,冷凝后产品可以重新用来生产干电池。

含汞物质馏出后的残留物与非磁性物质混合,加热至450℃蒸馏出锌,然后再加热至800℃,使氯化锌升华。残渣在还原气氛中加热到1000℃,然后筛分、磁选,得到可用于熔炼锰铁的氧化锰、碎铁和非磁性产品。

7.6.2.3 废旧镍镉电池处理技术

镍镉电池的回收利用主要采用火法或火法－湿法联合技术。图7-47所示为火法处理镍镉电池工艺流程。

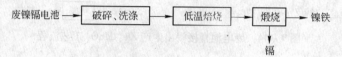

图7-47 火法处理镍镉电池工艺流程

火法处理量大,工艺简单,但处理过程产生的汞蒸气对环境的污染控制难度较大。火法－湿法联合工艺流程长,但汞蒸气对环境的污染问题可得到根本解决。图7-48所示为镍镉电池火法－湿法联合处理工艺流程。

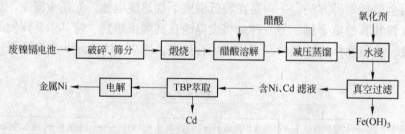

图7-48 镍镉电池火法－湿法联合处理工艺流程

7.6.2.4 废铅酸蓄电池的回收利用

废铅酸蓄电池以回收利用废铅为主,也包括废酸和塑料壳体的回收利用。由于废铅酸蓄电池体积大,易回收,目前国内对废铅酸蓄电池的金属回收率大约达到80%~85%,远高于其他种类废电池的回收利用水平。

由于铅酸电池的组成特点,正极活性物质是二氧化铅,负极活性物质是海绵铅,电解液是稀硫酸溶液,其放电化学反应为二氧化铅、海绵铅与电解液反应生成硫酸铅和水:Pb(负极)+ PbO$_2$(正极)+ 2H$_2$SO$_4$ = 2PbSO$_4$ + 2H$_2$O(放电反应);其充电化学反应为硫酸铅和水转化为二氧化铅、海绵铅与稀硫酸:2PbSO$_4$ + 2H$_2$O = Pb(负极)+ PbO$_2$(正极)+2H$_2$SO$_4$(充电反应)。铅酸电池不仅含有铅元素,同时还含有铜线、塑料等,其回收工艺流程如图7-49所示。

图7-50所示为意大利Ginatta回收厂回收

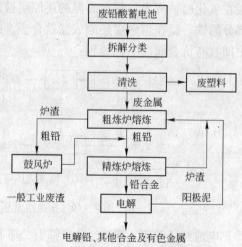

图7-49 废铅酸蓄电池回收工艺流程

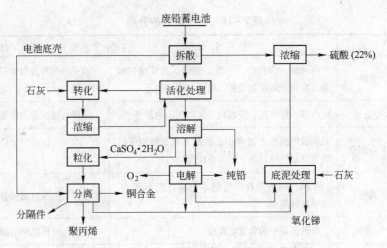

图 7－50　Ginatta 回收厂废电池处理工艺流程

废铅酸电池中铅的工艺流程。处理工艺主要包括四个部分：拆散、活化处理、溶解、电解。对废电池进行拆解，使电池底壳同主体部分分离，主要采用机械破碎分选。对电池主体进行活化处理，使废电池中的硫酸铅转化为氧化铅和金属铅的形式。电池溶解使氧化铅转化生成纯铅。最后利用电解池将电解液转化得到纯铅金属。

回收利用工艺过程中的底泥处理工序中，硫酸铅转化为碳酸铅。转化结束后，底泥通过酸性电解液从电解池中浸出。电解液中含铅离子和底泥中的锑得到富集。在底泥富集过程中，氧化铅和金属铅发生作用。

用废铅酸电池等回收铅的优点是：减少矿物资源的消耗及能耗（再生铅的生产能耗仅为原生铅的 36%）；减轻了采、选、冶对环境和人体的危害，消除了废电池等随处弃置对环境所造成的影响。利用铅的优异再生能力，与电池生产相结合，可使工厂投资降低至不足原生铅生产厂的一半，更具有可行性和竞争力。

7.7　电子废物的回收利用

电子废物按回收利用价值大体分为三类：第一类是计算机、冰箱、电视机、汽车等有相当高价值的废物；第二类是小型电器如无线电通信设备、电话机、燃烧灶、脱排油烟机等价值稍低的废物；第三类是其他价值很低的废物。

目前最紧迫的任务是对报废家电、废弃计算机以及通信设备的处理，而手机、寻呼机等通信设备的处理问题也十分突出。因此，电子废物的资源化已成为急需解决的课题。

7.7.1　电子废物的来源与组成

7.7.1.1　来源

电子废物涵盖了生活各个领域损坏或者被淘汰的坏旧电子电气设备，同时也包括工业制造领域产生的电子电气废品或者报废品。按回收材料的类别，可分为电路板、金属部件、塑料、玻璃等几大类，如表 7－16 所示。

表 7 – 16　电子废物的分类

分类方法	类属	主要来源	备　注
按产生领域	家庭	电视机、洗衣机、冰箱、空调、有线电视设备、家用音频视频设备、电话、微波炉等	前三种的普及程度最高，所占比例相也高
	办公室	电脑、打印机、传真机、复印机、电话等	废弃电脑所占比例最高
	工业制造	集成电路生产过程中的废品、报废的电子仪表等自动控制设备、废弃电缆等	
	其他	手机、网络硬件、笔记本电脑、汽车音响、电子玩具等	废弃手机数量增长最快
按回收物质	电路板	电子设备中的集成电路板	主要是电视机和电脑硬件电路板
	金属部件	金属壳座、紧固件、支架等	以铁类为主
	塑料	显示器壳座、音响设备外壳等	包括小型塑料部件，如按钮等
	玻璃	CRT 管、荧光屏、荧光灯管	含有 Pb、Hg 等有毒有害物质
	其他	冰箱中的制冷剂、液晶显示器中的有机物	需要进行特殊处理

　　电子废物对环境的影响因设备种类而有一定的差异，如在家用电器中，壳座一般占设备总质量较大的比例，分拆开来主要是大件的废金属和废塑料。个人电脑主机中则是电路板上各种物质的污染占主要地位。电视机和电脑的阴极射线管（CRT）因为含有铅，属于严格控制的危险废物范畴。

7.7.1.2　组成

　　电子废物的组成十分复杂。如各种印刷电路板（PCB），由于单体的解离粒度小，不容易实现分离。非金属成分主要为含特殊添加剂的热固性塑料，处理相当困难。表 7 – 17 所示为个人电脑使用的印刷电路板的组成元素分析。

表 7 – 17　PC 机中的 PCB 的组成元素分析

成　分	Ag	Al	As	Au	S	Ba	Be	Bi
含　量	3300（g/t）	4.7%	<0.01%	80（g/t）	0.10%	200（g/t）	1.1（g/t）	0.17%
成　分	Br	C	Cd	Cl	Cr	Cu	F	Fe
含　量	0.54%	9.6%	0.015%	1.74%	0.05%	26.8%	0.094%	5.3%
成　分	Ca	Mn	Mo	Ni	Zn	Sb	Se	Sr
含　量	35（g/t）	0.47%	0.003%	0.47%	1.3%	0.06%	41（g/t）	10（g/t）
成　分	Sn	Te	Ti	Sc	I	Hg	Zr	SiO$_2$
含　量	1.0%	1（g/t）	3.4%	55（g/t）	200（g/t）	1（g/t）	30（g/t）	15%

　　可见，电子废物含有数量较大的贵金属，很有回收利用价值。表 7 – 18 所示为台式电脑所使用的材料及其回收利用情况。

表 7-18　台式电脑所使用的材料及其回收利用情况

材料名称	含量/%	质量/kg	回收率/%	主要的应用部件
硅石	24.88	6.80	0	屏幕、CRT 和电路板（PWB）
塑料	22.99	6.26	20	外壳、底座、按钮、线缆皮
铁	20.47	5.58	80	结构、支架、磁体、CRT 和 PWB
铝	14.17	3.86	80	结构、导线和支架部件、连接器、PWB
铜	6.93	1.91	90	导线、连接器、CRT 和 PWB
铅	6.31	1.72	5	金属焊缝、防辐射屏、CRT 和 PWB
锌	2.20	0.60	60	电池、荧光粉
锡	1.01	0.27	70	金属焊点
镍	0.85	0.23	80	结构、支架、磁体、CRT 和 PWB
钡	0.03	0.05	0	CRT 中的真空管
锰	0.03	0.05	0	结构、支架、磁体、CRT 和 PWB
银	0.02	0.05	98	PWB 上的导体、连接器

目前，对废弃电脑的回收主要集中在金属，尤其是贵金属上，回收率一般在 70% 以上。对塑料的回收率还停留在一个很低的水平，但塑料所占的质量比例位居前列。综合考虑，电子废物对环境的影响因子主要是：铅、汞等重金属（CRT 中的铅属优先污染控制物），塑料（填埋很难降解，焚烧则因为 PVC、阻燃剂等的存在易生成二恶英、呋喃等有毒有害物质），一般金属，特殊污染物（如旧冰箱中的氟利昂，笔记本电脑中的液晶）等几类，要解决电子废物所造成的环境问题，就必须根据其对环境的影响特点提出具体的解决方案。

长期以来我国电子废物的运行主渠道基本是：旧货回收、低层次用户使用、拆卸零件（或改换用途）、遗弃的运行模式，即由信托典当行业或小商贩回收废旧电视机、洗衣机、电冰箱等物品，送至小城镇及农村，以低价售给低收入用户以使用其残余价值。当无法继续使用时，或由维修部拆卸零件用于维修，或由用户改为他用（如将废旧电冰箱、洗衣机改为容器等），部分则遗弃于垃圾中。这种处置方式除会带来漏电、漏氟、打火、燃烧等事故外，对环境亦产生巨大的危害。例如，电冰箱的制冷剂 CFC-12 和发泡剂 CFC-11 会破坏臭氧层，电视机的显像管属于具有爆炸性的废物，荧光屏为含汞的废物，废线路板会对水质和土壤造成严重危害。

7.7.2　电子废物的回收技术

电子废物一般拆分成电路板、电缆电线、显像管等几类，并根据各自的组成特点分别进行处理，处理流程类似。电子废物最常用的回收技术主要有机械处理、湿法冶金、火法冶金或几种技术联合的方法。机械处理技术包括拆卸、破碎、分选等，不需要考虑产品干燥和污泥处置等问题，符合当前的市场要求，而且还可以在设计阶段将可回收再利用的性能融入产品当中，因此，具有一定的优越性。

7.7.2.1　废电路板的回收流程

电路板（PCB）是电子产品的重要组成部分。目前，废电路板的回收利用基本上分为电子元器件的再利用和金属、塑料等组分的分选回收。后者一般是采用将电子线路板粉碎后，从中分选出塑料、铜、铅，分选方法一般采用磁选、重选和涡电流分选等。这种方法可完全分离塑料、黑色金属和大部分有色金属，但铅、锌易混在一起，还需采用化学方法分离。

（1）德国回收处理工艺。图 7 – 51 所示为德国 Daimler Benz Ulm Research Centre 开发的废电路板预破碎、磁选、液氮冷冻、粉碎、筛分、静电分选处理工艺。

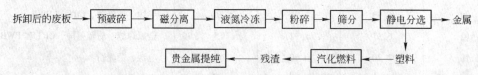

图 7 – 51   德国 Daimler Benz Ulm Research Centre 废电路板处理工艺

废电路板用旋转切刀切成 2cm × 2cm 的碎块，磁选分离其中的黑色金属，再用液氮（ – 196℃）冷却后送入锤磨机碾压成细小颗粒，以使废物充分解离。筛分除去不易低温破碎的韧质，再经静电分选得到金属物质。静电分选设备可以分离尺寸小于 0.1mm 的颗粒，可以从粉尘中回收贵重金属。

（2）日本回收处理工艺。日本 NEC 公司开发了图 7 – 52 所示废电路板回收处理工艺。采用两段破碎工艺，分别使用剪切破碎机和特制的具有剪断和冲击作用磨碎机，将废板粉碎成 0.1 ~ 0.3mm 的碎块。特制的磨碎机中使用复合研磨转子，并选用特种陶瓷作为研磨材料。两段破碎使铜得到充分解离，且铜的粒度远大于玻璃纤维和树脂，再经过两级分选可以得到铜含量约 82%（质量分数）的铜粉，其中超过 94% 的铜得到了回收。树脂和玻璃纤维混合粉末尺寸主要为 100 ~ 300μm，可以用做油漆、涂料和建筑材料的添加剂。

图 7 – 52   日本 NEC 公司开发的废电路板回收处理工艺

7.7.2.2   常用设备

（1）破碎和筛分设备。各种材料充分单体解离是高效分选电子废物中各种成分的前提。破碎程度的选择不仅影响到破碎设备的能源消耗，还将影响到后续的分选效率，所以破碎是关键的一步。常用的破碎设备主要有锤碎机、锤磨机、切碎机和旋转破碎机等。由于拆除元器件后的废电路板主要由强化树脂板和附着其上的铜线等金属组成，硬度较高、韧性较强，采用具有剪切作用的破碎设备可以达到较好的解离效果，如旋转式破碎机和切碎机。

一般地，破碎产物粒度达到 0.6 ~ 1mm 时，废电路板上的金属基本上可达到完全解离，但破碎方式和破碎段数的选择还要视后续工艺而定。不同的分选方法对进料有不同的要求，破碎后颗粒的形状和大小也会影响分选的效率和效果。

废电路板的破碎过程中会产生大量含玻纤和树脂的粉尘，阻燃剂中含有的溴主要集中在 0.6mm 以下的颗粒中，而且连续破碎时还会发热，散发有毒气体。因此，破碎时必须注意除尘和排风。

（2）常用的分选设备。分选阶段主要利用废电路板中材料的磁性、电性和密度的差异进行分选。废电路板破碎后，可以用传统的磁选机将铁磁性物质分离出来。非铁金属的回收常用涡流分选机分选，它特别适用于轻金属材料与密度相近的塑料材料（如铝和塑料）之间的分离，但要求进料颗粒的形状规则、平整，而且粒度不能太小。静电分选机也是常用的分离非铁金属和塑料的方法，进料颗粒均匀时分选效果较好。

金属充分解离后，利用材料间密度的差异进行分离的技术称为密度分离技术。风力分选机和旋风分离器可以分选塑料和金属。风选机还可以分选铜和铝，但设备性能不太稳定，受进料影响较大。风力摇床成功地用于电子废物的商业化回收。颗粒在气流作用下分层，重颗粒受板的摩擦和振动作用向上移动，轻颗粒则由于板的倾斜度而向下漂移，从而将金属和塑料分离。风力摇床要求进料的尺寸和形状不能相差太大，否则不能进行有效分层。因此破碎后必须严格分级，采用窄级别物料进行重选。具体选用分选设备时，应根据回收工艺、设备的最佳操作条件和分选要达到的纯度和回收率来确定。

7.7.3 报废汽车的回收利用

报废汽车中金属材料可分为黑色金属材料和有色金属材料。黑色金属材料包括钢和铸铁。有色金属材料包括铝、铜、镁合金和少量的锌、铅及轴承合金。黑色金属材料按是否含有合金元素，又可分为碳素钢和优质碳素钢。合金钢有合金结构钢和特殊钢之分。根据钢材在汽车的应用部位和加工成型方法，可把汽车用钢分为特殊钢和钢板两大类。特殊钢是指具有特殊用途的钢，汽车发动机和传动系统的许多零件均使用特殊钢制造，如弹簧钢、齿轮钢、调质钢、非调质钢、不锈钢、易切削钢、渗碳钢、氮化钢等。钢板在汽车制造中占有很重要的地位，载重汽车钢板用量占钢材消耗量的 50% 左右，轿车则占 70% 左右。按加工工艺分，钢板可分为热轧钢板、冷冲压钢板、涂镀层钢板、复合减振钢板等，图 7-53 所示为从废旧汽车中回收金属材料的莱茵哈特法工艺流程。

废旧汽车经拆卸、分类后作为材料回收必须经机械处理，然后将钢材送钢厂冶炼，铸铁送铸造厂，有色金属送相应的冶炼炉。当前机械处理的方法有剪切、打包、压扁和粉碎等，如用废钢剪断机将废钢剪断，以便运输和冶炼；用金属打包机将驾驶室在常温下挤压成长方形包块；用压扁机将废旧汽车压扁，使之便于运输剪切或粉碎；用粉碎机将被挤压在一起的汽车残骸用锤击方式撕成适合冶炼厂冶炼的小块。

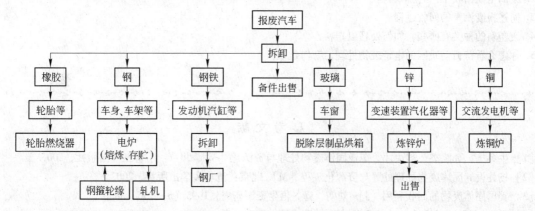

图 7-53 莱茵哈特法工艺流程

图 7 - 54 所示为废旧汽车处理工艺流程。

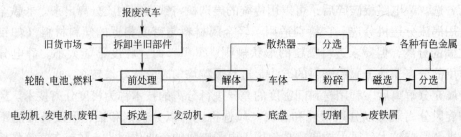

图 7 - 54　废旧汽车处理工艺流程

从特约经销店、修理店、用户等送来的废车首先拆卸部件。将拆出的半旧部件送到旧货市场，然后进行前处理，将轮胎、燃料除去后，解体车身、底盘、发动机及散热器等有色金属部件。车身用切碎机破碎，利用磁力分选机将废铁块与废有色金属块分开，进而分选出铜、锌等金属。把底盘用切割机切成废铁块。将发动机分解成电动机、发电机、废铝（发动机本体）。将散热器等有色金属部件分门别类地分解为废有色金属块。

按上述方法分选的废铁料采用电炉熔炼的方法处理，而有色金属废料主要按各自的冶炼工艺进行处理。

本 章 小 结

废旧物资包括废金属、废纸、废塑料、废橡胶、废电池、废电器、废建筑材料等。充分利用废旧物资具有明显的经济效益，同时也是经济、社会、环境可持续发展的重要选择。

复习思考题

1. 废旧家电回收程序和改进措施有哪些？
2. 废旧电池回收工艺有哪些？
3. 简述报废汽车的回收过程。
4. 废塑料的种类有哪些，如何处理废塑料？
5. 你怎么看待目前我国的电子废物处理，有何建议？

参 考 文 献

[1] 牛冬杰，孙晓杰，赵由才. 工业固体废物处理与资源化 [M]. 北京：冶金工业出版社，2007.

[2] 杨建设. 固体废物处理处置与资源化工程 [M]. 北京：清华大学出版社，2007.

[3] 美国固体废物的回收利用 [J]. 刘朝，译. 再生资源研究，1995 (5)：35~38.

[4] 《选矿手册》编委会. 选矿手册 [M]. 第八卷. 第四分册. 北京：冶金工业出版社，1990.

[5] ［日］ 山本良一. 环境材料 ［M］. 王天民，译. 北京：化学工业出版社，1997.

[6] 金丹阳. 再生资源产业的实践与探索 ［M］. 北京：中国环境科学出版社，2001.

[7] 刘均科. 塑料废弃物的回收与利用技术 ［M］. 北京：中国石化出版社，2000.

[8] 刘廷栋，刘京，张林. 回收高分子材料的工艺与配方 ［M］. 北京：化学工业出版社，2002.

[9] 马永刚. 中国废铅蓄电池回收和再生铅生产 ［J］. 电源技术，2000，24 （3）：165～169.

[10] 白庆中，王晖，韩洁. 世界废弃印刷电路板的机械处理技术现状 ［J］. 环境污染治理技术与设备，
     2000，2 （1）：84～89.

[11] 回收材料在道路工程中的应用 ［J］. 刘岳梅，译. 国外公路，1995，15 （5）：49～53.

书　名	作　者	定价(元)
中国冶金百科全书·采矿卷	本书编委会　编	180.00
现代金属矿床开采科学技术	古德生　等著	260.00
爆破手册	汪旭光　主编	180.00
采矿工程师手册（上、下册）	于润沧　主编	395.00
现代采矿手册（上、中、下册）	王运敏　主编	1000.00
我国金属矿山安全与环境科技发展前瞻研究	古德生　等著	45.00
深井开采岩爆灾害微震监测预警及控制技术	王春来　等著	29.00
地下金属矿山灾害防治技术	宋卫东　等著	75.00
采空区处理的理论与实践	李俊平　等著	29.00
采矿学（第2版）（国规教材）	王　青　主编	58.00
地质学（第4版）（国规教材）	徐九华　等编	40.00
工程爆破（第2版）（国规教材）	翁春林　等编	32.00
高等硬岩采矿学（第2版）（本科教材）	杨　鹏　编著	32.00
矿山充填力学基础（第2版）（本科教材）	蔡嗣经　编著	30.00
金属矿床露天开采（本科教材）	陈晓青　主编	28.00
矿井通风与除尘（本科教材）	浑宝炬　等编	25.00
矿冶概论（本科教材）	郭连军　主编	29.00
选矿厂设计（本科教材）	冯守本　主编	36.00
矿产资源开发利用与规划（本科教材）	邢立亭　等编	40.00
复合矿与二次资源综合利用（本科教材）	孟繁明　编	36.00
金属矿床地下开采（第2版）（本科教材）	解世俊　主编	33.00
碎矿与磨矿（第3版）（本科教材）	段希祥　主编	35.00
现代充填理论与技术（本科教材）	蔡嗣经　等编	25.00
矿山岩石力学（本科教材）	李俊平　主编	49.00
金属矿床开采（高职高专教材）	刘念苏　主编	53.00
岩石力学（高职高专教材）	杨建中　等编	26.00
矿山地质（高职高专规划教材）	刘兴科　主编	39.00
矿山爆破（高职高专规划教材）	张敢生　主编	29.00
金属矿山环境保护与安全（高职高专教材）	孙文武　主编	35.00
井巷设计与施工（高职高专规划教材）	李长权　主编	32.00
露天矿开采技术（高职高专规划教材）	夏建波　主编	32.00
矿山地质技术（职业技能培训教材）	陈国山　主编	48.00
矿山爆破技术（职业技能培训教材）	戚文革　等编	38.00
矿山测量技术（职业技能培训教材）	陈步尚　主编	39.00
露天采矿技术（职业技能培训教材）	陈国山　主编	38.00
井巷施工技术（职业技能培训教材）	李长权　主编	26.00
凿岩爆破技术（职业技能培训教材）	刘念苏　主编	45.00